WOGUO HAIYANG YUANXIAO
XUEKE HEXIN JINGZHENGLI DE LIANGHUA BIJIAO FENXI

我国海洋院校
学科核心竞争力的量化比较分析

张艺　杜军　程子坚◎编著

中山大学出版社
SUN YAT-SEN UNIVERSITY PRESS
·广州·

图书在版编目（CIP）数据

我国海洋院校学科核心竞争力的量化比较分析/张艺，杜军，程子坚编著．—广州：中山大学出版社，2023.7
ISBN 978 - 7 - 306 - 07812 - 4

Ⅰ．①我…　Ⅱ．①张…　②杜…　③程…　Ⅲ．①高等学校—海洋学—学科建设—对比研究—中国　Ⅳ．①P7

中国国家版本馆 CIP 数据核字（2023）第 096503 号

出　版　人：王天琪
策划编辑：曾育林
责任编辑：曾育林
封面设计：曾　斌
责任校对：舒　思
责任技编：靳晓虹
出版发行：中山大学出版社
电　　话：编辑部 020 - 84113349，84110776，84111997，84110779，84110283
　　　　　发行部 020 - 84111998，84111981，84111160
地　　址：广州市新港西路 135 号
邮　　编：510275　　　　传　真：020 - 84036565
网　　址：http://www.zsup.com.cn　E-mail：zdcbs@mail.sysu.edu.cn
印　刷　者：广东虎彩云印刷有限公司
规　　格：787mm×1092mm　　1/16　　22.25 印张　　421 千字
版次印次：2023 年 7 月第 1 版　　2023 年 7 月第 1 次印刷
定　　价：89.00 元

本书系国家自然科学基金面上项目（72274042）；广东省自然科学基金面上项目（2022A1515011296）；广东省国际及港澳台高端人才交流专项（2022A0505030015）；广东省哲学社会科学规划共建项目（GD22XGL38）；广东省普通高校特色创新类项目（2019WTSCX041）；广东海洋大学人文社会科学研究项目（C22803）；广东海洋大学研究生教育创新计划项目（优秀研究生学位论文培育项目/202340）阶段性研究成果。

摘　　要

　　我国既是陆地大国也是海洋大国，拥有辽阔的海域和十分丰富的海洋资源，如何有效将海洋资源优势转化为我国的发展优势是进一步建设海洋强国的应有之义。中国共产党第二十次全国代表大会（以下简称"党的二十大"）开幕会上，习近平总书记着重强调加快推进"建设海洋强国"进程。在我国从海洋大国向海洋强国的跨越过程中，必须发挥海洋科技创新的支撑引领作用，以实现海洋经济的高质量发展。我国海洋院校作为践行海洋强国建设战略的重要主体，它们在发展海洋科学技术、培养海洋专门人才和推动海洋科技向创新引领型转变过程中扮演着重要角色（张艺、龙明莲，2019）。目前，我国海洋院校屈指可数，它们的学科建设成效直接关系到我国海洋强国建设的步伐，对它们的学科核心竞争力进行量化分析和客观评价显得尤为迫切而重要。

　　在党的二十大强调的"建设海洋强国"重大战略引领下，我国将海洋开发、发展海洋事业提升到一个前所未有的高度，把海洋战略与国家民族的前途命运紧密结合在一起。要实现从海洋大国向海洋强国的跨越，必须发挥科技创新的支撑引领作用。海洋院校作为开展涉海科技研究的重要主体，聚集海洋科技人才的重要"高地"，在推动涉海科技发展及海洋产业创新转型过程中扮演着至关重要的角色。因此，建设一批在涉海科技领域具有高水平、高竞争力的海洋院校成为推动我国海洋强国战略决策的重要"抓手"。在此背景下，有必要对我国海洋院校的学科核心竞争力展开系统深入分析。遗憾的是，现有研究更关注其他类型院校，学术界对海洋院校的关注程度依然存在极大不足，这与当前我国大力发展海洋科技创新，推动海洋强国战略现实背景极不相称。鉴于此，本书以部署在我国大陆海岸线从南到北的12所海洋（涉海）院校（海南热带海洋学院、广东海洋大学、北部湾大学、广州航海学院、集美大学、浙江海洋大学、上海海洋大学、上海海事大学、江苏海洋大学、中国海洋大学、大连海事大学和大连海洋大学）为研究对象，对它们学科核心竞争力的整体发展态势展开全方位系统研究。

　　首先，以我国海洋院校的整体数据为研究样本（即所有海洋院校全部数据进行整合），采取文献计量法对海洋院校的整体学科竞争力情况进行量化分析。

其次，以我国海洋院校的高被引文献为研究样本（即所有海洋院校整体数据），通过文献计量法和知识图谱方法分析我国海洋院校高水平研究成果所涉及的学科领域状况，挖掘其学科竞争力发展态势。

再次，遴选出我国海洋院校的优势学科，然后依次针对每个学科，采用文献计量法和竞争力指数法对它们的学科发展竞争力进行量化分析。

最后，综合采用文献计量法和知识图谱方法，对我国各海洋院校进行单独分析，其中知识图谱方法主要用于分析各院校的学科合作状况。

通过对我国海洋院校的整体数据分析研究，发现整体学科竞争力得到不断改善，我国海洋院校积极开展对外科研合作。《期刊引用报告》（*Journal Citation Reports*，JCR）一区期刊是我国海洋院校的科研成果发表重要载体，涉海学科是各海洋院校的"拳头"学科，农林类专利领域是我国海洋院校主要专利申请类别，但产学合作文献和高水平科研成果较少。通过对我国海洋院校高被引文献数据分析，发现中国海洋大学、大连海事大学、上海海洋大学、上海海事大学等高校是我国海洋院校高水平科研成果的主要产出者。这体现为以中国海洋大学为核心，通过国内一些重要海洋院校或具有关键传递性的研究机构或国际一流院校为衔接，间接与其他国家或地区保持国际合作关系，合作国家以美国、日本、澳大利亚等传统海洋强国为主。通过对我国海洋院校重点建设学科分析，发现涉海相关学科是它们的主要建设学科领域，以"海洋"命名的高校是涉海学科的主要建设中心，而以"海事"命名的高校则理工类学科特色突出。各学科在科研活跃性、影响性和效率上均具备较好的表现。通过对我国各个海洋院校进行单独分析，发现中国海洋大学、大连海事大学、上海海事大学、上海海洋大学等传统海洋强校在学科建设中比较突出，无论在基础研究领域还是技术应用开发领域都较大程度上领先于其他海洋院校。但值得注意的是，浙江海洋大学在技术应用开发研究领域较为突出，累计专利申请量远远超过上述传统海洋强校。同时，各海洋院校的主要建设学科与主要技术领域、主要活跃学者与主要专利发明人出现了较大程度上的重合，合作国家主要为全球传统海洋强国。

本书研究贡献和创新点主要体现在以下三个方面。

第一，研究方法创新。相较于以往研究在评估大学的学术核心竞争力时主要使用高被引论文数量、授权专利数量和基本科学指标数据库（Essential Science Indicators，ESI）学科数量等传统文献计量"绝对数量"的指标，本书在对我国海洋院校的学科核心竞争力进行刻画时，按照投入、产出、效益的思路，引进和完善了组织机构层面的活跃指数、影响指数和效率指数三个"相对指标"，有助于避免仅仅使用绩效的"绝对数量"指标而导致的研究结果可能出现偏误或不全面。

第二，研究样本创新。通过梳理现有的研究成果，尚未发现有相关研究以我国海洋院校为样本来全面系统地分析其学科的核心竞争力，而该议题在当今国家开展"建设海洋强国"时代背景下具有重要的现实意义。鉴于此，本书拟对部署在我国海洋院校为研究对象，对它们的学科核心竞争力进行系统分析，以弥补现有研究的不足。

第三，研究框架创新。通过梳理现有的研究，发现以往文献只是简单地对大学的学科核心竞争力进行量化和排名，并没有挖掘其学科核心竞争力的形成路径和机制。与以往相关研究不同的是，本书除了对我国海洋院校的学科核心竞争力进行全面刻画外，还进一步探究其学科核心竞争力背后的故事，为如何建设高水平海洋大学提供对策与建议。

目　　录

表目录

图目录

第1章 绪 论

1.1 研究背景

1.1.1 实践背景

2022年10月16日召开的中国共产党第二十次全国代表大会（以下简称"党的二十大"）开幕会上，习近平总书记着重强调加快推进"建设海洋强国"进程。在我国从海洋大国向海洋强国的跨越过程中，必须发挥海洋科技创新的支撑引领作用，以实现海洋经济的高质量发展。我国海洋院校作为践行海洋强国建设战略的重要主体，它们在发展海洋科学技术、培养海洋专门人才和推动海洋科技向创新引领型转变过程中扮演着重要角色（张艺、龙明莲，2019）。目前，我国海洋院校屈指可数，它们的学科建设成效直接关系我国海洋强国建设的步伐，对它们的学科核心竞争力进行量化分析和客观评价显得尤为迫切而重要。

在党的二十大强调的"建设海洋强国"重大战略引领下，我国将海洋开发、发展海洋事业提升到一个前所未有的高度，把海洋战略与国家民族的前途命运紧密结合在一起。海洋院校作为国家海洋科技创新体系的重要构成单元，主要承担着以海洋和水产为特色的科学知识生产、传承、创新的重任，建设高水平海洋大学是将我国建设成为海洋科技强国的必然选择。在此背景下，我国为数不多的一些知名海洋院校纷纷提出建设高水平海洋大学的战略目标。例如，广东海洋大学主动提出对接国家海洋强国战略，明确要求将自身打造成为国内海洋和水产特色鲜明、多学科协调发展的高水平海洋大学。那么，什么是高水平的海洋院校？到底距世界一流大学还有多远？哪些学科已经达到国际水平？哪些学科还存在较大的差距？这些问题对于很多海洋院校的领导者或决策者而言可能更多停留在概念性的描述上，而还没有形成一个全面、客观、定量的参考标准。因此，如何对我国海洋院校的学科核心竞争力进行科学评价并提出有价值的建议，这是一个具有较大现实价值的重要课题。

自从洪堡提出"研究型大学"的办学思想以来，科学研究已经成为大学中与教学并重的关键职能（陈劲、王鹏飞，2009）。高校的教学与科学研究基本上是按照学科进行的，教师属于一定的学科领域，并通过学科的建制形式从事教学、科研和社会服务活动。学科是大学组织教学科研的职能载体，高校基于自身的战略规划，组合优化相关的学科和专业形成自己的学科集群、特色知识领域、研究深度和学术影响等，便构成了其核心竞争力（丁敬达等，2013）。因此，学科成为高校核心竞争力的重要载体，这也是社会各界为什么关注高校学科竞争力并对其进行排名与评价的重要原因（Johnes，2018）。例如，武汉大学中国科学评价研究中心每年度均发布《世界一流大学与科研机构竞争力评价报告》，对中国高校学科核心竞争力在世界大学中的地位进行深入分析。此外，上海交通大学、泰晤士报、英国 Quacquarelli Symonds（QS）公司、荷兰莱顿大学等机构都有类似排名，这有助于大家认识国内高校在世界上所处的位置并寻求提高在国际上的影响力。值得关注的是，现有研究主要聚焦于系统量化和评判一流大学或研究型大学的核心竞争力（Johnes，2018；胡德鑫，2017；刘向兵，2019；张维冲等，2018；赵蓉英、全薇，2017），尚未发现有相关研究对我国海洋院校的学科核心竞争力进行系统分析，而该议题的研究在当今我国建设海洋强国的背景下显得尤为迫切而重要。

1.1.2 理论背景

1.1.2.1 高校核心竞争力的相关研究及评述

"核心竞争力"（core competence）的概念首次正式提出是在 1990 年，美国密歇根大学商学院教授普拉哈拉德（C. K. Prahalad）和英国伦敦商学院教授哈默尔（Gary Hamel）在《哈佛商业评论》上发表的题为"企业的核心竞争力"一文中将其定义为"组织内的集体学习能力，尤其是如何协调各种生产技能并且把多种技术整合在一起的能力"。自此之后，这一重要思想为企业界和理论界所认同，围绕着"核心竞争力"专家和学者们分别从知识、资源、技术、组织与系统、文化等不同角度对核心竞争力进行研究，特别是美国麦肯锡公司提出了"核心竞争力具有使一项或多项业务达到世界一流水平的能力"，使得"核心竞争力"的研究成为学术界关注的焦点，且被引入经济、管理以外的许多领域（李晓娟等，2010）。

高校核心竞争力研究起步比较晚，自从 2002 年北京师范大学经济学院赖德胜、武向荣发表《论大学的核心竞争力》，复旦大学校长王生洪发表《大学科学研究的核心竞争力》后，"核心竞争力"理论被引入我国高等教育领域。经过 20 年的理论研究和实践探索，高校核心竞争力的研究取得了非常大的进展（Humphreys et al.，2018；Cao et al.，2019，Heaton et al.，

2019）。邱均平和丁敬达（2009）从学科的角度对世界一流大学和科研机构的核心竞争力进行了研究。谢卫红等（2010）认为，"大学核心竞争力是识别和提供优势的知识体系，其根基在于对知识的科学管理"。林莉和刘元芳（2003）认为，"高校核心竞争力则是大学内部一系列互补的知识和技能的组合，它具有使大学达到国内甚至世界一流水平的能力"。

随着对高等学校核心竞争力的研究逐渐加深，人们开始意识到高校的核心竞争力具有丰富的内涵（李晓娟等，2010）。具体而言，①它是一个历史的概念。核心竞争力的构建基础，无论是内在优势还是获取外部资源的渠道，都是大学在长期的办学历史实践中形成的。从这一角度而言，老牌名校建立核心竞争力相对容易，而新兴或地方院校打造核心竞争力之路相对艰难。②它是一个比较的概念。此大学的核心竞争力是相对于彼大学的核心竞争力存在的，它最终体现在一种比较优势上。③大学的发展始终是以学科发展为依托的，学科水平是大学竞争能力的主要标志，学科水平的高低主要集中表现为原创性科研成果的多少、承担的重大科研项目多少、研究生培养质量的高低、科研创新基地与创新平台建设的强弱等方面，因此大学核心竞争力集中体现在学科竞争力上。④大学核心竞争力的表现是有别于其他大学的特色，实现途径是整合资源、创新发展、综合推介并获得社会承认。⑤核心竞争力的作用，是使大学获得长期而非短期的竞争优势，实现可持续发展而非昙花一现。

本书在综合现有理论研究共性特征及结合大学自身特点的基础上，认为高校的核心竞争力是指针对特定的竞争环境和对象，学校采取各种有效策略获取与合理配置教育资源，以取得竞争优势为目的的能力体系，在此基础上，将核心竞争力界定为高校在长期形成的内在优势和获取外部资源渠道的基础上，构建以核心学科为标志、以特色文化为内核的，能有效整合各类教育资源（人、财、物、知识信息），使学校获得长期竞争优势，并得到社会认可的、与同层次竞争对手相区别的能力或能力体系。

1.1.2.2 以"一流大学的学科建设"为议题的相关研究及评述

建设世界一流大学是我国发展成为国际高等教育强国的必然选择。在国际竞争激烈的今天，科学技术的发展和人才精英的培养变得越来越重要，拥有世界一流大学是一个国家具有国际竞争力的重要表现。许多国家纷纷实施了建设世界一流大学的计划，比如，德国的"精英大学"（Elite Universities）计划，日本的"卓越中心"（Center of Excellence）计划，韩国的"21

世纪首脑"（Brain Korea 21）计划，（Peters and Besley, 2018）等等。我国高等教育如果要走向世界，那么建设世界一流大学就是第一要务。对这一问题进行研究，有利于我国大学不断向国际化的高水平研究型大学靠拢，有利于提高我国大学的国际影响力，有助于我国学术机构更快地适应国内外学术环境，有助于加快我国高等教育的国际化进程。

任何一所大学要培育核心竞争力，都应以学科建设为纽带，统筹人才培养与科学研究两大职能，协同提升人才培养与科学研究两大能力。"双一流"建设的一个基本导向就是"坚持以学科为基础"，鼓励不同类型高校紧密结合自身特色加强学科建设，实质上是抓住了培育核心竞争力的"牛鼻子"。2018年教育部、财政部、发改委联合印发的《关于高等学校加快"双一流"建设的指导意见》（以下简称《意见》）明确指出，学科建设要"坚持人才培养、学术团队、科研创新'三位一体'"。这一表述明确将学科建设定位为人才培养、科学研究和队伍建设的共同核心。同时，《意见》明确指出"双一流"建设战略下高校加强学科建设的基本路径是"围绕国家战略需求和国际学术前沿，遵循学科发展规律，找准特色优势，着力凝练学科方向、增强问题意识、汇聚高水平人才队伍、搭建学科发展平台，重点建设一批一流学科。以一流学科为引领，辐射带动学科整体水平提升，形成重点明确、层次清晰、结构协调、互为支撑的学科体系，支持大学建设水平整体提升。"因此可以说，"双一流"建设为行业特色高校（例如涉海类院校）培育核心竞争力指明了方向。

迄今，学术界对我国世界一流大学学科建设的有关研究，主要有定量分析和定性分析两种类型，并以定性分析为主。在定性分析研究类型中，丁学良2005年的《什么是世界一流大学？》一文指出，建设一流大学的关键是：培养世界一流大学的精神气质；建立一流大学的核心制度；注重聘请优秀教员；促进一流大学的"才源"间的互动等。刘念才等人所著的《世界一流大学：战略·创新·改革》分析了大学排名的质量、作用和影响，比较了大学排名与其他评价方式的优劣等。胡和平和顾秉林2011年在《加快推进世界一流大学建设》中指出，建设世界一流大学应坚持优良传统、坚持中国特色，以人才培养为根本任务，以提高教育质量为准则，只有这样才能加快建设世界一流大学的步伐。在定量分析研究类型中，由中国科学评价研究中心、中国科教评价网研发，邱均平等2011年编著的《世界一流大学与科研机构学科竞争力评价研究报告》中，采用科学的研究方法，编制、公布了目前国内最全面的世界一流大学与科研机构学科竞争力排行榜，对世界一流大学与科研机构的相关学科做出了客观的评价。

从研究内容上看，许多研究主要关注大学的学科发展战略性议题，尤其是科学定位的议题。日本佐佐木毅教授认为"我们的大学不是单纯的研究机构，而是一个重要的精神生活的组织，所以应该全面考虑大学的定位。"美国杰拉德也认为"坚持大学自我管理和相互竞争的灵活结构，一所大学要有明确的定位，以便与其他大学区别开来。定位决定了高校的发展目标、发展战略和发展方向，科学定位是高校制定规划、配置资源乃至发挥优势和办学特色的前提。"由此可见，准确定位对于铸造一流大学的核心竞争力来说非常重要。那么，如何进行科学定位？李晓娟等（2010）认为：首先，要客观分析自身的现实条件和基础。进行内部条件的分析，包括学科专业基础，学校目前的办学层次、师资结构、资源依托、环境条件、文化传统等办学综合条件。其次，要准确分析和预测科学发展的要求和变化趋势，把科学技术发展的真实需求和发展趋势作为自身发展的方向，充分考虑国家或区域产业结构和社会发展的特点和需要，真正为经济建设和社会发展服务，才能得到国家和社会的大力支持，从而办出有特色的大学。再次，坚持"有所为，有所不为"的方针，根据自身已有的现实条件和科技发展的需求与趋势，对学科建设、科研能力、人才培养、师资建设等分别进行定位分析。离开自身各方面的具体条件，盲目追求"大而全""高水平"，就可能失去自己的学科优势和特点；盲目追求"大而全""多而杂"，也可能"舍本逐末"，丧失已有特色和优势。最后，要集中有限资源突出特色和重点，不断培养新的亮点，既有可操作性，又能持续发展。

值得关注的是，虽然目前国内的研究文献对国内外一流大学的优势学科进行综合分析，将国内个别学校与国外一流大学，或将国外个别一流大学与国内一流研究型大学进行对比（胡德鑫，2017；刘向兵，2019；张维冲等，2018；赵蓉英、全薇，2017），但尚未发现有相关研究以我国海洋院校为研究对象，对其学科建设核心竞争力进行系统分析，导致社会各界对我国海洋院校的学科优势及如何建设高水平海洋大学仍然不够清晰。

1.1.2.3　学科核心竞争力的相关理论基础及评述

第一，核心竞争力理论。1990 年普拉哈拉德和哈默尔在《企业核心竞争力》一文中，首先提出"企业的核心竞争力"这一概念，标志着核心竞争力理论的正式形成。他们将核心竞争力定义为"组织中协调不同的生产技能和各种流派技术的积累性知识"。此后，对核心竞争力的研究成为企业管理等相关领域的热点。随着经济全球化的深入，高等教育面临着越来越激烈的国际竞争。面对竞争的加剧，核心竞争力的培育和提升成为大学发展的焦点，大学不仅要注重外部环境带来的机遇，积极争取和充分利用资源，而且要认真分析自身的优势和劣势，累积自身独特的优势，形成自身特有的核心竞争力，才能在竞争中生存和发展。

第二，资源基础理论。1991年巴尼出版了《公司资源与可持续竞争优势》（*Firm Resource and Sustained Competitive Advantage*）一书，提出战略资源的概念。十几年来该研究成果被国内外主流教材采用，在全球战略研究领域具有广泛而深刻的影响。巴尼认为组织的资源具有价值、稀缺性、难以复制和无法替代等特性，可以建立起组织的持续性竞争优势。资源基础理论开启了战略管理的新方向，促进组织更加重视内部能力的建设，构造了"资源－战略－绩效"的基本框架。大学是资源依赖型组织，该理论是大学核心竞争力研究的理论基础之一，持此理论的人认为"大学核心竞争力是以资源为基础、以三大职能活动为中介、以核心能力为支点在大学管理运行机制作用下而产生的整体能力"。大学只有通过加强与周围环境的相互作用，主动服务国家、社会和区域经济发展，优化学校内部资源的合理配置，才能调整自身对外部关键资源的依赖程度，实现可持续发展。

第三，知识创造理论。1995年野中郁次郎等在《知识创造公司》一书中将知识分为"隐性知识"（tacit knowledge）与"显性知识"（explicit knowledge），提出SECI模型（SECI model），详细说明了知识创造过程的四个阶段：知识的共同化（socialization）、知识的外化（externalization）、知识的结合（combination）和知识的内化（internalization）。书中指出，组织在知识创造方面的技能是组织成功的关键因素，组织面临的挑战就是不断改进、创造、传递和使用知识的过程。因此，组织知识创造能力的开发，成为增强组织竞争力与提高组织绩效的必要环节。野中郁次郎等人认为知识分享在互动的过程中，便产生了创新。科恩等人提出吸收能力（absorptive capacity）的概念，并把吸收能力定义为"组织对于外界新知识的辨识（recognize）、内化（assimilate）和应用（apply）的能力"，他们认为获得并善用知识是组织具有创新能力的关键要素。知识是大学开展科学研究重要产出，知识的应用、管理和创新是大学核心竞争力的重要体现，知识管理成为大学核心竞争力的重要内容。

第四，关系理论。戴尔1998年从关系的视角（relational view）分析组织间合作的竞争优势来源，认为合作的竞争优势分别来自专属关系资本（relation-specific assets）、知识分享惯例（knowledge-sharing routines）、互补性资源和能力（complementary resources and capabilities）和有效的管理（effective governance），该理论认为企业之间的联系是企业保持竞争优势的一种关键资源。在高等教育全球化的趋势下，高校应根据关系理论，加强与其他高校尤其是世界一流大学的合作，高校在与外部环境的合作中通过资源共享和优势互补，获取竞争优势，提高核心竞争力，实现协同发展。

第五，三螺旋理论。三螺旋理论是美国学者埃兹科维茨提出的以"政府－产业－大学"三螺旋相互作用为核心的创新系统模式，该理论指出：大学、产业、政府这三个机构内部发生的变化，由于影响与相互作用，代表这些机构的每个螺旋线都获得更大的能力，进一步相互作用与合作，支持在其他螺旋线里产生创新，由此形成持续创新流，共同发展。高校在三螺旋创新系统中处于重要地位，高校要打破学科边界、行业边界和地域边界，需要加强与政府、产业界的深度实质性合作，实现"政府－产业－大学"三螺旋协调机制，从而提高大学的核心竞争力。

总体上，核心竞争力理论、资源基础理论、知识创造理论、关系理论和三螺旋理论是基于不同的理论视角来对大学如何增强自身的核心竞争力以获取竞争优势展开阐述，这对明晰大学的核心竞争力形成机理及改善管理实践具有重要的指导意义和参考价值。鉴于此，本书拟借助这些理论基础来分析我国海洋院校的核心竞争力，为提出如何建设高水平海洋大学提供理论依据。

1.2 研究议题

为弥补以我国海洋院校为样本，全面系统地分析其学科的核心竞争力的现有研究较为缺乏的不足，本书以部署在我国 12 所海洋院校（海南热带海洋学院、广东海洋大学、北部湾大学、广州航海学院、集美大学、浙江海洋大学、上海海洋大学、上海海事大学、江苏海洋大学、中国海洋大学、大连海事大学和大连海洋大学）为研究对象，使用科学计量学方法和科技创新竞争力指数等客观量化指标对它们的学科核心竞争力进行系统分析，并为它们如何打造优势学科群来支撑我国海洋强国建设提供理论依据与有价值的建议。

1.2.1 研究框架和内容

由于学科是高校开展科学研究和实现原始创新的重要载体（彭小宝等，2022），所以大学的学科核心竞争力更多体现在科研创新能力的高低。鉴于高水平的论文、专利是高校科研主要产出，是学科核心竞争力的直接体现（刘林芽，2021），现有研究通常基于学术论文和授权专利来对大学的学科核心竞争力进行刻画（Sarabia-Altamirano，2022；迟培娟等，2022；杨金庆等，2021）。

本书在现有研究的基础上，以 Essential Science Indicators（ESI）数据库、Web of Science（WoS）数据库核心集（包含 SCI-E，SSCI 数据库）和 Derwent Innovations Index（DII）数据库所收录的我国 12 所海洋院校所发表的科技论文和发明专利为数据来源，通过以下研究框架，如图 1-1 所示，采取科学计量学方法和科技创新竞争力指数来对我国海洋院校所涉及学科领域展开分析。

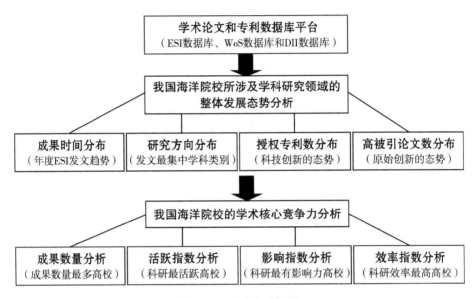

图 1-1　研究总体框架

　　第一，采取科学计量学方法对我国海洋院校所涉及的学科领域整体态势展开分析。科学计量是一种客观揭示学术研究活动的量化分析工具（Kashani et al.，2022），它通过对成果时间分布、研究方向、授权专利数量和高被引论文数量的分布状况来诊断基础研究领域发展态势。其中，成果时间分布是指我国海洋院校所涉及学科领域 ESI 文献数据历年分布。ESI 根据学科发展的特点设置了 22 个学科。由于 ESI 各学科收录论文的质量和学术价值很高，是评价学科影响力的重要指标（Sun，2022）。鉴于此，通过 ESI 文献时间分布分析，有助于把握我国海洋院校的学科影响力随着时间推移的演变过程。研究方向分布是指海洋院校所涉及学科类型的分布状态，通过研究可以获知相关学科领域的主流研究视角和研究范畴等有价值信息（张艺、孟飞荣，2019），有助于把握最新研究动向。授权专利数量是指我国海洋院校所涉及学科研究领域的发明专利成果历年分布。发明专利是科研成果的重要载体,体现科技的创新性和领先性,是转化为生产力的最宝贵的知识财富之一,也是高校创新能力和综合竞争力的重要体现(Puntillo,2022)。高被引论文是指某学科领域发表在最近两年间的论文在最近两个月内被引次数排在0.1%以内的论文,它能够体现某组织在某学科领域的学术研究深度、领先性和受关注度,所以该指标可以用于评价某一学科或某一研究方向的水平和领先性。由于上述指标均是客观数据,有助于克服同行评议可能带来的主观性偏见,目前已经被许多学者所采用(Kashani et al.,2022;Matveeva et al.,2021;Nielsen et al.,2021)。鉴于此,本书采取科学计量学研究方法,从论文发表时间、研究方向、授权专利数量和高被引论文分布四个维度对我国海洋院校涉及学科领域展开系统研究。

第二,为了全面、客观地评价我国海洋院校的学科核心竞争力,本书通过文献发表(或专利授权)的绝对指标(科研成果总数量)和相对指标(活跃指数、影响指数和效率指数)来分析我国海洋院校的学科竞争格局和发展态势。根据科学学原理和科学发展规律,以及科研工作的特点和过程可知,科研的投入决定科研的产出,而科研的投入与产出又必须讲求效益。因此,投入、产出、效益是影响科研竞争力的基本因素。鉴于此,本书按照投入、产出、效益的思路来构建评价指标体系。在充分参考现有研究如 Zhang 等(2016)、Shuai 等(2022)的基础上,通过构建和完善的活跃指数(投入)、影响指数(产出)和效率指数(效益)三个相对指标(详见下文2.2节),依次对我国海洋院校在某学科领域相对于国际平均水平的活跃状况、影响程度及科研成效的演化态势进行追踪分析,以全面把握它们所涉及的学科竞争态势及其与世界一流学科之间的差距。

第三,根据对我国海洋院校的学科核心竞争力的分析结果,提出如何孕育优势学科群来支撑国家海洋强国战略的相关对策。学科是大学人才培养和科学研究的载体,学科建设是培育大学核心竞争力的必由之路和核心举措(韩双淼、谢静,2021)。科学定位是大学持续健康发展的基本依据和重要前提。准确定位,坚持"有所为,有所不为",才能构建特色学科,带动相关学科的发展,形成优势学科群。鉴于此,本书从优势学科的识别与定位、孕育与发展、评估与优化等维度来阐述学科核心竞争力提升路径,为我国海洋院校如何孕育优势学科群来支撑国家海洋强国战略提供一定的理论启示。

1.2.2 重点解决的关键和难点问题

1.2.2.1 我国海洋院校学科核心竞争力的测度

如何客观、准确地对我国海洋院校的学科核心竞争力进行量化与评判,是本书关注的重点。以往的研究常常使用论文发表数量、被引数量、授权专利数量和 ESI 学科数来构建相关指标，对高校的学科核心竞争力进行评价，而忽视了这些指标往往与历史的科研投入状况以及研究成果（尤其是论文发表和专利申请）数量普遍呈现出指数增长态势密切相关。此外，这些指标忽视了从研发投入到产出的效益问题，不能体现科研工作的特点与过程。为了克服这个缺陷，本书除了使用传统的论文发表数量、授权专利数量和 ESI 学科数等指标外，还借鉴了 Zhang 等（2016）、Shuai 等（2022）和陈凯华等（2017）所构建的活跃指数、影响指数和效率指数三个相对指标的思路，对这三个竞争力指数做进一步完善以适用于准确测度我国海洋院校的学科核心竞争力。

1.2.2.2　学科核心竞争力发展机制的剖析

如何根据海洋院校的学科核心竞争力的研究结果，进一步分析其学科核心竞争力的演化路径与机理，是本书的难点。现有文献只是停留在对大学的学科核心竞争力进行量化和排名，并没有进一步挖掘学科发展路径背后的影响机理和优势学科的形成机制。为了弥补现有研究的不足，本书借助核心竞争力理论、资源基础理论、知识创造理论、关系理论和三螺旋理论等相关理论来打开我国海洋院校的学科核心竞争力提升路径的"黑箱"，帮助我国海洋院校确定相关学科的比较优势、找出问题与差距、明确改革方向、制定相应对策、实现发展与突破。那么，如何对学科核心竞争力的发展机制进行深入剖析，从而为我国建设高水平海洋大学和培育发展优势学科群来支撑国家海洋强国战略决策提供有价值的理论依据与启示，也是本书突破的难点问题。

1.3　研究方案

1.3.1　研究路线

本书的技术路线是：理论与实践情景分析→研究问题的凝练→研究框架的构建→数据的搜集与处理→定性/定量分析→策略设计与政策建议，具体研究流程和方法工具如图 1-2 所示。

1.3.2　研究方法

1.3.2.1　科学计量学方法

科学计量是一种客观、量化地揭示学术研究发展规律的分析工具，科学计量学是通过应用数理统计等方法对科学活动的投入、产出和过程进行定量

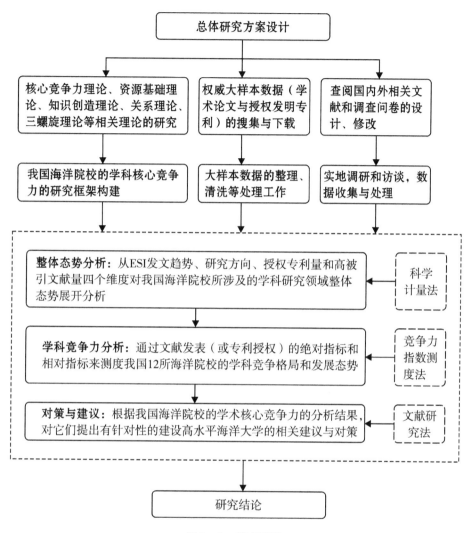

图 1-2 技术路线

分析，从中找出科学活动的规律性的一门科学学分支学科。自普赖斯以来，科学计量学在系统揭示科技活动的现状、趋势和规律方面一直发挥着不可替代的重要作用。科学计量是一种总结历史研究成果、揭示未来研究趋势的重要工具，已被广泛运用于许多研究领域（Gerdsri and Kongthon，2018；Zanjirchi et al.，2019；Keramatfar and Amirkhani，2019）。本书使用科学计量的研究方法，以 ESI、WoS 和 DII 数据库所收录的我国海洋院校发表的文献和授权专利作为数据来源，从发文趋势、所涉及学科分布、授权专利分布和高被引文献四个方面展开分析，以揭示我国海洋院校所涉及的学科在研究领域的整体发展态势及竞争格局。

1.3.2.2 竞争力指数测度法

本书在现有研究［Shuai et al.（2022）；Zhang et al.（2016）；陈凯华等（2017），张艺、孟飞荣（2019）］的基础上，重新构建和完善组织机构层面的活跃指数、影响指数和效率指数，以适用于我国海洋院校的学科核心竞争力的评价。

（1）活跃指数的公式：

$$AcI_t^k = (P_t^k / \sum_{t=1}^{s} P_t^k) / (TP_t / \sum_{t}^{s} TP_t)$$

其中，P_t^k 是指 k 海洋院校在某研究领域第 t 年的文献发表量或专利授权量，$\sum_{t=1}^{s} P_t^k$ 是指 k 海洋院校在既定观测期（S 年）间的某研究领域文献发表量或专利授权量，TP_t 是指所有海洋院校在某研究领域第 t 年的文献发表量或专利授权量，$\sum_{t}^{s} TP_t$ 是指所有海洋院校在既定观测期（S 年）间的某研究领域文献发表量或专利授权量。当 $AcI_t^k > 1$，表明 k 海洋院校在第 t 年的研究活跃程度高于所有海洋院校在该领域的平均水平，反之，则低于平均水平。

（2）影响指数的公式：

$$AtI_t^k = (\sum_{j=t}^{t+n} C_j^k / \sum_{i=1}^{s} \sum_{j=t}^{t+n} C_{ij}^k) / (\sum_{j=t}^{t+n} TC_j / \sum_{i=1}^{s} \sum_{j=t}^{t+n} TC_{ij})$$

其中，$\sum_{j=t}^{t+n} C_j^k$ 是指 k 海洋院校在某研究领域第 t 年发表的文献或授权专利在当年以及后续 n 年期间的被引量总和，$\sum_{i=1}^{s} \sum_{j=t}^{t+n} C_{ij}^k$ 是指在既定观测期（S 年）间，累加 k 海洋院校第 t 年发表的某领域文献或授权专利在当年以及后续 n 年期间的被引量之和，$\sum_{j=t}^{t+n} TC_j$ 是指所有海洋院校在某研究领域第 t 年发表的文献或授权专利在当年以及后续 n 年期间的被引量总和，$\sum_{i=1}^{s} \sum_{j=t}^{t+n} TC_{ij}$ 是指在既定观测期（S 年）间，累加所有海洋院校在第 t 年的某领域发表文献或授权专利在当年以及后续 n 年期间的被引量之和。当 $AtI_t^k > 1$，表明 k 海洋院校在第 t 年的研究影响程度高于所有海洋院校在该领域平均水平，反之，则低于平均水平。

（3）效率指数的公式：

$$EI_t^k = (\sum_{j=t}^{t+n} C_j^k / \sum_{i=1}^{s} \sum_{j=t}^{t+n} C_{ij}^k)/(P_t^k / \sum_{i=1}^{s} P_t^k)$$

其中，$\sum_{j=t}^{t+n} C_j^k$ 是指 k 海洋院校在某研究领域第 t 年发表的文献或授权专利在当年以及后续 n 年期间的被引量总和，$\sum_{i=1}^{s} \sum_{j=t}^{t+n} C_{ij}^k$ 是指在既定观测期（S 年）间，累加 k 海洋院校在某研究领域第 t 年发表的文献或授权专利在当年以及后续 n 年期间的被引量之和，P_t^k 是指 k 海洋院校在某研究领域的第 t 年的文献发表量或专利授权量，$\sum_{i=1}^{s} P_t^k$ 是指 k 海洋院校在既定观测期（S 年）间的某研究领域文献发表量或专利授权量。当 $EI_t^k > 1$，表明 k 海洋院校在第 t 年的研究影响程度高于活跃程度，表明该海洋院校的科研成效很好，反之，则表明其科研成效较差。

1.3.2.3 文献研究法

为了分析我国海洋院校的学科核心竞争力演化路径和机理，本书以我国12所海洋院校为调研样本，通过对相关的文献材料、历史文档等途径来获取学科建设相关信息，包括学科的定位、孕育、发展、评估与优化等相关信息，然后对较为典型的案例展开系统研究，并结合定性比较分析研究方法对案例进行深度挖掘，以明晰我国海洋院校的优势学科核心竞争力形成的机理，为提出有价值的对策与建议提供可靠的理论依据。

1.3.3 数据来源

本书以 Essential Science Indicators（ESI）数据库、Web of Science（WoS）数据库核心集（包含 SCI-E，SSCI 数据库）和 Derwent Innovations Index（DII）数据库所收录我国12所海洋院校1999—2021年期间所发表的科技论文和发明专利为数据来源，并通过图1-1所示框架展开研究，采取科学计量法和基础研究竞争力指数来对我国海洋院校的学科基础研究领域展开分析。其中，WoS 核心集是检索科学、社会科学、艺术和人文科学领域的世界一流学术性期刊、书籍和会议录，并浏览的引文网络。WoS 通过强大的检索能力和内容连接能力，将高质量的资源、工具和专业软件有效地整合在一起，兼具知识的检索、提取、分析、评价、管理与发表等多项功能，已成为重要的学术分析与评价工具。为了检索我国海洋院校的全部文献，将海洋院校进行甄别筛选出如下12所：海南热带海洋学院、北部湾大学、广东海洋大学、广州航海学院、集美大学、浙江海洋大学、上海海洋大学、上海海事大学、江苏海洋大学、中国海洋大学、大连海洋大学、大连海事大学。依次对各院校官网信息进行梳理，针对这 12 所院校的办学历史和曾用名，进行多次检索确认，最终确认检索词为：WC ＝（Marine Freshwater Biology）AND OG ＝［（Guangdong Ocean University）OR（Zhanjiang Ocean University）OR（Beibu Gulf University）OR（Qinzhou College）OR（Dalian Maritime University）OR（Dalian Marine College）OR（Dalian Ocean University）OR（Dalian Fisheries University）OR（Hainan Tropical Ocean University）OR（Qiongzhou college）OR（JiMei University）OR（Jimei Navigation college）OR（Jiangsu Ocean University）OR（Huaihai Inst Techonl）OR（Shanghai Maritime University）OR（Shanghai Maritime Institute）OR（Shanghai Ocean University）OR（Shanghai Fisheries University）OR（Zhejiang Ocean University）OR（Zhejiang Fisheries College）OR（Ocean University of China）OR（Ocean University of Qingdao））OR（OO ＝（Guangzhou Maritime University））］。

1.4 研究贡献

第一，研究方法创新。相较于以往研究在测量大学的学科核心竞争力时主要使用高被引论文数量、授权专利数量和 ESI 学科数量等"绝对数量"的指标，本书在对我国海洋院校的学科核心竞争力进行刻画时，按照投入、产出、效益的思路，引进和完善了组织机构层面的活跃指数、影响指数和效率指数三个"相对指标"，有助于避免仅仅使用绩效的"绝对数量"指标而导致研究结果可能出现的偏误或不全面。

第二，研究样本创新。通过梳理现有的研究，尚未发现有相关研究以我国海洋院校为样本来全面系统地分析其学科的核心竞争力，而该议题在当今国家开展"建设海洋强国"时代背景下具有重要的现实意义。鉴于此，本书拟对部署在我国大陆海岸线从南到北的 12 所海洋院校为研究对象，对它们的学科核心竞争力进行系统分析，以弥补现有研究不足。

第 2 章　我国海洋院校整体学科
发展态势研究

　　海洋是人类生存以及可持续发展的重要物质基础，人类的生存和发展离不开对海洋的依赖，海洋是大国崛起的重要战略发展舞台。当国家经济发展到一定阶段后，就会重视对海洋的开发、利用和保护，对海洋事业进行布局，向海洋寻找资源、挖掘资源，这就需要海洋开发利用水平的提高，以达到其可持续发展的目的。发展海洋事业是促进经济贸易、开发海洋资源、确保人类生存和发展的重要途径，也是人类争取更大生存空间的重要方式。

　　海洋产业具有明显的科技密集型和人才密集型特征，在未来几十年里，海洋经济在我国经济总量中的比重将越来越大，国家的发展和安全对海洋科技的需求也越来越紧迫。建设海洋强国需要强有力的人才、智力和技术支撑，海洋高等教育责无旁贷，大力发展海洋高等教育，培养一支规模宏大、结构合理的海洋人才队伍，是保证海洋事业与产业持续、快速发展的重要基础。而海洋院校是培育海洋人才的重要摇篮，是海洋产业发展的重要支柱。主要作用在于凝聚整合创新资源，充分发挥学科群优势。聚焦深海关键科学问题和海洋资源开发与权益维护的国家重大需求，创新体制机制，面向世界汇聚一流人才，促进学科深度交叉融合，致力科学前沿突破，形成具有重要国际影响的学术高地；坚持目标导向、开放合作，牵头（或共建）海洋、水产、海洋工程、食品工程等领域的全国重点实验室；坚持加强基础研究、实现创新引领，充分发挥学校海洋领域高端人才和学科群的综合优势，开展协同攻关和原始创新，在推动海洋科技高水平自立自强、服务海洋强国建设中发挥引领作用。因此，明晰我国海洋院校的建设水平与发展现状，对发展海洋产业具有重要的现实意义。本章节拟通过我国海洋院校的文献数据和专利数据对我国海洋院校的整体学科发展现状做出分析。

2.1　时间分布

　　文献的数量和质量是各高校基础研究领域状况的一个主要体现，各海洋院校文献数量的多寡在一定发程度上可以反映该院校的发展现状。通过对 1999—2021 年 WoS 核心合集所收录的我国 12 所涉海院校的文献发表时间进行分析，如图 2 - 1 所示，发现我国海洋院校被 WoS 核心合集所收录的文献数量呈现出稳定上升的态势，其中 2004 年和 2017 年为显著分界点，可以依此将我国海洋院校的发展分为三个阶段。

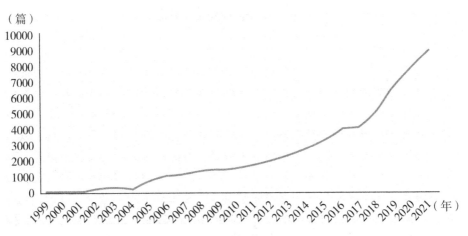

图 2 - 1　我国海洋院校文献量时间分布（1999—2021）

　　1999—2005 年，为我国现代海洋院校建设的起步阶段，各海洋院校办学规模、师资力量、基础研究底蕴相对薄弱，被 WoS 核心合集所收录的文章较少，当时我国海洋院校普遍没有打开国际发展视野。2005—2017 年，我国海洋院校被 WoS 核心合集所收录的文章数目激增，从 2005 年的 692 篇增长至 2017 年的 4124 篇，表现出了我国海洋院校建设发展的强大活力和蓬勃发展的态势。这是因为进入 21 世纪以来，山东、广东、福建、浙江等海洋经济试点省份，不断加大对海洋院校建设的投入力度，以建立一批海洋学科特色鲜明、多学科协调发展的高水平海洋院校，寻求我国涉海研究的结构深度调整，达到抢占海洋研究、科技制高点的战略目的。2017—2021 年，我国海洋院校被 WoS 核心合集所收录的文章爆发式增长，从 2017 年的 4124 篇增长至 2021 年的 8934 篇，这可能与我国部署海洋强国战略有关。自从 2012 年党的十八大提出建设海洋强国重大战略以来，党和国家将海洋开发、海洋科技创新、海洋研究提到一个前所未有的高度，不断向海洋领域发力。在此背景下，我国为数不多的一些知名海洋院校纷纷提出建设高水平海洋大学的战略目标，以对接我国的海洋强国战略。例如，广东海洋大学主动明确要求将自身打造成为国内海洋和水产领域特色鲜明、多学科协调发展的高水平海洋大学。

　　我们从历年发文数量和质量为切入点，分析我国海洋院校发展路径和发展机制，并提出切实有效的建议。我们以 WoS 核心合集所收录的文章为对象，对历年发表文献的具体质量进行梳理，如表 2 - 1 所示。因在本书截稿时 2022 年尚未结束，故不计入统计数据。考虑到文献引用的滞后性，我们参考美国科学信息研究所测度论文的影响因子时的方法，我们在研究中考虑两年的滞后性，有效统计结果至 2019 年。

表 2 - 1　历年文献数量及被引频次

出版年	记录数（篇）	占比（%）	总被引（次）	篇均被引（次）
1999	1	0.002	9	5
2001	1	0.002	9	9
2002	212	0.368	5365	25.31
2003	319	0.554	10218	32.03
2004	495	0.86	12411	28.07
2005	692	1.202	19785	28.59
2006	1044	1.814	23153	22.18
2007	1160	2.016	31134	26.84
2008	1356	2.356	31928	23.55
2009	1412	2.454	33603	23.8
2010	1524	2.647	36096	23.7
2011	1751	3.043	43510	24.85
2012	1977	3.435	45683	23.11
2013	2349	4.082	52503	22.35
2014	2776	4.824	62827	22.63
2015	3260	5.663	64503	19.79
2016	3963	6.885	64417	16.26
2017	4123	7.137	62032	15.1
2018	5090	8.81	69360	13.68
2019	6729	11.65	68632	10.23

由上表可知，我国海洋院校基础科学研究整体呈上升趋势。从论文发表

数量来看，2002 年我国海洋院校论文数量实现 1—200 的飞跃，在之后短短 3 年内，海洋院校论文数量达到 1044 篇。整体来看，我国海洋院校被 WoS 核心集所收录的论文数量不断上升。从论文质量（被引文频次）来看，1999—2019 年被引文频次不断上升，但值得关注的是我国海洋院校发文的篇均被引次数在 2003—2005 年占据了历年的前三名，此后我国海洋院校历年发文的篇均被引次数逐年降低，从某种程度上表明我国海洋院校在建设发展过程中，对数量的追求高于质量的问题。

最后，我们以各海洋院校被 WoS 核心合集所收录的首次发表文章年份以及当年总收录文献数、总被引数、篇均被引数为切入点，梳理我国各海洋院校首次发表文献时间及质量分布，如表 2-2 所示。

表 2-2 我国各海洋院校科研成果首次被 WoS 核心集收录时间及质量

序号	院校机构	年份	篇数	总被引（次）	篇均被引（次）
1	中国海洋大学 （Ocean University of China）	1999	1	5	5
2	大连海事大学 （Dalian Maritime University）	2002	18	349	19.39
3	上海海洋大学 （Shanghai Ocean University）	2002	12	892	74.33
4	集美大学（JiMei University）	2002	6	183	30.5
5	上海海事大学 （Shanghai Maritime University）	2002	3	27	9
6	浙江海洋大学 （Zhejiang Ocean University）	2002	2	253	126.5
7	海南热带海洋学院 （Hainan Tropical Ocean University）	2002	2	75	37.5
8	广东海洋大学 （Guangdong Ocean University）	2002	1	39	39
9	江苏海洋大学 （Jiangsu Ocean University）	2002	1	24	24

续上表

序号	院校机构	年份	篇数	总被引（次）	篇均被引（次）
10	大连海洋大学 （Dalian Ocean University）	2003	3	14	4.67
11	北部湾大学 （Beibu Gulf University）	2007	4	18	4.5
12	广州航海学院 （Guangzhou Maritime University）	2010	1	82	82

中国海洋大学（Ocean University of China）的 Liu 等人在 1999 年发表的 "*Total partial synthesis of* (3S, 6S) - (+) - 3,7-*dimethyl-6-hydroxy-3-acetoxyocta*-1, 7-*diene and* (3S, 6S) - (-) - 3,7-*dimethylocta*-1, 7-*diene-3, 6-diol from geraniol*" 一文开创了国内海洋院校被 WoS 核心合集收录的先河。我国海洋院校发表的文献多于 2002 年首次被 WoS 核心合集所收录，其中以大连海事大学 2002 年的 18 篇文章，浙江海洋大学 2002 年发表 2 篇、文章均被引 126.5 次最为突出。广州航海学院最晚，在 2010 年有 1 篇文章被 WoS 核心合集所收录。我国海洋院校基础科学研究的开始时间大体相差不大，都在 21 世纪初期就已踏入海洋基础科学研究的世界浪潮当中，这与改革开放后期政策支持、专利成果转化的激励以及国际视野中"开发海洋资源为标志的蓝色革命"等密切相关。

本章节分析了我国海洋院校的专利申请数量的变化趋势，如图 2 - 2 所示，每个分析点代表当前年内专利的申请量。一般情况，专利申请量随时间的上升代表了该领域技术创新趋向活跃，技术发展较为迅速；专利申请量持平或下降则代表该领域技术创新趋向平和，技术发展较为迟缓，或技术已经趋于落后并被其他技术所取代。

由图 2 - 2 可知，我国海洋院校在专利技术研究领域整体发展态势较好，历年专利获批量略有波折，逐年上升仍是主基调。在 2002 年，我国海洋院校在专利技术研究领域处于起步状态。我国全部海洋院校在 2002 年累计获批专利 101 项，发展至 2011 年年专利获批量上升至 2563 项。2012 年党的十八大召开，海洋强国被列入国家重要发展战略，为我国海洋院校的发展注入了强劲动力。此后，我国海洋院校在专利技术研究领域发展更为迅速，2012 年我国海洋院校累计获批专利 2522 项，2015 年年专利获批量更是高达 3946 项，2019 年达到了顶峰，年专利获批量高达 6336 项。此后略显颓势，我国

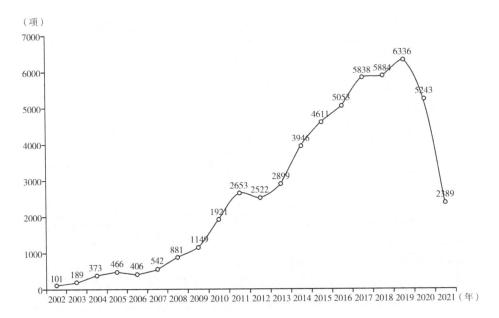

图 2 - 2 我国海洋院校专利获批数量时间分布

海洋院校的年专利申请量逐年下降，在 2020 年的年专利申请量为 5243 项，在 2021 年更是跌至 2389 项。这主要是由于专利申报存在 18 个月的时滞性，也就导致了从数据看来近年来我国海洋院校的专利逐年下降。

同时为了明晰我国各海洋院校的具体专利申报状况，我们对我国各海洋院校获批专利的类型进行了具体梳理，如表 2 - 3 所示。

表 2 - 3 我国海洋院校专利具体分布

（单位：项）

专利类型	中国海洋大学	浙江海洋大学	浙江海洋学院	大连海事大学	上海海事大学	上海海洋大学	广东海洋大学	集美大学	北部湾大学	江苏海洋大学	合计
发明型	7214	5412	3633	4393	3567	3152	2382	2094	1252	1301	34400
实用新型	1140	1805	3365	1175	1245	1372	1260	264	636	309	12571
外观型	10	38	21	11	741	210	312	14	96	37	1490
合计	8364	7255	7019	5579	5553	4734	3954	2372	1984	1647	48461

根据我国各海洋院校的专利具体获批状况可知,其中发明型专利是我国海洋院校所获批的主要专利类型,我国海洋院校累计获批发明型专利 34400 项,占据了我国海洋院校专利总数的 70%。实用新型专利是我国海洋院校另一类主要获批专利类别,我国海洋院校累计获批实用新型专利 12571 项,占据了我国海洋院校专利总数的 25.9%。外观型专利是我国海洋院校获批数最少的类别,累计获批专利 1490 项。

2.2　机构分布

一所高校或研究组织所拥有的科研资源和科研力量往往是有限的,各海洋院校如果想要在某个科研领域内走得更远、研究成果产出质量更高,就需要寻求与不同研究组织的合作。基于 WoS 核心集数据库,对与我国 12 所海洋院校合作最为密切的机构进行检索分析,与我国海洋院校合作机构前 15 名如表 2-4 所示。据此可获知与不同机构合作的成果数量与质量,以及国内除海洋院校外同样关注海洋科学研究的机构所在。

表 2-4　我国海洋院校主要论文合作机构

所属机构	记录数（篇）	占比（%）	总被引（次）	篇均被引（次）
中国科学院 (Chinese Academy of Sciences)	5510	9.575	104283	18.93
青岛海洋科学与技术试点国家实验室 (Qingdao Natl Lab Marine Sci Technol)	3735	6.49	33313	8.92
中国水产科学研究院 (Chinese Academy of Fishery Sciences)	2165	3.762	23971	11.07
大连工业大学 (Dalian University of Technology)	1597	2.775	19411	12.15
中国国家海洋局 (State Oceanic Administration)	1315	2.285	18397	13.99
中国科学院大学 (University of Chinese Academy of Sciences Cas)	1132	1.967	18891	16.69
海洋学研究所 (Institute of Oceanology Cas)	1118	1.943	18061	16.15
厦门大学 (Xiamen University)	1116	1.939	15028	13.47

续上表

所属机构	记录数（篇）	占比（%）	总被引（次）	篇均被引（次）
上海交通大学（Shanghai Jiao Tong University）	1019	1.771	15373	15.09
黄海水产研究所（Yellow Sea Fisheries Research Institute Cafs）	918	1.595	12183	13.27
青岛大学（Qingdao University）	816	1.418	16448	20.16
山东大学（Shandong University）	783	1.361	11714	14.96
浙江大学（Zhejiang University）	764	1.328	9957	13.03
教育协会（Minist Educ）	723	1.256	10737	14.85
中国教育部（Ministry of Education China）	696	1.209	11978	17.21

从合作研究机构前 15 名的类型来看，与我国海洋院校合作的机构可分为高校与研究机构两类，其中与各地高校合作发文被收录总数为 7227 篇，篇均被引次数为 15.07，与各研究机构合作发文被收录总数为 16180 篇，篇均被引次数为 14.30。二者在篇均被引次数上相差无几，但在被收录总量上却相差甚远，研究机构遥遥领先。这种现象表明我国涉海研究在广泛的高校建设中并不受到关注，反而在研究机构中更受重视。以中国科学院为例，它与我国涉海高校合作发文被收录数量为 5510 篇，篇均被引频次为 18.93，不论是发文记录数抑或是被引次数都名列前茅。中国科学院是我国自然科学最高学术机构、自然科学与高技术综合研究发展中心，全国众多优秀的研发人才集聚在中国科学院，它是我国创新系统中最重要的知识创造主体之一，在我国科研体系中扮演着十分重要的角色。我国各海洋院校与中国科学院合作密切，能获取更多的科研资源与技术支持，以寻求更高质量的发展和研究领域的突破。位居第二的是青岛海洋科学与技术试点国家实验室，与我国海洋院校合作发文被收录数量为 3735 篇，但篇均被引仅为 8.92，为前 15 所合作机构中最后一名，这可能与青岛海洋科学与技术试点国家实验室成立时间较短，积累不足有关。紧随其后的是中国水产科学院，与我国海洋院校合作篇数为 2165 篇，位居第三，但篇均被引次数为 11.07，在这 15 所合作机构中排名较为靠后，合作发文影响力较为普通。中国水产科学院成立于 1946 年，它担负着全国渔业重大基础、应用研究和高新技术产业开发研究重任，同时致力于解决渔业及渔业经济建设中基础性、方向性、全局性、关键性重

大科技问题，以及在科技兴渔、培养高层次科研人才、开展国内外渔业科技交流与合作等方面发挥着重要作用。水产科学是建设海洋特色鲜明、多学科协调发展的高水平海洋院校的重要支撑要素，我国海洋院校与中国水产科学院合作频繁是建设一流海洋院校的必由之路。

我们以各海洋院校与合作机构共同涉足的学科方向为着眼点，分析各合作研究机构致力于发展何种学科，便于了解各海洋院校如今的发展态势。依据 WoS 核心合集数据库检索表整理出了 15 所合作机构的合作最多的 15 个学科方向，如表 2 - 5 所示。

表 2 - 5　我国海洋院校与主要合作机构共同发表的对外论文所属学科

学科方向	篇数（篇）	占比（%）
海洋学（Oceanography）	1926	10. 744
海洋与淡水生物学（Marine Freshwater Biology）	1910	10. 654
渔业（Fisheries）	1746	9. 739
环境科学（Environmental Sciences）	1657	9. 243
生物化学分子生物学（Biochemistry Molecular Biology）	1169	6. 521
多学科地球科学（Geosciences Multidisciplinary）	947	5. 283
多学科材料科学（Materials Science Multidisciplinary）	908	5. 065
免疫学（Immunology）	803	4. 479
兽医科学（Veterinary Sciences）	749	4. 178
多学科化学（Chemistry Multidisciplinary）	748	4. 172
遗传学（Genetics Heredity）	699	3. 899
生物技术应用微生物学（Biotechnology Applied Microbiology）	683	3. 81
电气与电子工程（Engineering Electrical Electronic）	655	3. 654
多学科科学（Multidisciplinary Sciences）	588	3. 28
食品科学技术（Food Science Technology）	553	3. 085

由表 2 - 5 可知，我国涉海高校与研究机构合作主要研究方向为海洋学、海洋淡水与生物学、渔业、环境科学生态学等学科。其中，海洋学收录为 1926 篇，海洋学是研究海洋中自然现象、变化规律及性质的学科，是致力

于开发、利用、保护海洋有关的知识体系的基础学科，在我国海洋研究体系中具有重要地位。海洋与淡水生物学收录数为 1910 篇，位居第二。海洋与淡水生物学是自然科学六大基础学科之一生物学的重要构成单元，也是我国海洋院校重要涉海学科组成部分。海洋与淡水生物学是对发生并支持海洋和淡水系统的所有生物和物理过程的研究。渔业收录 1746 篇，位居第三。我国海洋院校是渔业发展的重要动力源泉，是渔业研究的前沿所在。联合国粮食及农业组织发布的《2016 年世界渔业和水产养殖现状》中提到，渔业和水产养殖业提供的动物蛋白占全球人类膳食动物蛋白总量的 17%，渔业在人类生活中扮演的角色日趋重要。总体看来，我国海洋院校与其余研究机构以涉海学科为主干、多学科并进的合作研究模式，为建设一流海洋院校增添了强大活力。

通过对我国海洋院校申报专利的主要代理公司进行梳理，明晰我国海洋院校申报的专利主要通过哪些专利公司及代理进行申报，如表 2-6 所示。

表 2-6　我国海洋院校专利申请代理机构

专利代理机构	专利数量（项）
大连东方专利代理有限责任公司	3928
杭州杭诚专利事务所有限公司	2626
青岛海昊知识产权事务所有限公司	2495
上海天翔知识产权代理有限公司	2162
杭州浙科专利事务所	2141
广州粤高专利商标代理有限公司	1464
北京科亿知识产权代理事务所	1442
桂林市持衡专利商标事务所有限公司	1413
宁波市鄞州甬致专利代理事务所	1263
大连非凡专利事务所	1257

从表 2-6 中可知，大连东方专利代理有限责任公司是我国海洋院校最主要的代理机构，累计为我国海洋院校代理申报并获批专利 3928 项，这在一定程度上与坐落于大连的大连海事大学和大连海洋大学有着密切的关系。杭州杭诚专利事务所有限公司是我国海洋院校委托代理申报并获批专利第二多的机构，累计代理申报专利 2626 项，这其中有较多专利是浙江海洋大学

委托杭州杭诚专利事务所有限公司进行申报。青岛海昊知识产权事务所有限公司是我国海洋院校委托申报专利第三多的机构，累计申报并获批专利2495 项，其中多数为中国海洋大学委托青岛海昊知识产权事务所有限公司进行申报。

2.3　期刊分布

期刊是研究成果展示的一个重要平台，具有一定的集中性、代表性、学科性、权威性和层次性。发文期刊的具体情况从一定程度上可以反映研究成果的现状。由于涉海院校在我国高校建设中地位并不凸显、受到关注较少，长期以来不为人们所熟知，导致人们对我国海洋院校的发文期刊分布不熟悉，这些期刊质量如何、JCR 分区如何从某种程度上体现了我国海洋院校研究成果的质量问题。我们通过 1999—2021 年期间 WoS 核心合集对 12 所海洋院校的期刊分布进行检索，得出 12 所海洋院校发文量前 20 名的期刊排名，如表 2 - 7 所示。

表 2 - 7　海洋院校主要发文期刊

出版物标题	篇数	占比（%）	（2021 年）影响因子	JCR 分区
鱼类贝类免疫学（*Fish Shellfish Immunology*）	1036	1.782	4.581	Q1
中国海洋大学学报（*Journal of Ocean University of China*）	914	1.572	0.913	Q4
水产养殖（*Aquaculture*）	886	1.524	4.242	Q1
中国海洋学报（*Acta Oceanologica Sinica*）	737	1.267	1.431	Q3
电气和电子工程师协会开源期刊（*Ieee Access*）	654	1.125	3.367	Q2
水产养殖研究（*Aquaculture Research*）	546	0.939	2.082	Q2
海洋工程（*Ocean Engineering*）	503	0.865	3.795	Q1
中国海洋学与湖泊学杂志（*Chinese Journal of Oceanology and Limnology*）	435	0.748	0	Q4
海洋污染通报（*Marine Pollution Bulletin*）	427	0.734	5.553	Q1
全环境科学（*Science of the Total Environment*）	408	0.702	7.963	Q1

续上表

出版物标题	篇数	占比（%）	（2021 年）影响因子	JCR 分区
公共科学图书馆：综合（*Plos One*）	398	0.684	3.24	Q2
国际生物大分子杂志（*International Journal of Biological Macromolecules*）	394	0.678	6.953	Q1
科学报告（*Scientific Reports*）	393	0.676	4.379	Q1
食品化学（*Food Chemistry*）	360	0.619	7.514	Q1
海洋药物（*Marine Drugs*）	346	0.595	5.118	Q1
线粒体 DNA B（*Mitochondrial Dna Part B Resources*）	323	0.555	0.658	Q4
发育和比较免疫学（*Developmental and Comparative Immunology*）	299	0.514	3.636	Q1
地球物理研究杂志海洋版（*Journal of Geophysical Research Oceans*）	288	0.495	3.405	Q1
碳水化合物聚合物（*Carbohydrate Polymers*）	278	0.478	9.381	Q1
英国皇家化学学会预印刊（*Rsc Advances*）	266	0.457	3.361	Q2

　　总体看来，在发文期刊前 20 名中，Q1 区的期刊占据了绝大多数，从侧面反映出我国海洋院校研究成果水平。在我国海洋院校发文数量较多的期刊中，以 *Fish Shellfish Immunology*（《鱼类贝类免疫学》）、*Journal of Ocean University of China*（《中国海洋大学学报》）、*Aquaculture*（《水产养殖》）、*Acta Oceanologica Sinica*（《海洋学报》）等期刊最为突出。其中，在 *Fish Shellfish Immunology*（《鱼类贝类免疫学》）发表了 1036 篇文章，占比 1.782%，是我国海洋院校发文最为频繁的期刊，位居第一。研究议题包括特定和非特异性防御系统的基本机制，所涉及的细胞、组织和体液因素，它们对环境和内在因素的依赖性，对病原体的反应，对疫苗接种的反应，以及对开发用于水产养殖业的特定疫苗的应用研究等。该期刊由国际出版商巨头 *Elsevier* 发行，它在 2021 年的影响因子指数为 4.581，在 JCR 分区中属于 Q1 区。我国海洋院校在 *Journal of Ocean University of China*（《中国海洋大学学报》）共发表了 914 篇文章，占比 1.572%，该期刊由中国海洋大学主办，刊登内容主要包括物理海洋、海洋气象、海洋水产、海洋生物和海洋工程等涉海学科的最新

研究成果，是唯一由我国海洋院校主办的国际期刊，在我国海洋院校中具有举足轻重的地位。*Aquaculture*（《水产养殖》）是我国海洋院校发文数量第三的期刊，共发文 886 篇，占比 1.524%，刊登文章的主要研究范围包括各部分的传统优先事项和非传统科学领域的论文，如可持续性科学，社会生态系统，观赏、保护和恢复与水产养殖等相关的论文。然而值得注意的是，我国海洋院校在 *Journal of Ocean University of China*（《中国海洋大学学报》）和 *Acta Oceanologica Sinica*（《海洋学报》）上发表论文较多，分别位居第二和第四，但这两本期刊的 JCR 分区分别为 Q4 区和 Q3 区，（2021 年）影响因子分别为 0.913 和 1.431。

期刊在某种程度上总是与某一学科文献联系在一起，因此期刊也能反映海洋院校主要以什么学科为主。如在鱼类贝类免疫学期刊中，与之相关联的学科分别为兽医学、海上淡水生物学、免疫学和渔业；在中国海洋学报期刊中，与之相关联的学科为海洋学；在水产养殖期刊中，与之相关联的学科分别为渔业和海上淡水生物学；在海洋学报期刊中，与之相关联的学科为海洋学。

2.4　我国海洋类院校与国外机构的合作分析

近年来，我国海洋类院校的发展正方兴未艾，与国外机构之间的合作也愈来愈密切。其中，合作发文是促进海洋院校与国际接轨，不断发展进步的主要动力源泉之一。我国海洋院校的成就与研究成果长期以来没有得到显著的进步与提升，海洋院校的学者对于在国际上发展海洋研究成果仍然存在盲区，且我国海洋院校在国际中的地位也仍处在中高位，所以有着极大的提升空间与发展潜能。我们通过 WoS 核心合集对 12 所海洋院校与国外机构合作发文情况进行检索，得出 12 所海洋院校与国外机构合作发文总量排名前十的国家，如表 2 - 8 所示。

表 2 - 8　主要国外合作机构所属国家

国家	篇数	占比（%）	总被引（次）	篇均被引（次）
美国（USA）	5627	9.652	135103	24.00977
日本（Japan）	1501	2.575	34001	22.65223
澳大利亚（Australia）	1414	2.425	45147	31.92857

续上表

国家	篇数	占比（%）	总被引（次）	篇均被引（次）
英国（England）	1239	2.125	30203	24.37692
加拿大（Canada）	1094	1.877	25858	23.6362
韩国（South Korea）	773	1.326	19666	25.44114
德国（Germany）	759	1.302	20668	27.23057
法国（France）	598	1.026	18819	31.4699
沙特阿拉伯（Saudi Arabia）	486	0.834	12504	25.7284
新加坡（Singapore）	465	0.798	14254	30.65376

为了进一步分析我国海洋院校与国外哪些学者最为频繁，对他们合著文章数量进行分析，如表2-9所示。

表2-9 各个国家主要合作学者

作者	记录数（篇）	占比（%）	总被引（次）	篇均被引（次）
美国学者				
R. J. Linhardt	54	0.97	1240	22.96
A. V. Kalueff	40	0.719	1462	36.55
R. C. Beardsley	37	0.665	1279	34.57
B. A. Rasco	26	0.467	851	32.73
D. J. Mcclements	22	0.395	795	36.14
T. S. Bianchi	21	0.377	705	33.57
D. Dastan	21	0.377	755	34.32
L. R. Leung	20	0.359	400	20
A. Abraham	17	0.305	395	23.24
Y. Kosaka	17	0.305	1972	116
日本学者				
T. Yanagimoto	42	2.832	652	15.52

续上表

作者	记录数（篇）	占比（%）	总被引（次）	篇均被引（次）
T. Yanagita	40	2.697	822	20.55
Y. Saito	33	2.225	2828	85.7
K. Hara	23	1.551	295	12.83
A. Yoshida	21	1.416	176	8
A. Arima	19	1.281	323	17
K. Osako	19	1.281	221	11.63
K. Osatomi	19	1.281	150	7.89
M. Oyama	19	1.281	980	51.58
M. Hirata	18	1.214	62	3.44
澳大利亚学者				
M. Sheikholeslami	64	4.618	4001	62.52
A. Shafee	61	4.401	3300	54.1
A. Mcminn	35	2.525	154	4.16
M. Jafaryar	27	1.948	1483	54.93
I. Tlili	27	1.948	915	33.89
M. Santosh	26	1.876	334	12.85
A. Santoso	21	1.515	3366	160.29
S. A. Wilde	17	1.227	6071	357.12
J. Beardall	16	1.154	185	11.56
M. J. Mcphaden	14	1.01	3534	252.43
英国学者				
A. Warren	215	17.739	3658	16.78
K. A. S. Al-rasheid	65	5.363	1396	21.48
S. A. Al-farraj	37	3.053	584	15.78
M. Benbouzid	17	1.403	130	7.65
J. D. Todd	17	1.403	272	16
H. Ahmed	14	1.155	109	7.79

续上表

作者	记录数（篇）	占比（%）	总被引（次）	篇均被引（次）
F. Chiclana	13	1.073	799	57.07
M. Lengaigne	10	0.825	2536	253.6
E. Herrera-viedma	9	0.743	489	54.33
M. J. Mcphaden	9	0.743	2582	286.89
S. A. Al-quraishy	8	0.66	162	20.25
加拿大学者				
T. A. Gulliver	45	4.182	744	13.78
K. B. Storey	16	1.487	244	15.25
W. Pedrycz	15	1.394	309	20.6
W. Perrie	15	1.394	360	24
A. V. Kalueff	13	1.208	706	54.31
H. H. Nguyen	12	1.115	77	6.42
E. Sverko	11	1.022	1154	104.91
D. P. Bureau	8	0.743	404	50.5
R. Carriveau	8	0.743	140	17.5
M. A. K. Chowdhury	8	0.743	99	12.38
M. Gibson	8	0.743	151	18.88
韩国学者				
H. J. Park	35	4.587	4384	125.26
B. Balasubramanian	26	3.408	224	8.3
K. Govindan	26	3.408	72	2.67
K. H. Row	13	1.704	35	2.69
W. K. Jung	12	1.573	131	10.92
S. Lee	12	1.573	164	13.67
Y. J. Jeon	11	1.442	101	9.18
J. K. Kim	11	1.442	101	8.42
S. Kim	11	1.442	597	54.27

续上表

作者	记录数（篇）	占比（%）	总被引（次）	篇均被引（次）
D. Lee	11	1.442	151	13.73
S. H. Lee	11	1.442	137	12.45
德国学者				
J. Peckmann	28	3.738	379	13.54
T. Stoeck	21	2.804	251	11.95
P. Proksch	18	2.403	533	29.61
M. Walther	14	1.869	423	30.21
N. Wilbert	14	1.869	395	28.21
S. M. Bergmann	13	1.736	65	4.64
A. Warren	12	1.602	187	15.58
O. Kolditz	11	1.469	509	46.27
T. Pohlmann	11	1.469	237	21.55
F. Weinberger	11	1.469	105	9.55
A. Poetsch	10	1.335	68	6.8
法国学者				
M. Benbouzid	106	18.12	1642	15.35
Y. Amirat	27	4.615	414	15.33
E. Elbouchikhi	23	3.932	800	34.78
H. Ahmed	15	2.564	109	7.27
C. Claramunt	15	2.564	80	5.33
D. Diallo	15	2.564	129	8.6
J. F. Charpentier	14	2.393	516	36.86
M. E. Benbouzid	11	1.88	413	37.55
M. J. Mcphaden	11	1.88	2863	260.27
M. Lengaigne	10	1.709	2536	253.6
A. Santoso	9	1.538	2753	305.89

续上表

作者	记录数（篇）	占比（%）	总被引（次）	篇均被引（次）
沙特阿拉伯学者				
K. A. S. Al-rasheid	194	40.249	3271	16.86
S. A. Al-farraj	101	20.954	1449	14.35
A. Warren	81	16.805	1621	20.01
I. Naz	32	6.639	434	13.56
A. Shafee	31	6.432	1383	44.61
I. Ali	30	6.224	428	14.27
I. Tlili	27	5.602	957	35.44
M. Sheikholeslami	23	4.772	1336	58.09
H. A. El-serehy	17	3.527	203	11.94
S. Mahboob	17	3.527	87	5.12
S. A. Al-quraishy	14	2.905	243	17.36
新加坡学者				
M. J. Er	29	6.291	1586	54.69
L. H. Lee	9	1.952	308	34.22
K. Y. Lam	8	1.735	65	8.13
W. M. Gho	7	1.518	9	1.29
L. P. Khoo	6	1.302	120	20
D. Niyato	6	1.302	39	6.5
S. H. Ng	4	0.868	8	2
B. Sunden	4	0.868	86	21.5
S. I. Berndt	3	0.651	3094	1031.33
C. H. Diong	3	0.651	105	35
C. K. Kwoh	3	0.651	68	22.67

　　与我国海洋院校进行国际合作发文排名前十的学者来自国家分别为：美国、日本、澳大利亚、英国、加拿大、韩国、德国、法国、沙特阿拉伯和新加坡。这十个国家中除沙特阿拉伯外，其他均为发达国家。其中，美国是濒

临太平洋和大西洋的海洋大国，国土面积为 983 万平方千米，海岸线全长 19924 千米，领海面积高达 1218 万平方千米，海洋资源十分丰富。美国也是世界上海洋资源开发利用最早、开发程度最高的国家。早在 1920 年，美国就开始对其沿海的油气田进行商业性开采。国内学者大多基于 ENOW 相关数据开展对美国海洋经济的分析，主要包括现状及趋势、特征与区域差异、中美对比分析等，为我国认识美国海洋经济提供重要借鉴。相关数据均表明美国顶尖院校在海洋研究领域位于世界前沿，其国家的海洋研究也正在逐年深入。在我国 12 所海洋院校被 WoS 核心合集所收录的文章中，与美国合作发文总数为 5616 篇，位居第一。与该国合作最频繁的前十位学者共合作发表论文总数为 275 篇，其中发文数最多为 54 篇，最少为 17 篇，篇均被引用频次最多为 116 次，最低为 20 次，被引次数合计最高为 1972 次，最低为 395 次，说明各作者文献影响力较有参差。如美国发文数最多的作者 R. J. Linhardt，但他的篇均被引用频次为 22.96 次，被引次数合计 1240 次，说明其篇均文献影响力并不是很高，他的主要研究方向为糖生物学、糖化学和糖工程。而美国发文数最少的作者 Y. Kosaka，其篇均被引用频次及被引次数合计皆为最高，该学者是美国夏威夷大学国际太平洋研究中心博士后，研究方向之一为大规模的海气相互作用，发表了全球变暖的中断与赤道太平洋表面的冷却的原因、热带对流层环流变化的机制、重力波在热带和亚热带暖化环流中的作用等多篇与海洋相关的论文。

日本作为一个被海洋包围的岛国，对海洋的研究发达且深刻，深深地影响了日本国民的日常生活，在日本的高等教育中，海洋相关的专业也非常受欢迎，各层级院校都设有相关专业，理论和产业发展结合相当紧密，其国家建设和经济发展均依赖于海洋资源，因此日本非常重视海洋资源的利用，是名副其实的"海洋之国"。我国 12 所海洋院校被 WoS 核心合集所收录的与日本合作发文总数为 1501 篇，位居第二，与美国相比合作数量少了 4115 篇，与该国合作最频繁的前十位学者合作发文总数为 253 篇，其中发文数最多为 42 篇，最少为 18 篇，篇均被引用频次最多为 85.7 次，最低为 3.44 次，被引次数合计最高为 2828 次，最低为 62 次，这与作者的出版物数量有关。如日本发文最多的作者 T. Yanagimoto，他的研究曾隶属于日本国立水产科学研究所、水产研究所等机构，发表数量为 118 篇。日本作者 Y. Saito 篇均被引用频次及被引次数合计皆为最高，他的文章发表数量为 132 篇。

澳大利亚同样是海洋大国，被南太平洋环绕，在中小学教育阶段，就将海洋保护与水资源保护教育紧密结合，讲授主题包括理解人与海洋环境之联系、社会经济发展与海洋环保的关系及澳大利亚的海洋生物多样性等。此外，还在实践教学中培养学生收集梳理海洋信息的技能。在大学中，跨学科的海洋研究日益活跃。其中，西澳大学以渔业经济史研究为抓手，开拓了海洋环境史、海洋灾害史等研究领域。在2018—2020年间，QS地球与海洋科学专业世界排名中，澳大利亚国立大学一直位于第九名，在2020年QS海洋科学专业排名中，有12所澳大利亚大学进入了世界百强。在我国12所海洋院校被WoS核心集合所收录的与澳大利亚合作发文总数为1408篇，与日本相比相差较小。与该国合作最频繁的前十位学者共合作发文总数为308篇，其中发文数最多为64篇，最少14篇，篇均被引用频次最多为357.12次，最低为4.16次，被引次数合计最高为6071次，最低为154次，除合作发文最少篇数外，其他均高于日本，说明澳大利亚学者中海洋研究影响力更强，而日本学者海洋研究影响力和论文发表数存在分层现象。

从整体来看，我国海洋院校与国外机构合作发文的对象选择，更倾向于临海发达国家，尤其是在海洋学科发展给予重视的发达国家。如美国三面临海，东临大西洋，西邻太平洋，南邻墨西哥湾，且曾先后发布《海洋国家的科学：海洋研究优先计划》和《海洋科学2015—2025发展调查》，系统地部署海洋科技优先领域和重点任务；日本东部和南部为太平洋，西临日本海、东海，北接鄂霍次克海，日本近年通过了2018—2022年《海洋基本计划》，确立了今后5年的海洋政策方针；澳大利亚东濒太平洋的珊瑚海和塔斯曼海，北临帝汶海和阿拉弗海，南面和西面临印度洋，早在1997年发布了《澳大利亚海洋产业发展战略》，1998年发布了《澳大利亚海洋政策》和《澳大利亚海洋科技计划》，该国不仅在中小学开展海洋生态环境教育，在社区开展各类海洋教育活动，而且政府部门十分重视对于海洋科学研究的投入。这些表明了与我国海洋院校合作发文的国家几乎均为四周临近海洋的国家，且对于海洋发展十分重视。临海国家对于海洋方面的研究存在显著的地理优势，并且临海国家相对于其他不临海的国家更加关注于海洋方面的研究及更好地利用这个优势去促进自身国家的发展，出台的相关海洋发展政策表现了国家对于海洋发展的重视和给予物质上的支持，有助于鼓励和推动国家的海洋研究的发展和提升海上实力。我国海洋院校与各国合作发文数量较多的作者的研究内容均为理工类且具有高学历。如美国作者R. J. Linhardt，他主要的研究方向为糖生物学、糖化学和糖工程，其在约翰霍普金斯大学获有机化学硕士和博士学位且在麻省理工学院获得了三年的化学工程博士后学位，并在爱荷华大学任教21年，后进入伦斯勒大学；澳大利亚作者M. Sheikholeslami，毕业于伊朗巴博尔科技大学机械工程系，主要研究有再生能源系统和纳米流体在热传导实验室的应用。这表明了作者的研究方向及学历是我国海洋院校选择对象的主要条件之一，通过对我国海洋院校所申报的专利所属省份分布进行分析，以明晰我国海洋院校在专利领域的科研空间分布状态，如表 2 - 10 所示。

表 2 - 10　海洋院校专利申报空间分布

省（市、区）	专利数量（项）
浙江	15019
上海	10239
山东	8556
辽宁	7436
广东	4531
广西	2539
福建	2463
江苏	2308
北京	85
海南	84
湖北	23
天津	22
黑龙江	18
安徽	18
河北	9
山西	9
新疆	4
香港	4
四川	3
湖南	2
陕西	2
吉林	1
江西	1
河南	1

续上表

省（市、区）	专利数量（项）
甘肃	1
青海	1

从表 2-10 中可知，浙江省是我国海洋院校申报专利最多的省份，累计申报专利 15059 项。这与浙江海洋大学存在较大关系，浙江海洋大学是我国海洋院校中申报专利数最多的高校，累计申报专利 14274 项，其中 7255 项由浙江海洋大学申报、7019 项由浙江海洋大学的前身浙江海洋学院申报，占浙江省申报专利总量的 95%，其他专利为其余海洋院校与浙江省内的高校、研究机构或企业联合申报。上海是我国海洋院校申报专利第二多的地区，累计申报专利 10239 项。这与上海海事大学和上海海洋大学存在较大关系。其中，上海海事大学海事特色鲜明，在专利领域较为突出，累计申报专利 5553 项，上海海洋大学累计申报专利 4734 项。山东是我国海洋院校专利分布第三多的省份，累计申请专利 8556 项。这主要得益于坐落于山东的中国海洋大学，中国海洋大学是我国海洋院校中建设水平最高的院校，是 985、211 建设高校，累计申报专利 8364 项，占我国海洋院校在山东地区所申报专利的 97%。

2.5　学科分布

学科是大学建设与发展的重要支撑因素，院校办学水平与功能发挥等往往取决于学科的结构与水平，以及学科的运行和发挥的作用。海洋院校长期以来在我国高校的建设中受到关注程度较低，人们对海洋院校、学科的认知和理解仍然存在较大不足。本书通过 WoS 核心合集对 12 所海洋院校的学科分布进行检索，得出 12 所海洋院校发文量前二十的学科排名，为分析我国海洋院校的学科发展方向与各学科的强弱情况，如表 2-11 所示。

表2-11 主要建设学科

Web of Science 类别	记录数（篇）	占比（%）	总被引（次）	篇均被引（次）
海洋学（Oceanography）	4948	8.548	47736	9.65
环境科学（Environmental Sciences）	4806	8.302	74192	15.42
海洋与淡水生物学（Marine Freshwater Biology）	4738	8.185	71131	15.01
渔业（Fisheries）	4593	7.934	60824	13.24
生物化学分子生物学（Biochemistry Molecular Biology）	3402	5.877	47713	14.02
多学科材料科学（Materials Science Multidisciplinary）	3344	5.777	54554	16.3
电气与电子工程（Engineering Electrical Electronic）	3180	5.493	16243	14.51
多学科化学（Chemistry Multidisciplinary）	2651	4.58	35612	13.42
食品科学技术（Food Science Technology）	2595	4.483	4897	15.76
生物技术应用微生物学（Biotechnology Applied Microbiology）	2036	3.517	35411	17.47
多学科地球科学（Geosciences Multidisciplinary）	1996	3.448	37577	18.82
物理化学（Chemistry Physical）	1990	3.438	45914	23.06
应用化学（Chemistry Applied）	1934	3.341	39734	20.54
遗传学（Genetics Heredity）	1917	3.312	16482	8.6
应用物理学（Physics Applied）	1909	3.298	29259	15.29
免疫学（Immunology）	1673	2.89	27354	16.35
兽医科学（Veterinary Sciences）	1667	2.88	24809	14.88
计算机科学信息系统（Computer Science Information Systems）	1598	2.761	17460	10.91

续上表

Web of Science 类别	记录数（篇）	占比（%）	总被引（次）	篇均被引（次）
多学科科学（Multidisciplinary Sciences）	1568	2.709	33579	21.42
应用数学（Mathematics Applied）	1536	2.653	14033	9.13

从学科分布来看，涉海学科是我国海洋院校的主要发展方向。海洋院校作为我国涉海知识创造的重要主体，是涉海学科发展的前沿，是涉海技术变革、加速创新驱动的策源地，是涉海科技创新、涉海人才培养的摇篮。在发文数量排名前二十的学科中，以海洋学、环境科学、海洋与淡水生物学、渔业等学科最为突出。其中，海洋学是研究海洋自然现象、海洋性质及变化规律，以及与开发利用海洋有关的知识体系的学科。它的研究对象包括海水、溶解和悬浮于海水中的物质、海洋中的生物、海底沉积和海底岩石圈，以及海面上的大气边界层和河口海岸带等。海洋学的研究领域十分广泛，其主要内容包括对海洋的物理、化学、生物和地质过程的基础研究，海洋资源开发利用在海洋科学研究中占据着十分重要的地位。我国 12 所海洋院校被 WoS 核心合集所收录的海洋学学科文献数为 4948 篇，占比 8.548%，位居第一，总被引次数为 47736，篇均被引次数为 9.65，文献总体影响力不足，这与我国海洋院校发展水平参差不齐有关，例如中国海洋大学为"985"建设高校、上海海洋大学为双一流建设高校，而海南热带海洋学院、广州航海学院等海洋院校建设相对落后，学科发展水平相对不高。环境科学是一门研究环境，且与地理、物理、化学、生物密切相关的学科，它采用综合、定量和跨学科的方法来研究环境系统。由于大多数环境问题涉及人类活动，因此经济、法律和社会科学知识往往也可用于环境科学研究，它是一门研究人类社会发展活动与环境演化规律之间相互作用关系，以寻求人类社会与环境协同演化、持续发展途径与方法的科学。我国 12 所海洋院校被 WoS 核心合集收录的环境科学学科文献数为 4806 篇，占比 8.302%，位居第二，总被引次数为 74192，篇均被引次数为 15.42。我们生存的地球绝大部分面积是海洋，海洋环境科学是环境科学的主要组成部分，是研究人类活动引起的海洋环境的变化及造成的影响和保护海洋环境的学科。保护海洋环境是人类持续开发利用海洋资源的前提和保证，是海洋科学领域的重大课题，是综合应用海洋科学各分支学科知识，结合社会、法律、经济因素，实施保护海洋环境及其资源的一门综合性新兴学科。因此，我国海洋院校在环境科学学科发文较

多、文章影响力较大是我国海洋院校建设应有之义。海洋与淡水生物学是对发生并支持海洋和淡水系统的所有生物和物理过程的研究，是对水生生态中的微生物、动物和植物，以及这些系统沉积物中的化学和物理过程以及它们之间关系的研究。海洋与淡水生物学继承生物学的传统，是涉海农学和医学的基础，涉及种植业、畜牧业、渔业、医疗、制药、卫生等方面。我国 12 所海洋院校被 WoS 核心合集所收录的海洋与淡水生物学学科文献数为 4738 篇，占比 8.185%，位居第三，总被引次数为 71131，篇均被引次数为 15.01，研究成果质量较高。这是因为随着生物学理论与方法的不断发展，该学科已成为海洋战略性新兴产业得以不断发展的重要"助推器"。我国海洋院校不断加强海洋淡水与生物学学科建设，有助于抢占科技制高点，助力海洋战略新兴产业发展（尤其是海洋生物医药）。

值得注意的是，在这些排名靠前的学科中，有许多理工类学科。例如，生物化学与分子生物学、多学科材料科学、电气与电子工程等学科，且这些学科发文数量多，总被引次数与篇均被引次数高。表明我国海洋院校建设逐渐形成以涉海学科为主干、多学科协调的发展格局，不断完善大海洋学科体系和深化学科发展机制改革。

通过对我国海洋院校申报专利的技术分类大类的主要类别进行梳理，与这些院校的主要建设学科领域进行对照，以明晰我国海洋院校专利技术的主要涉及领域，同时验证学科领域与专利领域是否一致，如表 2 - 12 所示。

表 2 - 12　我国海洋院校主要申报专利类别

大类	IPC 释义	专利数量（项）
G01	G：物理 G01：测量；测试	6667
A01	A：人类生活必需品 A01：农业；林业；畜牧业；狩猎；诱捕；捕鱼	6563
C12	C：化学；冶金 C12：生物化学；啤酒；烈性酒；果汁酒；醋；微生物学；酶学；突变或遗传工程	3935
G06	G：物理 G06：计算；推算或计数	3882

续上表

大类	IPC 释义	专利数量（项）
B63	B：作业；运输 B63：船舶或其他水上船只；与船有关的设备	3723
A23	A：人类生活必需品 A23：其他类不包含的食品或食料；及其处理	3659
A61	A：人类生活必需品 A61：医学或兽医学；卫生学	2914
C02	C：化学；冶金 C02：水、废水、污水或污泥的处理	2471
B01	B：作业；运输 B01：一般的物理或化学的方法或装置	2309
C07	C：化学；冶金 C07：有机化学	2110

由表 2-12 可知，G01、A01、C12 等专利技术类别领域是我国海洋院校专利申报最多的类别。其中，我国海洋院校在 G01 领域累计申报专利 6667 项，是申报最多的类别，主要是物理的测量与测试。A01 是我国海洋院校申报专利第二多的类别，累计申报专利 6563 项，主要涉及农业、林业、畜牧业、狩猎、诱捕、捕鱼等领域。主要原因是我国海洋院校往往被划分为农林类院校，它们在农林学领域建设成果较为突出。C12 是我国海洋院校专利申报类别第三多的高校，累计申报专利 3935 项，主要涉及生物化学、啤酒、烈性酒、果汁酒、醋、微生物学、酶学、突变或遗传工程等领域。对照我国海洋院校专利的主要申报类别与主要建设学科发现，在领域内出现了较大的重合。例如，渔业学科与 A01 专利类别、生物化学分子生物学学科和多学科化学与 C12、C02、C07 等专利类别。在一定程度上反映出我国海洋院校可以较好地将各个学科的成果有效利用。

为了进一步明晰我国各海洋院校具体在各个专利领域的具体建设情况，对我国海洋院校专利进行了进一步梳理，如表 2-13 所示。

表 2-13　各海洋院校主要专利类别

（单位：项）

主分类大类	IPC 释义	中国海洋大学	浙江海洋大学	浙江海洋学院	上海海洋大学	大连海事大学	广东海洋大学	集美大学	大连海洋大学	江苏海洋大学	北部湾大学	合计
A01	A：人类生活必需品 A01：农业；林业；畜牧业；狩猎；诱捕；捕鱼	662	972	1197	940	34	671	110	505	133	161	5385
G01	G：物理 G01：测量；测试	1638	487	444	568	865	344	175	140	116	106	4883
G06	G：物理 G06：计算；推算或计数	646	133	136	287	808	90	135	45	59	57	2396
C12	C：化学；冶金 C12：生物化学；啤酒；烈性酒；果汁酒；醋；微生物学；酶学；突变或遗传工程	1054	411	163	441	34	234	358	131	161	24	3011
B63	B：作业；运输 B63：船舶或其他水上船只；与船有关的设备	317	699	689	238	360	198	48	44	19	34	2646

续上表

主分类大类	IPC释义	中国海洋大学	浙江海洋大学	浙江海洋学院	上海海洋大学	大连海事大学	广东海洋大学	集美大学	大连海洋大学	江苏海洋大学	北部湾大学	合计
A23	A：人类生活必需品 A23：其他类不包含的食品或食料；及其处理	453	376	574	354	4	355	299	84	81	70	2650
B01	B：作业；运输 B01：一般的物理或化学的方法或装置	304	337	187	81	213	80	21	42	77	179	1521
C02	C：化学；冶金 C02：水、废水、污水或污泥的处理	219	288	218	184	180	87	99	71	28	31	1405
C07	C：化学；冶金 C07：有机化学	588	155	169	79	14	63	118	37	210	27	1460
A61	A：人类生活必需品 A61：医学或兽医学；卫生学	332	214	163	141	31	206	84	42	56	36	1305
	合计	6213	4072	3940	3313	2543	2328	1447	1141	940	725	26662

　　由于历史原因，浙江海洋大学和浙江海洋学院在专利领域并未合并，因此中国海洋大学在专利技术研究领域暂居第一。其中，中国海洋大学在 G01 专利技术研究领域申报专利数最多，累计申报专利 1638 项，主要是物理的测试与测量。浙江海洋大学和浙江海洋学院分别位列第二、第三，在 A01 领域申报专利最多，分别累计申报专利 972 项、1197 项，主要涉及农业、林业、畜牧业、狩猎、诱捕、捕鱼等领域。可见虽然同为海洋院校，但在主要的专利申请类别上依旧有所区别。

2.6　产学合作分布

　　"产"是指产业界，"学"是指学术界，包括大学与科研机构等。产学合作也被称为"校企合作"。产学合作的研究成果标志着科研落地，是科研转换率的重要体现。产学合作是近年来学术界的热点话题，海洋院校产学合作依然存在较大不足，因此首先我们基于 WoS 核心集数据库对我国 12 所海洋院校的产学合作进行分析，得出各海洋院校产学合作情况，如表 2 - 14 所示。

表 2 - 14　各海洋院校产学合作分布

学校	产学合作数（篇）	发文总量（篇）	产学合作占比（%）
中国海洋大学（Ocean University of China）	899	24907	3.094271
上海海洋大学（Shanghai Ocean University）	340	6858	4.577136
上海海事大学（Shanghai Maritime University）	234	4729	4.48192
大连海事大学（Dalian Maritime University）	204	7214	2.278348
广东海洋大学（Guangdong Ocean University）	157	3702	4.409508
集美大学（Jimei University）	128	3408	3.558685
江苏海洋大学（Jiangsu Ocean University）	108	2433	4.389642

续上表

学校	产学合作数（篇）	发文总量（篇）	产学合作占比（%）
浙江海洋大学（Zhejiang Ocean University）	104	3009	3.562978
大连海洋大学（Dalian Ocean University）	102	2100	4.571429
北部湾大学（Beibu Gulf University）	29	786	3.895674

注：经检索，广州航海学院与三亚热带海洋学院并无产学合作成果。

总体上，我国海洋院校参与产学合作占比普遍不高，合作研究成果，多数院校集中于3.5%～4.5%。从产学合作成果数量这一绝对指标来看，中国海洋大学遥遥领先于国内其余海洋院校，这可能与中国海洋大学本身的建设性质有关，它是我国海洋院校中唯一一所"985"建设高校，长期以来扮演着我国海洋科学研究领头羊的角色，其体量之大、师资力量之强、学术底蕴和研究基础之深厚是我国其余海洋院校无法比拟的。但从相对指标来看，其产学合作占比仅为3.09%，在我国海洋院校中排名极为靠后，说明中国海洋大学在高校建设和学科发展过程中对产学合作参与积极性较少、投入资源和科研力量较少。值得注意的是，上海海洋大学和大连海洋大学的产学合作占比分别为4.577%和4.571%，占据我国海洋院校产学合作占比前两位，尤其是上海海洋大学，其产学合作成果数量为340篇，同样位列我国海洋院校前茅。

其次，本书以我国海洋院校的合作企业为切入点，通过对WoS核心合集检索合作成果排名前二十的企业，获取我国海洋院校的主要产学合作领域等有价值信息，如表2-15所示。

表2-15 产学合作企业分布

企业	发文数（篇）
中国海洋石油总公司（China National offshore Oil Corporation Cnooc）	60
中国石化（Sinopec）	30
宁德市富发水产有限公司（Ningde Fufa Fisheries Co Ltd）	29
通威股份有限公司（Tongwei Co Ltd）	28

续上表

企业	发文数（篇）
山东东方海洋科技有限公司（Shandong Oriental Ocean Sci Tech Co Ltd）	24
光明乳业食品有限公司（Bright Dairy Food Co Ltd）	23
海纳国家石油公司（Hina National Petroleum Corporation）	16
国联水产公司（GUOLIAN Co Ltd）	16
青岛奥润生物技术有限公司（Qingdao Aorun Biotechnol Co Ltd）	16
莱州明博水产有限公司（Laizhou Mingbo Aquat Co Ltd）	14
青岛啤酒股份有限公司（Tsingtao Brewery Co Ltd）	13
中国海洋环境服务有限公司（China Offshore Environm Serv Ltd）	12
中电华东工程有限公司（Powerchina Huadong Engineering Corporation Limited）	12
山东招金摩天股份有限公司（Shandong Zhaojin Motian Co Ltd）	12
苏州深航生态科技发展有限公司（Suzhou Shenhang Ecotechnol Dev Ltd Co）	12
中国国际海运集装箱公司（China International Marine Containers）	11
广东长青饲料工业股份有限公司（Guangdong Evergreen Feed Ind Co Ltd）	11
青岛明月海藻集团有限公司（Qingdao Brightmoon Seaweed Grp Co Ltd）	11
中国国家电网公司（State Grid Corporation of China）	11
中国中车集团（Crrc Corporation）	10
鸿泰集团有限公司（Homey Grp Co Ltd）	10

　　表 2 - 15 显示中国海洋石油总公司（China National of fshore Oil Corporation Cnooc）与我国海洋院校合作成果最多。这是因为中国海洋石油总公司的石油勘探与采集离不开海洋知识的运用与创新，而海洋院校是我国涉海知识的始发地与创新地，是海洋智力资本得以不断生产的加工厂，是我国海洋研究的前沿所在，中国海洋石油总公司与我国海洋院校合作频繁，以寻求更广阔的涉海知识来源和更先进的海洋勘探技术。总体看来，在这些排名靠前的产学合作企业中，涉农、涉海企业为我国海洋院校产学合作的主要生力军，例如宁德富发渔业有限公司（Ningde Fufa Fisheries Co Ltd）、山东东方海洋科技有限公司（Shandong Oriental Ocean Sci Tech Co Ltd）等，均是海洋院校产学合作的重要参与者。

最后，本书从产学合作的学科分布进行分析，获悉哪些学科在海洋院校中产学合作最为频繁，哪些学科是海洋院校中的重点建设学科但产学合作成果并不理想。以 WoS 核心合集数据库对我国海洋院校产学合作学科与热门学科进行检索，分别如表 2-16 与表 2-17 所示。

表 2-16　产学合作主要学科

Web of Science 类别	记录数（篇）	占比（%）
渔业（Fisheries）	306	13.704
海洋与淡水生物学（Marine Freshwater Biology）	217	9.718
海洋学（Oceanography）	164	7.344
生物化学分子生物学（Biochemistry Molecular Biology）	157	7.031
环境科学（Environmental Sciences）	155	6.941
食品科学技术（Food Science Technology）	154	6.897
多学科材料科学（Materials Science Multidisciplinary）	149	6.673
电气与电子工程（Engineering Electrical Electronic）	111	4.971
多学科化学（Chemistry Multidisciplinary）	101	4.523
土木工程（Engineering Civil）	97	4.344
应用化学（Chemistry Applied）	95	4.254
应用物理学（Physics Applied）	85	3.807
工程化学（Engineering Chemical）	81	3.627
生物技术应用微生物学（Biotechnology Applied Microbiology）	76	3.403
兽医科学（Veterinary Sciences）	73	3.269
遗传学（Genetics Heredity）	71	3.18
多学科地球科学（Geosciences Multidisciplinary）	71	3.18
海洋工程（Engineering Ocean）	69	3.09
能源动力学（Energy Fuels）	68	3.045
免疫学（Immunology）	66	2.956

表 2 - 17　主要建设学科

Web of Science 类别	记录数（篇）	占比（%）
海洋学（Oceanography）	4969	8.536
环境科学（Environmental Sciences）	4856	8.342
海洋与淡水生物学（Marine Freshwater Biology）	4768	8.19
渔业（Fisheries）	4605	7.91
生物化学分子生物学（Biochemistry Molecular Biology）	3415	5.866
多学科材料科学（Materials Science Multidisciplinary）	3372	5.792
电气与电子工程（Engineering Electrical Electronic）	3209	5.512
食品科学技术（Food Science Technology）	2614	4.49
多学科化学（Chemistry Multidisciplinary）	2564	4.404
生物技术应用微生物学（Biotechnology Applied Microbiology）	2046	3.515
物理化学（Chemistry Physical）	2013	3.458
多学科地球科学（Geosciences Multidisciplinary）	2006	3.446
应用化学（Chemistry Applied）	1947	3.345
应用物理学（Physics Applied）	1921	3.3
遗传学（Genetics Heredity）	1920	3.298
免疫学（Immunology）	1680	2.886
兽医科学（Veterinary Sciences）	1674	2.876
计算机科学与信息系统（Computer Science Information Systems）	1608	2.762
多学科科学（Multidisciplinary Sciences）	1580	2.714
应用数学（Mathematics Applied）	1533	2.633

　　由表 2 - 16 与表 2 - 17 得知，我国海洋院校产学合作排名靠前的学科分别为渔业（Fisheries）306 篇、海洋与淡水生物学（Marine Freshwater Biology）217 篇、海洋学（Oceanography）164 篇，这些学科同样也是我国海洋院校建设的主要学科门类，均为涉海学科，与我国海洋院校的热门学科基本贴合，表明我国海洋院校的产学发展路径与学科建设路线基本一致，彼此之

间存在着相互支撑的可协调发展机制。当然，这与我国海洋院校本身的建设性质也有极大的关系，海洋院校是涉海学科建设最主要的阵地，是我国涉海学科得以不断创新和发展的策应地。自党的十八大提出海洋强国战略以来，我国海洋院校取得蓬勃发展，涉海学科建设不断取得新的成就，涉海学科研究成果体量不断增大，是我国涉海学科研究的前沿阵地。这也就导致了我国农林类涉海企业在寻求涉海技术突破与涉海知识支持时，我国海洋院校往往是他们合作的首选。

2.7　高被引文献分析

高被引全称高频次被引用，它可以用于期刊或文章，一种刊物或一篇文章是高被引刊物或文章说明该期刊或文章的质量较高。本书基于 WoS 核心合集数据库所收录的我国 12 所海洋院校的高被引文献进行分析，获悉我国海洋院校高被引文献的时间分布、机构分布、学科分布等有价值信息。高被引文献一般学术价值较高、专业影响力较大，学术界对此有量化的标准，近十年被引用频次达到前百分之一的论文就属于高被引文献，高被引文献的作者通常都是专业内有很深造诣的专家学者，也正是因此，发表高被引文献成为不少科研工作者向往的一个目标。

本书将 12 所海洋院校 2011—2022 年被 WoS 核心合集所收录的高被引文献按照时间分布排序，如图 2 - 3 所示，以此获知我国海洋院校高被引文献的增长速度等信息。

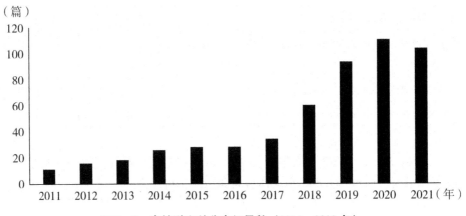

图 2 - 3　高被引文献分布记录数（2011—2022 年）

由图 2 - 3 可知，我国海洋院校在该时间窗口期的高被引文献分布以 2017 年为显著分界点，2011—2017 年为平缓期，其中在该时间窗口期，最早被 WoS 核心合集所收录的文章是由中国海洋大学的 P. Y. Tam 和 G. C. Zhao 等学者于 2011 年发表的 "*Timing of metamorphism in the Paleoproterozoic Jiao-Liao-Ji Belt：New SHRIMP U-Pb zircon dating of granulites，gneisses and marbles of the Jiaobei massif in the North China Craton*" 一文，打开了我国海洋院校被 WoS 核心合集所收录的高被引文献的先河。2017—2021 年为爆发期，这与我国的海洋强国战略有关，提出建设海洋强国重大战略以来，党和国家将海洋开发、海洋科技创新、海洋研究提到一个前所未有的高度，不断向海发力。

本书归纳了 12 所海洋院校被 WoS 核心合集所收录的高被引文献按照所属机构分布如表 2 - 18 所示，以此获知我国海洋院校的前沿阵地和主要生力军等有价值信息。

表 2 - 18　高被引文献院校分布

所属机构	记录数（篇）	占比（%）
中国海洋大学（Ocean University of China）	211	39.962
大连海事大学（Dalian Maritime University）	103	19.508
上海海事大学（Shanghai Maritime University）	83	15.72
中国科学院（Chinese Academy of Sciences）	69	13.068
上海海洋大学（Shanghai Ocean University）	44	8.333
加州大学（University of California System）	26	4.924
广东海洋大学（Guangdong Ocean University）	25	4.735
集美大学（Jimei University）	25	4.735
辽宁工业大学（Liaoning University of Technology）	24	4.545
青岛海洋科学与技术试点国家实验室（Qingdao Natl Lab Marine Sci Technol）	22	4.167
卧龙岗大学（University of Wollongong）	22	4.167
浙江海洋大学（Zhejiang Ocean University）	22	4.167
山东大学（Shandong University）	20	3.788
香港城市大学（City University of Hong Kong）	19	3.598

续上表

所属机构	记录数（篇）	占比（%）
英联邦科学工业研究机构（Commonwealth Scientific Indus-trial Research Organisation Csiro）	19	3.598
夏威夷大学（University of Hawaii System）	19	3.598
国家科学研究中心（Centre National De La Recherche Sci-entifique Cnrs）	18	3.409
澳门大学（University of Macau）	18	3.409
巴博尔诺什尔瓦尼技术大学（Babol Noshirvani University of Technology）	17	3.22
大连理工大学（Dalian University of Technology）	17	3.22
美国国家海洋和大气管理局（National Oceanic Atmospher-ic Admin Noaa Usa）	17	3.22
田纳西大学诺克斯维尔分校（University of Tennessee Knoxville）	17	3.22
田纳西大学（University of Tennessee System）	17	3.22
青岛大学（Qingdao University）	16	3.03
亥姆霍兹协会（Helmholtz Association）	15	2.841

由表2-18获知，我国海洋院校高被引文献主要集中于中国海洋大学、大连海事大学和上海海洋大学，中国海洋大学高被引文献数为211篇，占比39.962%。排名第二的为大连海事大学，其高被引文献数为103篇，占比19.508%，其是"双一流"建设高校、"211工程"建设高校，是交通运输部、教育部、原国家海洋局、辽宁省人民政府、大连市人民政府共建高校，同时也是我国著名的高等航海学府，有"航海家的摇篮"之称，是被国际海事组织认定的世界上少数几所享有国际盛誉的海事院校之一。上海海事大学的高被引文献数为83篇，占比15.72%，上海海事大学是一所以航运、物流、海洋为特色学科，多学科共同发展的综合性大学，是获得中华人民共和国船员教育和培训质量体系证书与挪威船级社ISO 9001质量保证书的高校，是入选教育部"卓越工程师教育培养计划"高校、中国政府奖学金来华留学生接收院校和上海市首批深化创新创业教育改革示范高校。该校所处

的优越地理位置和所获得的优惠政策使其蓬勃发展，不断在海洋事业上奋力前行。

值得注意的是，在高被引文献机构分布中，本书所关注的 12 所海洋院校中，许多海洋院校并未出现在其中，例如北部湾大学、广州航海学院、海南热带海洋学院等，同时这些海洋院校的非高被引文献数量也不多。这些海洋院校在学科建设上依然存在较大不足。

本书将 12 所海洋院校的高被引文献按照学科分布如表 2 - 19 所示，以明晰我国海洋院校的研究前沿所在。

表 2 - 19　高被引文献主要涉及学科

Web of Science 类别	记录数（篇）	占比（%）
电气与电子工程（Engineering Electrical Electronic）	77	14.583
自动化控制系统（Automation Control Systems）	66	12.5
计算机科学与人工智能（Computer Science Artificial Intelligence）	59	11.174
环境科学（Environmental Sciences）	53	10.038
物理化学（Chemistry Physical）	37	7.008
多学科材料科学（Materials Science Multidisciplinary）	37	7.008
多学科科学（Multidisciplinary Sciences）	36	6.818
工程环境（Engineering Environmental）	29	5.492
计算机科学网络学（Computer Science Cybernetics）	28	5.303
机械学（Mechanics）	26	4.924
渔业（Fisheries）	25	4.735
能源燃料（Energy Fuels）	24	4.545
食品科学技术（Food Science Technology）	22	4.167
海洋与淡水生物学（Marine Freshwater Biology）	22	4.167
工程化学（Engineering Chemical）	21	3.977
多学科地球科学（Geosciences Multidisciplinary）	20	3.788
多学科化学（Chemistry Multidisciplinary）	19	3.598

续上表

Web of Science 类别	记录数（篇）	占比（%）
计算机科学 与信息系统（Computer Science Information Systems）	19	3.598
应用数学（Mathematics Applied）	19	3.598
机械工程（Engineering Mechanical）	17	3.22
纳米科学技术（Nanoscience Nanotechnology）	17	3.22
热力学（Thermodynamics）	17	3.22
应用化学（Chemistry Applied）	16	3.03
计算机科学理论方法（Computer Science Theory Methods）	16	3.03
绿色可持续科学技术（Green Sustainable Science Technology）	16	3.03

研究发现，电气与电子工程、自动化控制系统、计算机人工科学智能、环境科学等学科是我国海洋院校高被引文献所涉及的主要学科。其中，电气与电子工程是我国海洋院校高被引文献所涉及的最多的学科类别，累计有77篇高被引文献。自动化控制系统是第二多的学科，累计有66篇高被引文献。计算机人工科学智能是第三多的学科，累计有59篇高被引文献。这在一定程度上表明我国海洋院校建设除关注涉海学科外，还关注其他学科，多学科共同发展是现代海洋院校建设的必由之路。

2.8　研究小结

总体上，我国海洋院校发展态势较好，不论文献领域还是专利技术研究领域均表现出了极大的活力，这在一定程度上表现出我国海洋院校基础科学研究发展态势整体向好的趋势。文献数量和专利项数都是逐年攀升的，各学科建设情况较好，涉海类学科建设成果日益增多，农林类专利申报项数较多。我国海洋院校不断开展国际科研合作，与美国、日本、澳大利亚等国的学者合作科研成果较多。专利申报区域主要分布在我国大连、上海、山东等地区，与主要海洋院校所在地较为一致。中国海洋大学、大连海事大学、上海海事大学是我国海洋院校高水平科研成果的主要产出者，在我国众多海洋院校建设中取得较好成效。

第3章 我国海洋院校高水平科研成果分析

当前，我国正处于建设海洋强国的新时代，大力发展海洋科技是时代的需求，实施科技兴海战略是顺应新时代发展的应有之义，是实现海洋经济高质量发展的重要保证。高校是知识的发源地与原始创新的输出地，创新型国家建设中发挥了不可忽视的作用。一大批具有巨大社会效益的科技创新成果不断在高校中涌现，高校已经逐渐成为国家创新的重要主体。而海洋院校是海洋科技创新和海洋知识发展的前沿，是海洋技术变革、加速创新驱动的策源地，是海洋科技创新、海洋人才培养的摇篮。而高被引文献是海洋院校高水平知识创造与高层次科技创新的重要体现，那么使用一种客观有效的评价范式对我国海洋院校研究前沿的知识基础和知识结构发展态势进行研究，明晰我国海洋院校科技创新和知识创造的最前沿的基础研究现状就显得十分迫切。本章节以 WoS 核心合集的 SCI-E（2002 年至今）数据库所收录的我国海洋院校所发表的高被引文章为研究对象，采用文献计量法和知识图谱法研究我国海洋院校的前沿知识研究情况以及该领域的热点研究主题，旨在洞察我国海洋院校的科学结构，特别是通过共被引分析，挖掘和明晰我国海洋院校的知识来源。同时，利用 VOSviewer 软件绘制研究主体和热点主题的网络图，以更加直观地展现研究热点，以及各研究热点的空间分布情况。

3.1 产量分布

通过高被引文献的时间分布，有助于明晰我国海洋院校研究热点和研究前沿的发展历程。鉴于此，本书整理了 WoS 核心合集的 SCI-E（2002 年至今）数据库所收录的我国海洋院校的高被引文献的时间分布如图 3 – 1所示。

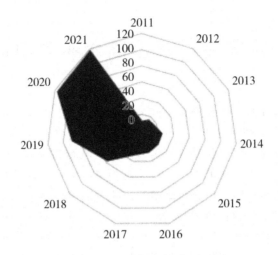

图 3 – 1　高被引文献时间分布

　　由图 3 – 1 可知，2018—2021 年为我国海洋院校高被引文献的发表年份，共 383 篇，占比 70.66%。我国海洋院校发表高被引研究成果的数量在 2018 年取得了长足的进步，从 2017 年到 2018 年高被引文献发表数增长接近 100%，从某种程度上显示出我国海洋院校高质量和高水平原始创新知识进入迸发期。对 2018—2021 年所发表的高被引文献进一步分析发现，这 383 篇高被引论文主要涉及电气与电子工程、自动化控制系统、计算机、人工智能科学等学科，主要由中国海洋大学、大连海事大学、上海海事大学等院校承担这些学科的科学研究任务。其中，2018—2021 年间引用度最高的文献是由大连海事大学的 Chen, C. L. Philip 和 Liu Z L 合作发表的 "*Broad Learning System：An Effective and Efficient Incremental Learning System Without the Need for Deep Architecture*" 一文，累计被引 55 次。

　　为了进一步探索高被引论文的演变历程和历年高被引论文的影响力，本书依照历年篇数、历年总被引和篇均被引进行统计，如表 3 –1 所示。

表 3 –1　历年高被引文献及被引频次

年份	篇数	总被引（次）	篇均被引（次）
2011	12	3998	333.17
2012	16	6294	393.38

续上表

年份	篇数	总被引（次）	篇均被引（次）
2013	17	4992	293.65
2014	26	7691	295.81
2015	27	8771	324.85
2016	29	6173	212.86
2017	32	5466	170.81
2018	58	9475	163.36
2019	89	10289	115.61
2020	117	8761	74.88
2021	119	3504	29.45

学术界普遍认为高被引论文是学术创新和研究前沿的风向标，也是各类知识进行评价的一个重要参照指标。在一个学科被引用次数前 1% 的论文才被定义为高被引论文，这是各个学科学术贡献和影响力与研究热点的重要体现。从时间分布整体来看，历年的高被引论文数目逐年攀升，在一定程度上体现了我国海洋高等教育的质量是逐年升高的，呈现出蓬勃的生机。可以看到从 2018 年起，高被引论文的数目出现了跳跃式的增长，这与海洋强国战略有关。近年来围绕国家总体规划的涉海部署，海洋领域出台了海洋资源、海洋经济、海洋科技、海洋生态环境保护及海洋防灾减灾等一系列专项规划，这些涉海专项规划明确了本领域发展的目标和任务，以支撑和满足国家发展的重大需求。从总被引和篇均被引来看，似乎高被引论文的总被引次数和篇均被引次数大体上呈现出下降的趋势。进一步观察发现，2011—2015年，历年的总被引数是逐年攀升的，而篇均被引数均维持在 300 附近。从 2016 年开始，不论是总被引数还是篇均被引数均呈现出下降的趋势，这可能与研究成果发表后需要经过一段时间才有可能被引用、文献发表与被引用存在一定的时滞有关。

3.2　机构分布

通过高被引文献所属机构分布，可了解某一研究领域活跃主体，提供对某研究领域结构性的见解。我们分析了 WoS 核心合集的 SCI-E（2002 年至今）数据库所收录的我国海洋院校的高被引文献的所属机构，如表 3-2 所示。

表 3-2　高被引文献机构分布

所属机构	记录数（篇）	占比（%）
中国海洋大学（Ocean University of China）	219	40.406
大连海事大学（Dalian Maritime University）	115	21.218
上海海事大学（Shanghai Maritime University）	80	14.76
中国科学院（Chinese Academy of Sciences）	67	12.362
上海海洋大学（Shanghai Ocean University）	41	7.565
辽宁工业大学（Liaoning University of Technology）	27	4.982
加州大学（University of California System）	26	4.797
广东海洋大学（Guangdong Ocean University）	25	4.613
集美大学（Jimei University）	25	4.613
欧洲研究型大学联盟（League of European Research Universities Leru）	24	4.428

　　为了进一步明晰我国海洋院校高被引文献的具体合作机构关系网络，我们在下载全部 542 篇高被引论文的文本数据后，梳理了高被引文献合作发文量前十的机构，并通过 VOSviewer 绘制出机构合作网络图如图 3-2 所示。其中，圆形节点代表国家、研究机构或研究热点，节点大小意味着出现频次的多少。

　　图 3-2 显示了我国海洋院校与合作机构之间的关联图谱，可以看到在组织机构关系网中，形成了以中国海洋大学、大连海事大学、上海海事大学等院校为核心的国内海洋院校合作关系网络。由表 3-2 可知，中国海洋大学发表高被引论文 219 篇，占比 40.4%，不论是对外合作关系还是自身发展都有着显著的优势。其中以 Peng J 等学者在 2012 年发表的 "*Graphene Quantum Dots Derived from Carbon Fibers*" 一文引用度最高，累计被引 1744 次，本书对在中国海洋大学所发表的 219 篇高被引文献进一步分析发现，中国海洋大学与 822 所院校和科研组织进行了深度合作，不仅包括中国科学院、青岛大学等国内高校和科研院所，同时也包括美国加州大学、夏威夷大学等国际知名大学，反映出中国海洋大学的合作关系网络层次较高，结构的

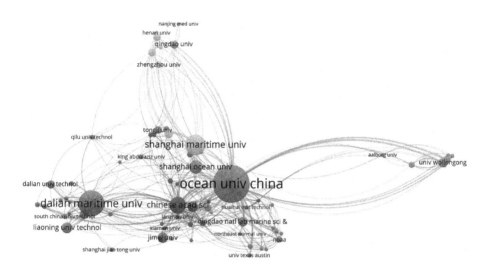

图 3 - 2　高被引文献机构合作网络图 (2002—2021 年)

深度和广度有一定的水平。同时，这些高被引文献主要以化学、物理、环境科学、材料科学等众多涉海理学类学科为主要研究特色，在国内的海洋院校中具有举足轻重的地位。

　　大连海事大学发表高被引论文 116 篇，占比 21.2%，位居第二，其主要合作关系对象是澳门大学、香港城市大学、中国科学院等国内知名院校和科研机构，主要以自动化控制系统、电气与电子工程等众多理工类学科为主要研究特色。其中，A. E. Locke 等学者在 2015 年发表的 "Genetic Studies of Body Mass Index Yield New Insights for Obesity Biology" 一文，累计被引 2408 次，在遗传学领域内被众多学者关注，产生了较大影响。

　　上海海事大学 80 篇高被引论文，占比 14.7%，位居第三，其主要合作关系网络来源于山东大学、美国田纳西大学、丹麦的南丹麦大学等办学水平较高的国内外高等院校，主要研究领域同样是电气与电子工程、多学科材料科学等理工类学科。综上所述，在我国海洋院校的研究前沿，形成了以中国海洋大学、大连海事大学、上海海事大学为核心的合作关系网络，其主要合作研究领域以化学物理、环境科学、自动化控制系统、电气与电子工程等众多理学、工学类学科为主。

3.3　国际合作网络分析

　　对国际合作网络进行分析，可以了解我国海洋院校与国际学术界联系。协作网络的可视化分析通常被用作一种识别这些协作的方法。地理合作侧重于与我国海洋院校合作发表高被引论文的国家以及机构，作者协作网络显示了我国海洋院校高被引论文记录中各个学者之间的协作关系网络。本书在下载 542 篇高被引论文的文本数据后，通过 VOSviewer 绘制出国际合作网络图，如图 3 -3 所示。

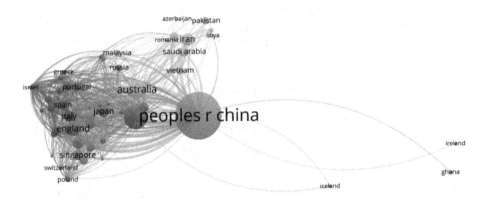

图 3 -3　高被引文献国家合作

　　发表的 542 篇高被引文献分别与 68 个国家和地区的学者进行了合作，其中以与美国学者合作发表 131 篇、与澳大利亚学者合作发表 71 篇、与英国学者合作发表 39 篇。对这些国家进一步分析发现合作国家多为传统海洋强国和经济强国，表明我国海洋院校在进行高质量知识创造和高水平科技创新时，在一定程度上需要借助这些强国的研究基础与研究积累。

　　我国海洋院校发表的高被引论文共有 2128 位合作者，其中 429 位作者合作了 2 篇论文，160 位作者合作了 3 篇。从数据集中提取出高被引文献的研究人员，并使用相应的记录创建作者协作网络并将其绘制在协作网络中，如图 3 -4 所示。

　　在该网络中，Tong S C 发表高被引论文 27 篇出，其次是 Chen C L P（25 篇）、Wang J（21 篇）、Fan R H（20 篇）、Li Z X（20 篇）和 Li T S（18 篇）。对这些高水平、高产量的研究作者所属机构机型梳理可以发现，这些高被引文献的作者几乎都是大连海事大学的研究学者。可见，大连海事大学

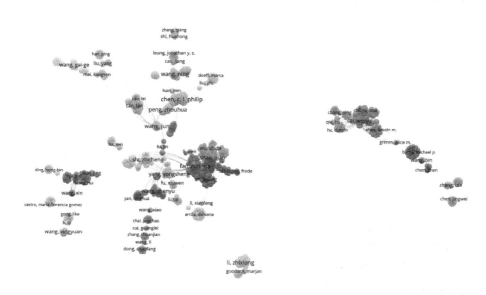

图 3 − 4　高被引文献主要学者合作

的高水平研究成果来自该校固定研究团队，相比之下中国海洋大学所展现的高水平作者更加多元化。我们以大连海事大学科研成果产出率最高的 Tong S C 为例，他最具代表性的科研成果是 2015 年发表的 "*Observer-Based Adaptive Fuzzy Tracking Control of MIMO Stochastic Nonlinear Systems With Unknown Control Directions and Unknown Dead Zones*" 一文，主要是提出了一种自适应模糊反步输出反馈跟踪控制方法。

　　由图 3 − 4 获知这些作者几乎形成了较为固定的合作网络关系，形成了较为稳定的研究团队，这些高被引文献的作者在小范围内相互联系紧密，但是在团队之间缺乏合作而相互隔开。这在一定程度上表明国内海洋院校知识创造的开放性程度存在较大不足，没有打开国内的合作关系网络。我国海洋院校所发表的高被引文献呈现出非常广泛和活跃的合作网络，如果没有各个合作机构研究学者的协同合作，我国海洋院校的高质量知识生产和高水平科技创新将难以实现。因此，在分析国内海洋院校高被引文献时，不可忽略所有合作机构与合作者所做的贡献。

3.4　期刊分布与引用期刊分布

　　期刊是研究成果的重要载体，通过对载文期刊的分析可获悉我国海洋院校的高被引文献主要通过哪些文献进行刊登，以及把握这些期刊的主要研究方向。我们采集了国内海洋院校 2021 年发表的 542 篇高被引文献所载期刊的数据，并对载文量排名前十的期刊依据 JCR 分区、影响因子等计量指标进行梳理，如表 3－3 所示。

表 3－3　高被引文献期刊分布

出版物标题	篇数	JCR 分区	（2021 年）影响因子
网络经济学（*IEEE Transactions on Cybernetics*）	23	Q1	11.448
模糊系统研究（*IEEE Transactions on Fuzzy Systems*）	15	Q1	12.209
全环境科学（*Science of the Total Environment*）	13	Q1	7.693
化学工程学报（*Chemical Engineering Journal*）	12	Q1	13.273
工业电子学期刊（*IEEE Transactions on Industrial Electronics*）	12	Q1	8.236
神经网络与学习系统论文集（*IEEE Transactions on Neural Networks and Learning Systems*）	11	Q1	10.451
国际传热与传质学报（*International Journal of Heat and Mass Transfer*）	11	Q1	5.584
清洁生产杂志（*Journal of Cleaner Production*）	11	Q1	9.297
自然（*Nature*）	11	Q1	49.962
信息科学（*Information Sciences*）	10	Q1	6.795

　　观察表 3－3 刊登海洋院校高被引论文数量排名前十期刊的 JCR 分区以及影响因子等计量指标可知，上述期刊分区均为 Q1 区的期刊，影响因子普遍较高，其中以 *Nature* 尤为突出。*Nature* 是世界上历史悠久的、最有名望的科学杂志之一，与当今大多数科学论文杂志专一于一个特殊的领域不同，*Nature* 是少数依然发表来自很多科学领域的一手研究论文的杂志。在许多科学研究领域中，很多最重要、最前沿的研究结果都是以短讯的形式发表在 *Nature* 上，2021 年它的影响因子高达 49.962，表明这些期刊研究质量与研究层次极高。这与我们选取的是海洋院校的高被引论文有关，只有在学科前 1%的论文才被定义为高被引论文，这是各个学科学术贡献、影响力与研究热点的重要体现，刊登这些高被引论文的期刊分区与影响因子极为突出在情

理之中。其中最近发表的一篇是由中国海洋大学的 Tian H Q 等学者发表的 "*A Comprehensive Quantification of Global Nitrous Oxide Sources and Sinks*" 一文，该文主要采用自下而上和自上而下的方法用于量化由自然和人为来源产生的全球一氧化二氮源和汇，揭示 1980 年至 2016 年间全球人为排放量增加了 30%。对这些期刊进一步分析发现，这些期刊发表的研究成果主要来自理工类学科，以刊登高被引论文最多的 *IEEE Transactions on Cybernetics* 为例，高被引文献中有 23 篇在该期刊上刊登，2021 年其影响因子为 11.448。该期刊以自动化与控制系统、计算机人工智能、计算机控制论等领域为主要研究特色，在一定程度上反映了国内海洋院校的高被引文献主要以理学、工学等学科为研究特色。

其次，为了洞见 542 篇高被引文献所参考的引用文献来源期刊以及来源期刊之间的结构关系，我们通过 Web of Science 核心合集下载这些高被引文献相关的文本数据，然后通过 VOSviewer 构建被引用文献的结构密度关联图，如图 3-5 所示。

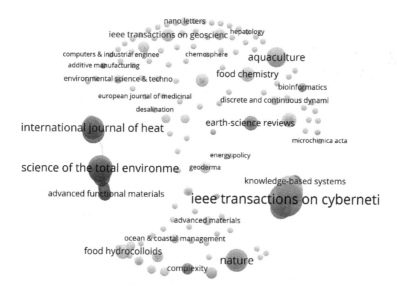

图 3-5　主要引用文献来源

图 3-5 显示了我国海洋院校所发表高被引文献所引用文献的来源期刊分布结构图，观察可知 *IEEE Transactions on Cybernetics*、*IEEE Transactions on Fuzzy Systems* 等期刊是国内海洋院校发表高被引文献的主要刊"载体"，可

见这些高被引文献的引用文献来源极其有限，研究领域内的少数顶级期刊是这些高被引文献的主要引用来源。可见研究领域内重要知识几乎形成了一个自有的知识结构网络，带动领域内的知识构成良性循环。

3.5　产学合作

如果说产学合作的研究成果是科研落地，科研转换率的重要体现，那么高被引文献中的产学合作则是前沿知识的重要实践，是对领域内原创性知识的检验。我们对我国 12 所海洋院校的产学合作高被引文献进行检索，在2344 条产学检索记录中，高被引文献仅有 24 篇。这不仅仅是产学合作产出不够丰富，具有影响力的研究成果也比较缺乏。对这 24 篇高被引文献的类型进行分析可知，其中综述性文 2 篇，论文 22 篇，为了探究产学合作文献之间的共性，我们通过 VOSviewer 构建了这 24 篇高被引文献的关键词网络图，如图 3-6 所示。

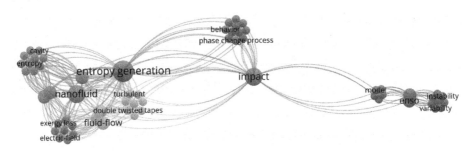

图 3-6　高被引文献关键词网络图

进一步分析这些关键词发现，部分关键词带有较为明显的领域特色，例如 nanofluid（纳米流体）、enso（海温异常）等是我国海洋院校产学合作中较为常见的研究关键词，这与我国海洋院校的涉海学科建设特色有着密不可分的关系。

为了解析我国海洋院校在产学合作高被引文献中的层次网络关系，通过VOSviewer 对这 24 篇高被引文献的所属单位构建组织单位结构关系网络图，如图 3-7 所示。

我们可以看到中国海洋大学在产学合作的高被引文献中依旧处于核心位置，具有最高的中介中心性，其所关注的学科领域多元化，合作机构最为广泛，是国内海洋院校在产学合作方面最突出的。在网络图中并未见到国内其余 11 所海洋院校的身影，这是因为其余海洋院校的产学合作研究并未形成

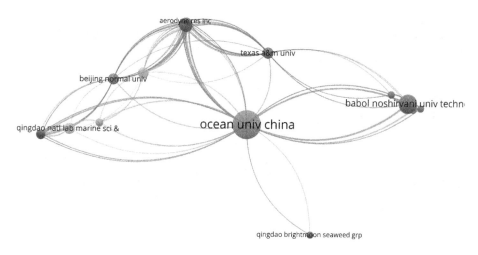

图 3 - 7　高被引文献产学合作机构

完整的关系网络，不构成链接关系，也在一定程度表明其余 11 所海洋院校的产学合作参与程度不够以及产学合作关系的开放程度不够。

3.6　研究小结

综上所述，对我国海洋院校的文献进行分析，发现高被引文献主要集中在 2018 年之后的年份，且主要集中于中国海洋大学、大连海事大学等建设水平较高的海洋院校。其中大连海事大学的高被引文献几乎全部来自一个固定的研究团队，已经较为成熟。而中国海洋大学的高被引文献的产学合作则分布较为广泛，涉及学科类型多元化。在我国 12 所海洋院校的高被引文献的合作网络研究方面，各国或地区之间的合作创新主要是采取以中国海洋大学为核心，通过国内一些重要海洋院校或扮演关键"桥梁"角色的研究机构或国际一流院校为衔接，间接地与其他国家或地区保持国际合作关系。

其次，我们对这 542 篇高被引文献中涉及产学合作的文献进行梳理，发现仅有 24 篇文献涉及产学合作，其中论文 22 篇，综述性文献 2 篇，进一步表明当前我国海洋院校的知识产出不够落地，无法实现科研成果的有效转化。同时这些产学合作的文献主要来自中国海洋大学，表明在国内海洋院校大范围内产学合作并没有形成。

鉴于此，高质量建设国内的海洋院校、努力提升海洋院校的科研产出水平是必由之路，努力打造海洋高等教育新格局、进一步解决涉海高等院校水平不高的问题是重中之重。同时，进一步推进产学合作也是必要的举措。如果缺少了产学合作来推进科研成果落地这一重要前提，就会显得毫无意义，所以提升国内多数海洋院校的产学合作参与广度和深度是必不可少的。另外，在我国海洋院校的建设治理机制中，应全面展开国际合作，慎重选择国际战略合作伙伴，综合考虑各合作主体的科研产出量、自身资源优势以及在合作网络中的战略地位等。既要与研究能力强、研究资源丰富的海洋研究主体保持伙伴关系，也要重视在海洋研究合作网络中的部分关键中介主体，建立广泛的国内国际合作的网络，从本国的海洋院校建设实际情况与实际研究创新现状出发，有针对性地加快推进高水平海洋大学建设步伐。

第4章 我国海洋院校主要建设学科分析

学科是大学开展人才培养、科学研究和社会服务职能的重要载体。学科特色和优势是大学办学的重要基础和支撑，也是大学提升学术核心竞争力的关键。海洋院校长期以来在我国高校当中属于小众类型院校，社会各界对海洋学科的认知和理解并不到位。我们通过 WoS 核心合集对我国海洋院校的学科分布进行检索，依次对活跃度最高的十个学科进行分析。它们分别是海洋学、环境科学、海洋与淡水生物学、渔业、生物化学与分子生物学、多学科材料科学、电气与电子工程、多学科化学、食品科学技术、生物技术应用微生物学。

学术论文是基础研究的主要产出形式，其数量和质量是度量一所高等院校基础研究能力强弱的重要测度指标。鉴于此，本书以 SCI-E（科学引文索引）数据库所收录的 2002—2021 年我国海洋院校的十大活跃学科的学术论文相关信息为数据来源，通过以下研究框架（图 4-1），采取文献计量和基础研究竞争力指数来对我国海洋院校的十大活跃学科的基础研究展开分析，为把握我国海洋院校的活跃学科领域的基础研究发展状况及该领域的竞争发展态势提供一定参考。

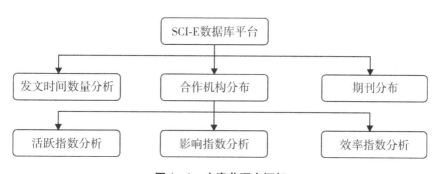

图 4-1　本章节研究框架

首先，本章通过各学科文献的发文时间及数量变化对我国海洋院校各个活跃学科的发展态势展开分析，以把握我国海洋院校的整体发展态势和发展历程。机构分布是指我国海洋院校各个学科领域最活跃的合作机构，找出该各个活跃学科研究领域内的核心研究机构；期刊分布是指通过我国海洋院校活跃学科相关文献的主要刊登期刊的 JCR 分区，指明我国海洋院校各活跃学科的研究质量及发展趋势。

同时，为了全面、客观地评价我国海洋院校各活跃学科的基础研究现状、竞争格局和发展态势，并把握各活跃学科发展相较于世界平均水平的对比，本书在文献计量的绝对指标基础上采用基础研究竞争力指数相对指标（活跃指数、影响指数和效率指数）来分析我国海洋院校各活跃学科的基础研究现状和竞争格局发展态势。

活跃指数公式：

$$ACI_t^k = (P_t^k / \sum_{t=1}^{s} P_t^k) / (TP_t / \sum_{t}^{s} TP_t)$$

其中，P_t^k 是指 k 主体在某一学科领域第 t 年的文献发表量，$\sum_{t=1}^{s} P_t^k$ 是指 k 主体在既定观测年限（S 年）内的该学科领域文献发表量，TP_t 是指第 t 年全球所有国家的某一学科领域文献发表量，$\sum_{t}^{s} TP_t$ 是指全球所有国家在既定观测年限（S 年）内某一学科领域文献发表量。若 $AcI_t^k > 1$，则表明 k 主体在第 t 年的某一学科研究领域的活跃程度高于世界平均水平，反之则表明该学科的研究活跃程度低于世界平均水平。

影响指数公式：

$$AtI_t^k = (\sum_{j=t}^{t+n} C_j^k / \sum_{i=1}^{s} \sum_{j=t}^{t+n} C_{ij}^k) / (\sum_{j=t}^{t+n} TC_j / \sum_{i=1}^{s} \sum_{j=t}^{t+n} TC_{ij})$$

其中，$\sum_{j=t}^{t+n} C_j^k$ 是指 k 主体在某一学科研究领域第 t 年所发表的文献在当年以及后续 n 年期间的被引量总和，$\sum_{i=1}^{s} \sum_{j=t}^{t+n} C_{ij}^k$ 是指在既定观测年限（S 年）内，累加 k 主体第 t 年所发表的某学科研究领域文献在当年及后续 n 年期间的被引量之和，$\sum_{j=t}^{t+n} TC_j$ 是指第 t 年全球所有国家在该学科研究领域所发表的文献在当年以及后续 n 年期间的被引量总和，$\sum_{i=1}^{s} \sum_{j=t}^{t+n} TC_{ij}$ 是指在既定观测年限（S 年）内，累加全球所有国家在第 t 年在该学科领域发表文献在当年以及后续 n 年期间的被引量之和。若 $AtI_t^k > 1$，则表明 k 主体在第 t 年该学科研究领域的研究影响程度高于世界平均水平，反之则表明该学科的研究影响程度低于世界平均水平。

效率指数公式：

$$EI_t^k = (\sum_{j=t}^{t+n} C_j^k / \sum_{i=1}^{s} \sum_{j=t}^{t+n} C_{ij}^k) / (P_t^k / \sum_{i=1}^{s} P_t^k)$$

其中，$\sum_{j=t}^{t+n} C_j^k$ 是指 k 主体在某一学科研究领域第 t 年所发表的文献在当年及后续 n 年期间的被引量总和，$\sum_{i=1}^{s} \sum_{j=t}^{t+n} C_{ij}^k$ 是指在既定观测年限（S 年）内，累加 k 主体在该学科研究领域第 t 年所发表的文献在当年及后续 n 年期间的被引量之和，P_t^k 是指 k 主体在该学科研究领域第 t 年发表的文献量，$\sum_{t=1}^{s} P_t^k$ 是指 k 主体在既定观年限（S 年）内该学科的文献发表量。若 $EI_t^k > 1$，则表明 k 主体在该学科领域第 t 年的研究影响程度高于活跃程度，表明该国科研成效较好，反之则表明 k 主体该学科领域科研成效较差。

4.1　海洋科学学科

　　海洋科学学科是研究海洋的自然现象、性质、变化规律及开发利用等与海洋相关的学科体系，主要包括海洋物理学、海洋化学、海洋地质学和海洋生物学四个基础分支学科，具有较强的综合性和区域性。海洋占地球总面积的 71%，在气候变化、资源开发、能量循环等方面发挥着重要作用。随着科学技术的进步以及相关学科体系的不断发展完善，当前人们对海洋的探索已从近海不断扩展到了深海大洋与极地海域，能否在海洋科学领域抢占到研究的制高点，关乎我国海洋强国战略的实施以及未来在相关国际事务中的话语权。我国海洋院校大多大力发展涉海学科，是我国海洋科学研究的重要主力军。对 12 所海洋院校海洋科学学科在 2002—2021 年期间文献进行检索，共检索出文献 4953 篇，是我国海洋院校建设最活跃的学科。

4.1.1　发文数量及时间分布

　　文献发表是科研成果和科研生产力的量化指标，文献的发表数量可以在一定程度上反映一所院校的科研水平。我们对 12 所海洋院校被 WoS 核心合集所收录的 4953 篇文献从发文数量上展开分析，如表 4 - 1 所示。探讨 12 所国内海洋院校在海洋科学学科领域的研究能力。

表4-1 各海洋院校海洋学学科论文收录数量

院校	发文数量（篇）	占比（%）
中国海洋大学（Ocean University of China）	3411	66.092
上海海洋大学（Shanghai Ocean University）	451	8.739
大连海事大学（Dalian Maritime University）	378	7.324
上海海事大学（Shanghai Maritime University）	196	3.798
浙江海洋大学（Zhejiang Ocean University）	191	3.7012
广东海洋大学（Guangdong Ocean University）	179	3.468
集美大学（JiMei University）	129	2.500
大连海洋大学（Dalian Ocean University）	120	2.325
江苏海洋大学（Jiangsu Ocean University）	48	0.930
北部湾大学（Beibu Gulf University）	42	0.814
海南热带海洋学院（Hainan Tropical Ocean University）	13	0.252

由表4-1可知，我国12所海洋院校在海洋科学领域的论文收录数量差距较大，排名前三的中国海洋大学、上海海洋大学和大连海事大学的发文量之和几乎占总量的80%，说明我国海洋院校虽以海洋学科为特色和优势进行发展，但总体上，各海洋院校的研究实力并不均衡，彼此之间研究产出存在着较大的差距。此外，高被引文献在一定程度上反映着一所院校的学术影响力和传播效果，而12所海洋院校在海洋科学领域发表的高被引文献仅有3篇，说明它们在海洋学领域的研究深度和广度有待加强。中国海洋大学在12所海洋院校中表现得极为出色，在2002—2021年期间，便有3411篇文献被 WoS 收录，占比达到66%，但在这3411篇文献中却未有高被引文章，说明中国海洋大学虽在文献的发表数量上占据绝对优势，但在发文质量上有待提高。在这些文献中，被引用度最高的是 Zhang J 等学者在2002年发表的 "*Riverine Composition and Estuarine Geochemistry of Particulate Metals in China-Weathering Features，Anthropogenic Impact and Chemical Fluxes*" 一文，被引频次高达744次，是中国海洋大学在海洋科学学科的代表性成果。上海海洋大学以451篇文献位居第二，与排名第一的中国海洋大学相差近乎8倍，可见中国海洋大学的海洋学建设在我国海洋院校中"一枝独秀"。在上海海洋大学众多科研成果中，Liu D Y 等学者于2013年发表的 "*The World's Largest Macroalgal Bloom in the Yellow Sea，China：Formation and Implications*" 最具

代表性，是上海海洋大学海洋学学科被引次数最多的文献，累计被引259次。大连海事大学以378篇文献位居第三，发文数与上海海洋大学相近。其中，Liu L等学者于2017年发表的"*ESO-Based Line-of-Sight Guidance Law for Path Following of Underactuated Marine Surface Vehicles With Exact Sideslip Compensatio*"一文是大连海事大学被引用度最高的文献，共被引用136次。

我们对12所海洋院校在2002—2021年间被WoS核心合集所收录的4953篇海洋科学相关文献历年发文时间做出分析，希望对我国海洋院校在该学科领域的发展规模和发展态势进行研究，如图4-2所示。

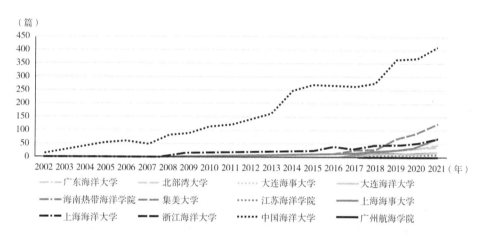

图4-2　各海洋院校海洋科学文献时间分布

如图4-2所示，中国海洋大学的海洋科学研究成果在我国众多海洋院校中表现十分突出，发展态势较好，不论是收录数还是增长速度都远远超过其余院校。2002年，只有中国海洋大学与上海海洋大学在海洋科学领域有相关文献被WoS核心合集收录。可见就国内海洋院校而言，中国海洋大学和上海海洋大学是最早展开海洋学研究的海洋院校。北部湾大学、海南热带海洋学院、广州航海学院等院校在海洋学学科起步时间较晚，且较多年份出现断层现象，尤其是海南热带海洋学院更是到2019年才实现了零的突破。这与它们各自的办学历史有着较大关系。

4.1.2　合作机构分布

为了进一步分析我国海洋院校在海洋科学领域的发文具体合作情况，我们对与12所海洋院校合作发表过WoS核心合集文献的合作机构进行分析，如表4-2所示。

表4-2　海洋科学类论文的主要合作机构

所属机构	记录数（篇）	篇均被引（次）
青岛海洋科学与技术试点国家实验室（Qingdao Natl Lab Marine Sci Technol）	641	8.72
中国国家海洋局（State Oceanic Administration）	505	12.73
中国科学院（Chinese Academy of Sciences）	479	12.82
海洋学研究所（Institute of Oceanology Cas）	219	12.81
中国水产科学研究院（Chinese Academy of Fishery Sciences）	204	8.69
自然资源部（Minist Nat Resources）	179	3.05
教育协会（Minist Educ）	141	8.63
华东师范大学（East China Normal University）	135	37.69
黄海水产研究所（Yellow Sea Fisheries Research Institute Cafs）	133	10.26

　　由表4-2可知，在海洋科学领域，我国海洋院校最主要的合作机构是青岛海洋科学与技术试点国家实验室，2002—2021年累计合作被WoS核心合集收录了525篇文献，在数量上位居众多机构之首，说明我国12所海洋院校在海洋科学领域与青岛海洋科学与技术国家实验室的交流较为密切。这是因为青岛海洋科学与技术试点国家实验室重视国内优势力量和协同创新科研体系的建立，建成了海洋高端装备、海洋观测与探测、深蓝渔业工程、海洋应用技术、海洋新材料等与海洋基础前沿研究相关的联合实验室和开放工作室。但我国海洋院校与其合作发表的文献在篇均被引上仅为6.49次，说明在合作发文的质量方面仍有较大的提升空间。值得注意的是，我国海洋院校与华东师范大学在合作发文数量上虽然并不突出，但在篇均被引次数上表现得极为出色，篇均被引达到37.69次。这与华东师范大学成立的河口海岸学国家重点实验室有着一定的关系。该实验室在国内河口海岸的相关研究领域处于领先地位，与我国海洋院校合作频繁，希冀在相关河口海岸研究领域有所突破。在国际上，华东师范大学也与美国、英国、荷兰、德国等相关国家的科研机构和学者保持着较为紧密的合作关系，牵头完成了联合国海洋十年计划中的"大河三角洲计划"，承办了海洋生物圈（Integrated Marine Biosphere Research，IMBeR）和未来地球海岸（Future Earth Coasts，FEC）两个国际项目办公室，并参与和主持了多项国际研究计划和合作项目，在国内外均有较高的影响力和学术地位。

4.1.3 期刊分布

期刊是科研成果的重要载体，载文期刊质量的好坏是科研成果质量的直接体现。通过对 12 所海洋院校被 WoS 核心合集所收录的 4953 篇海洋科学学科领域文献的载文期刊进行统计，如表 4 – 3 所示，以明晰我国海洋院校在海洋学领域的建设质量。

表 4 – 3 海洋学主要发文期刊

出版物标题	记录数（篇）	JCR 分区	（2022 年）影响因子
中国海洋大学学报（*Journal of Ocean University of China*）	906	Q4	1. 179
中国海洋学报（*Acta Oceanologica Sinica*）	733	Q4	1. 369
海洋工程（*Ocean Engineering*）	497	Q1	4. 372
中国海洋学与湖泊学杂志（*Chinese Journal of Oceanology and Limnology*）	435	Q4	1. 015
地球物理研究杂志海洋版（*Journal of Geophysical Research Oceans*）	288	Q1	3. 938
海洋科学与工程杂志（*Journal of Marine Science and Engineering*）	213	Q1	2. 8
海洋学和湖泊学杂志（*Journal of Oceanology and Limnology*）	198	Q4	2. 6
河口海岸和大陆架科学（*Estuarine Coastal and Shelf Science*）	142	Q1	3. 229
应用海洋研究（*Applied Ocean Research*）	137	Q1	3. 761
大陆架研究（*Continental Shelf Research*）	133	Q2	2. 629

由表 4 – 3 可知，2002—2021 年期间，我国 12 所海洋院校累计在 *Journal of Ocean University of China* 上发表了 906 篇文献。该期刊是中国海洋大学

主办的期刊之一，主要研究领域为海洋科学与工程、海洋环境科学与工程、海洋气象、海洋药物、海洋遥感、海洋信息系统与管理工程、水产、湖沼等，JCR 分区属于 Q4 区，2022 年的影响因子为 1.17。*Acta Oceanologica Sinica* 以 733 篇的文献刊登数量位于第二，该期刊由中国海洋学学会主办，是我国重大海洋科学研究计划、自然科学基金等重大科技成果展示的重要平台，刊载内容涉及海洋水文、海洋气象、海洋物理、海洋遥感、海洋化学、海洋地质、海洋生物、海洋环境保护及海洋工程等，同样位于 Q4 区，2022 年影响因子为 1.369。*Ocean Engineering* 位居第三，收录了我国海洋院校在海洋科学相关领域的文献 497 篇。该期刊是由中国科学技术协会主管，中国海洋学会主办，南京水利科学研究院、上海交通大学承办的综合性学术刊物。其主要研究领域包括固定和浮动海上平台、浮标技术、海洋和海上可再生能源等，在海洋工程领域具有较大的学术影响力，JCR 分区为 Q1 区，2022 年影响因子达到 4.372。总体来看，我国海洋科学领域研究成果所刊发的期刊大多由国内高等院校或学会主办，最主要的两个发文期刊均为 JCRQ4 区期刊，整体研究质量有待进一步改善。

4.1.4 活跃指数

为了形象地表现出我国 12 所海洋院校过去 10 年在海洋科学领域的学科发展水平和科研竞争力，我们计算出他们 2012—2021 年的活跃值，最终通过图表形式展示出来，如图 4 - 3 所示（部分海洋院校该学科存在发文量极低，略微的增长就会引起活跃指数剧烈的变动，且部分年份存在断层的情况，故不予以计算）。

由图 4 - 3 可知，我国海洋院校在海洋科学领域的活跃指数总体呈现波动上升趋势，活跃水平逐渐达到并超过世界平均水平（活跃指数超过 1），说明我国海洋院校前期在海洋科学领域的科研投入取得了一定的成效，科研生产力和学科竞争力都有所提高。具体而言，上海海事大学与大连海事大学在活跃指数上表现得较为出色，活跃水平上升较快且比较平稳。究其原因，与这两所院校在海洋科学领域的实验设备较为先进、相关学科群较为完善有关。上海海事大学早在 2002 年便已建立了港航工程实验室，配备了 SWS 地质勘探仪等先进设备，建立了港口与航道工程等仿真平台，随后还建成了国内第一个以大型二冲柴油机为主动力的船舶自动化机舱实验室和国内最大规模的轮机模拟器实验室，为海洋科学学科的研究和实验创造了条件。此外，上海海事大学的船舶与海洋工程、港口航道与海岸工程等学科均列入国家级、省级一流本科专业建设点及卓越工程师教育培养计划，在海洋运输、海洋工程材料等学科的建设上表现得极为出色。而大连海事大学则拥有航海类

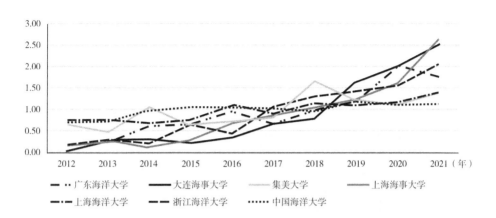

图 4 - 3　海洋科学学科活跃指数

专业教学实验楼群、航海训练与工程实践中心、100 多个教学科研实验室及2 艘远洋教学实习船，设备种类丰富。此外，大连海事大学早在 1960 年便已成为全国重点大学，科研历史悠久，学科建设完善，学术底蕴雄厚。值得注意的是，虽然大多海洋院校在该领域的活跃指数上有较大的变化，但中国海洋大学和上海海洋大学却表现得较为平稳，均稳定在世界平均活跃水平附近。

4.1.5　影响指数

文献的被引用情况在一定程度上反映了一所院校在学术界的影响力和受关注度。一般而言，一篇文献被引量较高，说明文献质量较高，学术水平较强，在学术界的影响力较大。本书将计算出我国各海洋院校海洋科学领域2012—2019 年的影响指数，通过图表形式展示出来，如图 4 -4 所示。

由图 4 -4 可知，我国海洋院校在该领域的影响指数总体呈现上升趋势，大部分海洋院校在 2016 年前后便已达到世界平均水平（影响指数超过 1），随后仍保持上升趋势，说明随着我国海洋院校在该领域研究的不断深入，研究成果中所蕴藏的原始创新成分和质量都有所提高，但我国海洋院校在该领域的研究积累仍然不够，与世界一流水平存在着一定的差距，要想完全从过去的跟跑阶段进入领跑阶段仍然有待时日。具体而言，大连海事大学在影响指数方面表现得较为突出，自 2016 年以来，其影响指数不断提高，由一开始接近 0 到后来远超世界平均水平。究其原因，是自 2016 年以来，大连海事大学先后加入了"丝绸之路经济带核心区全国高校产业创新联盟"，完成了"中国与东盟海事合作对策研究"，在 E 航海国际标准的制定上提供提

图4-4　海洋科学学科影响指数

案，派出"育鲲"轮前往日本交流访问等一系列举措，大连海事大学积极参与国内、国际事务，学术水平和学术地位均有所提高。而中国海洋大学与上海海洋大学在该领域的影响指数表现得较为稳定。

4.1.6　效率指数

效率指数在一定程度上可以反映一所院校在相关学科领域的关注和研发投入与影响力之间的比例，为形象地刻画出我国海洋院校在海洋科学领域基础研究的活跃指数和影响指数的匹配度，我们在活跃指数和影响指数的基础上计算出了效率指数（2012—2019年），如图4-5所示。

由图4-5我们可以得知，我国海洋院校在效率指数方面波动较大，除广东海洋大学外，总体呈现波动上升趋势。大连海事大学在效率指数方面表现得也十分出色，经过不到十年的发展，其活跃指数跃升至12所海洋院校之首。值得关注的是，中国海洋大学从2012年开始，效率指数便已高于世界平均水平（效率指数超过1），此后也保持得相对稳定，是12所海洋院校中唯一一所在效率指数上始终高于世界平均水平的院校。究其原因，中国海洋大学是国家"985工程"和"211工程"的重点建设高校，积极参与国家"973计划"等重大科学研究计划，研究水平和研究内容均处于国内前沿，且具备"东方红3"海洋综合科考船（自主研发的新一代深海大洋综合科学考察实习船），在海洋科学领域的研究处于国内前沿。而广东海洋大学虽在2012年便有较高的活跃指数，但其波动较大，且在2014—2016年间出现了较大幅度的下滑，说明广东海洋大学应提高自己的科研效率，努力使科研投入发挥出最大价值。

图 4 - 5　海洋科学学科效率指数

4.1.7　研究小结

经过对海洋科学学科的文献进行文献计量分析得出，我国海洋院校在海洋科学领域总体发展趋势较好，在发文数量上的表现较为出色，在海洋学相关领域的研究较为深入，学科建设水平较高，是国内海洋学领域研究的前沿所在。与我国海洋院校合作最为密切的机构是青岛海洋科学与技术试点国家实验室，这与青岛海洋科学与技术试点国家实验室重视国内优势力量和协同创新科研体系的建立有关。此外，我国海洋院校与海洋科学相关的文献大多被刊登于国内院校或学会主办的期刊。

通过竞争力指数分析发现，不论是活跃指数、影响指数还是效率指数，我国海洋院校在该学科的发展均处于波动上升态势。在活跃指数方面，上海海事大学和大连海事大学的上升趋势最为明显，这与他们在海洋科学领域的实验设备较为先进、相关学科群也较为完善有关。在影响指数方面，大连海事大学前期保持得较为平稳，后期不断增加且增幅较大，说明该大学积极参与国内、国际事务有利于提高自身的学术地位及同行的认可度。总体来看，我国海洋院校在海洋科学领域的发展趋势较好，科研转化能力和效率较高，未来有望在海洋相关领域取得进一步突破，引领世界前沿，为地球工程的部署和人类"海洋命运共同体"的构建提供更加科学的解决方案。

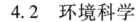

4.2　环境科学

环境科学是一门交叉学科，集合地理、物理、化学、生物四个学科视角去研究环境方面的学科。环境科学不仅研究人与环境之间的相互作用、相互制约的关系，力图发现社会经济发展和环境保护之间协调的规律，同时研究环境中的物质在有机体内迁移、转化、蓄积的过程以及其运动规律，对生命的影响和作用机理，尤其是人类活动排放出来的污染物质对环境的影响。我们对国内 12 所海洋院校环境科学的相关文献进行检索，共检索出文献4946 篇。

4.2.1　发文数量与时间分布

我们首先对我国海洋院校 2002—2021 年间被 WoS 核心合集所收录的4946 篇环境科学学科文献的发文数量做出分析，如表 4 - 4 所示（海南热带海洋学院、广州航海学院在该学科发文数量较少，故不列入分析范畴），以期通过这个角度明晰各海洋院校该学科的发展规模以及发展趋势。

表 4 - 4　各海洋院校环境科学学科文献数量（2002—2021 年）

院校	篇数	占比（%）
中国海洋大学（Ocean University of China）	2344	47.39
上海海洋大学（Shanghai Ocean University）	582	11.77
大连海事大学（Dalian Maritime University）	524	10.59
上海海事大学（Shanghai Maritime University）	313	6.33
广东海洋大学（Guangdong Ocean University）	297	6
浙江海洋大学（Zhejiang Ocean University）	222	4.49
大连海洋大学（Dalian Ocean University）	187	3.78
江苏海洋大学（Jiangsu Ocean University）	176	3.56
集美大学（JiMei University）	170	3.44
北部湾大学（Beibu Gulf University）	87	1.76

由表 4 - 4 可知，中国海洋大学是我国海洋院校中环境科学学科建设取得较好成效的院校。2002—2021 年累计被 WoS 核心合集收录 2344 篇文献，其中 24 篇文献被列为高被引文献，研究层次较高，学科建设在我国海洋院

校中较为突出；发文量排在第二位的是上海海洋大学，2002—2021 年累计被 WoS 核心合集收录 582 篇文献，其中 6 篇文献被列为高被引文献，虽然文献发表数量与中国海洋大学存在较大差距，但高被引文献产出率与中国海洋大学相差无几。发文量排在第三位的是大连海事大学，2002—2021 年累计被 WoS 核心合集收录 524 篇文献，其中并无高被引文献，在一定程度上反映出大连海事大学环境科学学科建设缺乏具有影响力的代表性研究成果。

　　本书对我国海洋院校被 WoS 核心合集所收录的 4946 篇环境科学学科文献历年发文时间做出分析，有助于把握我国海洋院校该学科的整体建设情况，如图 4 - 6 所示（海南热带海洋学院、北部湾大学、广东航海学院等院校该学科积累薄弱，较多年份出现断层，故不纳入分析）。

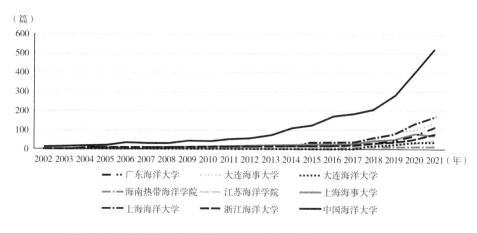

图 4 - 6　各海洋院校环境科学学科文献时间分布（2002—2021 年）

　　如图 4 - 6 所示，整体来看我国海洋院校环境科学学科建设发展态势较好。其中，中国海洋大学和上海海洋大学是我国海洋院校中率先开展环境科学学科建设的院校，在该学科的研究积累也较为深厚，累计发文数最多。中国海洋大学是海洋院校中唯一的 985 建设高校，它的师资力量、科研设备、学术氛围与获得的资源是其他海洋院校无法比拟的。而排在第二的上海海洋大学的发文量虽然远不及中国海洋大学，但依旧远超过其余海洋院校。上海海洋大学凭借着优越的地理位置和政策支持，在 2017 年入选了"双一流"高校。值得注意的是，大连海事大学和上海海事大学虽然落后于中国海洋大学和上海海洋大学，但它们在近年的发展过程中不断加强自身学科建设力度，引进师资，致力于打造高水平海洋大学，从环境科学学科建设情况来看，成果较为突出，发展趋势较好。

4.2.2 合作机构分布

为了明晰我国海洋院校在环境科学学科与其他机构合作发文的具体情况，我们对我国海洋院校 2002—2021 年间被 WoS 核心合集所收录的 4946 篇环境科学文献的合作机构进行分析（剔除海洋院校内部合作文献），如表 4-5 所示。

表 4-5　环境科学主要合作机构

所属机构	篇数	篇均被引（次）
中国科学院（Chinese Academy of Sciences）	523	20.23
青岛海洋科学与技术试点国家实验室（Qingdao Natl Lab Marine Sci Technol）	401	15.6
中国国家海洋局（State Oceanic Administration）	214	23.07
中国水产科学研究院（Chinese Academy of Fishery Sciences）	139	13.87
自然资源部（Minist Nat Resources）	128	11.21
同济大学（Tongji University）	121	26.8
厦门大学（Xiamen University）	119	18.59
中国科学院大学（University of Chinese Academy of Sciences Cas）	112	20.78
教育协会（Minist Educ）11126.37	111	26.37
华东师范大学（East China Normal University）	105	27.13

由表 4-5 可知，中国科学院是我国海洋院校环境科学学科合作最多的机构，2002 年至今累计合作发文 523 篇，篇均被引 20.23 次，这与中国科学院是我国自然科学最高研究机构、科学技术最高咨询机构、自然科学与高技术综合研究发展中心有关。中国科学院聚集了大量的海内外优秀的科研工作者，是高水平的研究机构，造就了一大批高水平创新团队和青年人才，向社会输送了大批高素质创新创业人才。中国科学院集科研院所、学部、教育机构于一体，建成了完整的自然科学学科体系，物理、化学、材料科学、数学、环境与生态学、地球科学等学科整体水平已进入世界先进行列，一些领域也具备了进入世界第一方阵的良好态势。值得注意的是，我国海洋院校与

华东师范大学合作发文 105 篇，在众多合作机构中发文数量方面并不突出，但其篇均被引高达 27.13 次，远超其余合作机构，位于众多合作机构的首位。在一定程度上反映出与华东师范大学合作研究成果质量高、影响大的特点。华东师范大学是我国"985 工程""211 工程"重点建设高校，各海洋院校与其合作可以获得较多科研资源，从而提高科研绩效。对这 105 篇文献进行细分可知中国海洋大学是合作发文最多的院校，61 篇科研成果由中国海洋大学与华东师范大学合作发表。最具代表性的是 Deng B 发表的"*Recent sediment accumulation and carbon burial in the East China Sea*"一文，累计被引 148 次，从中可以看出中国海洋大学积极寻求合作，以一种更广阔的学术视野推进环境科学学科建设，具备一定的前瞻性和引领性。

4.2.3　期刊分布

期刊是科研成果的重要载体，载文期刊质量的好坏是科研成果质量的直接体现，我们通过对 12 所海洋院校被 WoS 核心合集所收录的 4946 篇环境科学文献的载文期刊进行识别，如表 4 - 6 所示，以明晰我国海洋院校环境科学的建设质量。

表 4 - 6　环境科学主要发表期刊

出版物标题	记录数（篇）	JCR 分区	（2022 年）影响因子
海洋污染通报（*Marine Pollution Bulletin*）	419	Q1	7.001
全环境科学（*Science of the Total Environment*）	403	Q1	10.753
化学层（*Chemosphere*）	244	Q1	8.943
沿海研究杂志（*Journal of Coastal Research*）	239	Q4	1.11
环境科学和污染研究（*Environmental Science and Pollution Research*）	225	Q2	5.19
可持续发展（*Sustainability*）	224	Q2	3.889
遥感（*Remote Sensing*）	181	Q1	5.349
海洋科学前沿（*Frontiers in Marine Science*）	180	Q1	5.247
环境污染（*Environmental Pollution*）	174	Q1	9.988
生态毒理学和环境安全（*Ecotoxicology and Environmental Safety*）	162	Q1	7.129

由表4-6可知，*Marine Pollution Bulletin* 是我国海洋院校环境科学学科研究成果的主要发表阵地，2002年至今累计在该期刊发文419篇，该期刊涉及河口、海洋和海洋资源的合理利用，以及记录海洋污染和引入新的测量和分析方法，发表的文章主要探讨海洋污染现状、生态环境效应评价、污染控制和治理、海洋经济和环境保护等话题。它的JCR分区为Q1区，2022年的影响因子为7.001。其次是 *Science of the Total Environment*，我国海洋院校2002年至今在该期刊累计发文403篇，该期刊是国际综合性期刊，主要刊发前沿的、对总环境影响巨大的研究议题，涵盖大气、岩石圈、水圈、生物圈和人类圈等领域。它的JCR分区为Q1区，2022年影响因子为10.753。排在第三的是 *Chemosphere*，我国海洋院校在该期刊累计发文244篇，该期刊是综合类刊物，主要刊载与生物、水、岩石和大气中化学品的识别、定量、行为、归宿、毒理学、治疗等方面的研究。它的JCR分区为Q1区，2022年影响因子为8.943。值得注意的是 *Journal of Coastal Research*，该期刊虽发文量靠前，但其2022年影响因子只有1.11。总体上我国海洋院校环境科学学科的主要发表阵地研究成果层次较高，研究质量较好。在一定程度上从侧面反映出当前我国海洋院校环境科学学科建设情况较好。

4.2.4 活跃指数

为形象地比较12所海洋院校在过去十年（2012—2021年）环境科学研究领域的活跃状况及存在的差距，本书将这12个院校的活跃指数分别计算后，通过图表形式展示出来，如图4-7所示（部分海洋院校该学科存在发文量极低、部分年份断层的情况，故不予以计算）。

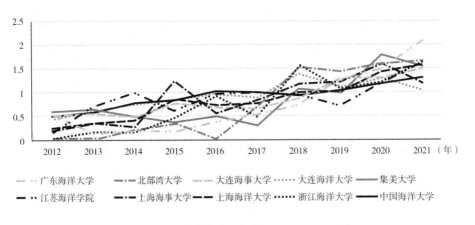

图4-7 环境科学活跃指数（2012—2021年）

　　由图 4 - 7 可知我国海洋院校环境科学学科近十年的活跃状况虽然有起有落，但总体上学科建设的活跃度稳步提升，这不仅得益于各海洋院校不断加大自身学科建设力度，而且与政府出台的相关政策有关。例如，广东海洋大学在 2012 年的活跃指数为 0.5226，经过多年发展，2021 年其活跃指数高达 2.0822，这与它自身的建设和政府相关政策是密不可分的。近 10 年来，我国提出了一系列的环保政策和法律法规，包括党的十六大提出树立和落实科学发展观；党的十七大提出建设生态文明，基本形成节约能源资源和保护环境的产业结构、增长方式、消费模式；党的十八大提出经济建设、政治建设、文化建设、社会建设和生态文明建设的"五位一体"总体布局；党的十九大提出坚持人与自然和谐共生的基本方略。法律法规包括《"十二五"节能环保产业发展规划》《全国城镇污水处理及再生利用设施建设规划》《大气污染防治行动计划的通知》《环境保护法》《生活垃圾分类制度实施方案》《水污染防治法》《"十四五"生态环境科普工作实施方案》。这些相关政策的发布，为我国海洋院校环境科学学科的建设注入了不竭动力。

4.2.5　影响指数

　　本书对我国海洋院校的影响指数分别进行计算（2012—2019 年），并通过图表形式展示出来，如图 4 - 8 所示（同样由于部分海洋院校该学科存在发文量极低、部分年份断层的情况，影响指数不予以计算）。

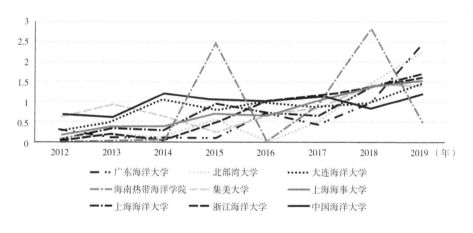

图 4 - 8　环境科学影响指数（2012—2019 年）

　　由图 4 - 8 可知，我国海洋院校环境科学学科的影响指数总体不断攀升，在一定程度上表明我国海洋院校环境科学学科研究成果的质量和影响力不断加大。以中国海洋大学为例，2012 年中国海洋大学环境科学学科的影响指数仅为 0.6872，2019 年已攀升至 1.1763，一度超过了该学科的世界平均影响指数 1。这不仅仅与中国海洋大学自身建设情况有关，还与中国海洋大学不断寻求高质量合作、产出高质量的研究成果有关。其中值得注意的是，集美大学和江苏海洋大学的影响指数极为不稳定，这可能归咎于集美大学在该学科建设存在较大不足、发文量较少，细微的变动就会引起影响指数产生较大的变化；而江苏海洋大学是由于自身定位转变导致学科建设的不稳定，江苏海洋大学由淮海工学院更名而来，在一定程度上还没有完全脱离定位转变带来的影响。

4.2.6 效率指数

兼顾研究质量和效率是当前我国海洋院校需要突破的重点，为形象地刻画出我国海洋院校在环境科学学科基础研究的质量和效率，我们在活跃指数和影响指数的基础上计算效率指数（2012—2019 年），如图 4 – 9 所示（部分海洋院校该学科存在发文量极低、部分年份断层的情况，影响指数不予以计算）。

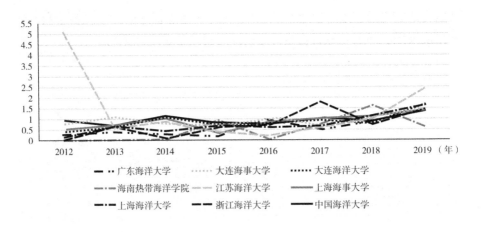

图 4 – 9　环境科学效率指数（2012—2019 年）

由图 4 – 9 可知，我国海洋院校环境科学学科的基础研究效率在整体上呈上升的态势，而集美大学和江苏海洋大学的基础研究效率指数表现出一定的不稳定性，震荡幅度较大。由前文分析可知，集美大学发文量较少，细微的变动均导致活跃指数和影响指数变动，而江苏海洋大学由于自身的学校定位转变尚未稳定，从而导致效率指数波动幅度较大。整体来看，我国海洋院校环境科学领域基础研究效率的发展态势较好。除了集美大学和江苏海洋大学表现出一定不稳定性外，其余海洋院校的效率指数总体都呈现出逐年攀升的态势，在 2018 年前后均超出了该学科的世界平均效率指数 1。表明我国海洋院校在环境科学领域内的科研质量不断提高，在该学科领域的科研投入产生的回报率不断攀升。但长期以来我国海洋院校该学科效率指数低于世界水平，想要根本性地提高我国海洋院校环境科学领域基础研究的效率问题还需要一个较长的周期。

4.2.7　研究小结

当前我国海洋院校环境科学学科发展态势较好，通过科学计量，发现中国海洋大学是我国海洋院校该学科研究的前沿所在，研究的议题和方向具备一定的引领性，同时中国海洋大学也是我国海洋院校中在该学科发展取得成效最好的高校，这离不开它积极寻求高水平合作。我国海洋院校环境科学研究成果的载文期刊普遍质量较高，其中 *Marine Pollution Bulletin* 是我国海洋院校环境科学学科研究成果的主要发表地。

通过竞争力指数分析发现，不论是活跃指数、影响指数还是效率指数，学科发展态势虽然略有波动，但总体上还是呈现出上升的态势。其中集美大学和江苏海洋大学波动最为明显，集美大学可能是由于学科建设依然存在较大不足，极小的文献量和引用量变动均会引起竞争力指数的剧烈变动，江苏海洋大学是由于自身的高校转型尚未稳定而导致学科建设水平不稳定。总体来说，我国海洋院校环境科学学科的建设情况较好，具备较好的发展前景。

4.3　海洋与淡水生物学

海洋与淡水生物学学科是对发生并支持海洋和淡水系统的所有生物和物理过程的研究，是对水生生态中的微生物、动物、植物这些系统沉积物中的化学和物理过程以及它们之间的关系的研究。我国海洋院校是我国海洋知识的重要产生地，是相关海洋科学的重要研究主体。

4.3.1　发文数量及时间分布

我们通过 WoS 核心合集对国内 12 所海洋院校海洋与淡水生物学学科进行检索，检索出 2002—2021 年我国海洋院校海洋与淡水生物学学科累计发表文献 4727 篇。我们首先对 12 所海洋院校被 WoS 核心合集所收录的 4727 篇海洋与淡水生物学学科文献的发文院校做出分析，如表 4 - 7 所示（其中上海海事大学、广州航海学院、海南热带海洋大学在该学科发文数量较少，故不列入分析范畴)。

表4-7　海洋与淡水生物学发文数量分布

所属机构	记录数（篇）	占比（%）
中国海洋大学（Ocean University of China）	2208	46.71
上海海洋大学（Shanghai Ocean University）	1055	22.319
广东海洋大学（Guangdong Ocean University）	422	8.927
大连海洋大学（Dalian Ocean University）	397	8.399
浙江海洋大学（Zhejiang Ocean University）	320	6.77
集美大学（Jimei University）	269	5.691
江苏海洋大学（Jiangsu Ocean University）	159	3.364
北部湾大学（Beibu Gulf University）	65	1.375
大连海事大学（Dalian Maritime University）	38	0.804

由表4-7可知，中国海洋大学和上海海洋大学是我国海洋院校海洋与淡水生物学学科研究最主要的有生力量，两所院校在海洋与淡水生物学发文数量之和超过了我国海洋院校该学科发文数的65%，是我国海洋院校中海洋与淡水生物学学科建设的重要主体。中国海洋大学2002—2021年累计发文2208篇，高被引文献8篇，其中N. Akhter等发表的"Probiotics and Prebiotics Aassociated with Aquaculture：A Review"一文影响最大，该文主要对益生菌和益生元在免疫调节方面进行研究。上海海洋大学2002—2021年累计发文1055篇，高被引文献3篇，其中Liu D Y等撰写的"The World's Largest Macroalgal Bloom in the Yellow Sea，China：Formation and Implications"一文影响最大，累计被引258次，主要是对发生在我国黄海最大的跨区域大型藻类水华现象进行探讨，并探讨了这一独特案例的原因、发展和未来挑战，在海洋淡水生物学领域内产生了较大的影响。广东海洋大学以422篇收录文献位列第三，其中高被引文献6篇，可见相比于中国海洋大学和上海海洋大学，广东海洋大学高被引文献产出率更高。

通过对12所海洋院校被WoS核心合集所收录的4727篇海洋与淡水生物学学科文献发文时间做出分析，以了解我国海洋院校该学科的整体建设情况，如图4-10所示（北部湾大学、海南热带海洋学院、上海海事大学、广州航海学院等院校该学科积累薄弱，较多年份出现断层，故剔除）。

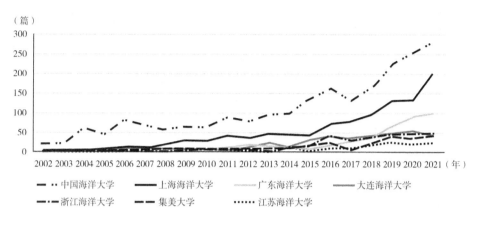

图 4 - 10　各海洋院校海洋与淡水生物学文献时间分布（2002—2021 年）

由图 4 - 10 可知，当前我国海洋院校海洋与淡水生物学学科建设情况较好，各海洋院校该学科领域内研究成果频出，随着时间的推移，各年份发文数量不断增加，整体发展态势良好。其中，中国海洋大学和上海海洋大学是该学科建设启动时间最早两所院校，它们的文献发表量和增长幅度都远远超过了其余海洋院校，是我国海洋院校中学科建设的典范。这与中国海洋大学和上海海洋大学在我国海洋院校中的建设地位是密不可分的，在高校学科建设中投入了更多的教学资源、科研资源以建设更高水平的学科平台。同时，进一步观察我们可以发现，以"海洋大学"命名院校（相较于以"海事大学"命名院校）似乎是我国海洋院校中海洋与淡水生物学科建设的主要主体。

4.3.2　合作机构分布

我们对我国海洋院校 2002—2021 年被 WoS 核心合集所收录的 4727 篇海洋与淡水生物学学科文献的合作机构进行分析，以分析我国海洋院校在该学科与各机构合作研究活跃程度和研究质量问题，如表 4 - 8 所示。

表 4 - 8　海洋与淡水生物学科主要合作机构

所属机构	记录数（篇）	篇均被引（次）
青岛海洋科学与技术试点国家实验室（Qingdao Natl Lab Marine Sci Technol）	567	8.94
中国科学院（Chinese Academy of Sciences）	554	17.49

续上表

所属机构	记录数（篇）	篇均被引（次）
中国水产科学研究院（Chinese Academy of Fishery Sciences）	515	13.87
海洋学研究所（Institute of Oceanology Cas）	254	17.74
黄海水产研究所（Yellow Sea Fisheries Research Institute Cafs）	220	17.12
中国国家海洋局（State Oceanic Administration）	148	25.09
中国科学院大学（University of Chinese Academy of Sciences Cas）	141	19.38
厦门大学（Xiamen University）	138	13.66
中国农业农村部（Minist Agr）	111	10.76
中国教育协会（Minist Educ）	101	12.84

由表4-8可知，青岛海洋科学与技术试点国家实验室是我国海洋院校海洋与淡水生物学学科发表科研成果的主要合作机构，但与该机构合作文献的质量较低，合作文献篇均被引次数仅为8.94，是十所机构中的最后一位。我们对该机构合作的567篇文献进一步细分发现，其中400篇为与中国海洋大学合作发表。在一定程度上可能是由于地理位置的原因，这两所机构均处于青岛，这就为它们之间的科研合作提供便利条件。且中国海洋大学是青岛科学与技术试点国家实验室建设的主要支持单位之一。其中值得注意的是国家海洋局，我国海洋院校在海洋与淡水生物学领域与其合作的科研成果虽然数量不多，但合作发表的研究成果的质量却在这些合作机构中最高，篇均被引次数高达25.09，其中以 Liu D Y 等合作发表的 "*The World's Largest Macroalgal Bloom in the Yellow Sea，China：Formation and Implications*" 一文影响最大，由上海海洋大学与国家海洋局合作发表。2018年3月，根据第十三届全国人民代表大会第一次会议批准的国务院机构改革方案，将国家海洋局的职责整合，组建中华人民共和国自然资源部，自然资源部对外保留国家海洋局的牌子，不再保留国家海洋局。但在此之前，国家海洋局由国土资源部（现为自然资源部）管理的负责监督管理海域使用和海洋环境保护、依法维护海洋权益和组织海洋科技研究工作的国家局，是我国海洋相关领域的国家最高部门，汇聚了一大批海洋领域的高端人才，各海洋院校与其合作所能获

得的专业支持是极大的，也就产出了一批质量较高的研究成果。

4.3.3　期刊分布

我们通过对我国海洋院校 2002—2021 年被 WoS 核心合集所收录的 4727 篇海洋与淡水生物学学科文献的载文期刊进行识别，如表 4-9 所示，以期对我国海洋院校海洋与淡水生物学的主要载文期刊的研究方向和质量做出分析。

表 4-9　海洋与淡水生物学主要载文期刊（2002—2021 年）

出版物标题	记录数（篇）	JCR 分区	2022 年影响因子
鱼类贝类免疫学（*Fish Shellfish Immunology*）	1030	Q1	4.622
水产养殖（*Aquaculture*）	887	Q1	5.135
海洋污染公报（*Marine Pollution Bulletin*）	419	Q1	7.001
应用植物学杂志（*Journal of Applied Phycology*）	193	Q1	3.404
海洋科学前沿（*Frontiers in Marine Science*）	180	Q1	4.435
河口海岸和大陆架科学（*Estuarine Coastal and Shelf Science*）	142	Q1	3.229
海洋生物技术（*Marine Biotechnology*）	142	Q1	3.727
应用鱼学期刊（*Journal of Applied Ichthyology*）	108	Q4	1.222
贝类研究杂志（*Journal of Shellfish Research*）	99	Q4	1.217
水生毒物学（*Aquatic Toxicology*）	92	Q1	5.202

由表 4-9 可以获知，*Fish Shellfish Immunology* 是我国海洋院校发表海洋与淡水生物学学科研究领域文献最多的期刊，2002—2021 年我国海洋院校一共有 1030 篇文献发表在该期刊上，接近我国海洋院校在该学科领域发表文献量的 1/4。发表在 *Fish Shellfish Immunology* 上的文献的研究内容主要

包括特定和非特异性防御系统的基本机制，所涉及的细胞、组织和体液因素，它们对环境和内在因素的依赖性、对病原体的反应、对疫苗接种的反应，以及对开发用于水产养殖业的特定疫苗的应用研究。该期刊由国际出版商巨头 *Elsevier* 发行，2022 年的影响因子为 4.622，在 JCR 分区中属于 Q1 区。接近 1/4 的海洋与淡水生物学学科文献在发表 *Fish Shellfish Immunology* 上，表明该学科领域备受免疫学领域的研究者关注。排在第二的是渔业领域的权威期刊 *Aquacultur*，是由 *Elsevier* 于 1972 年开始出版，该期刊主要刊登学科和跨学科水产养殖研究。*Aquacultur* 在 2022 年的影响因子为 5.135，JCR 分区属于 Q1 区，我国海洋院校共有 887 篇文章在该期刊上刊登，这表明我国海洋院校中存在较多研究人员以渔业学科视角对海洋与淡水生物学学科领域进行探究。发表文献数量排在第三的期刊是 *Marine Pollution Bulletin*，2022 年的影响因子为 7.001，JCR 分区属于 Q1 区。我国海洋院校海洋与淡水生物学学科领域的文献主要集中在这三个期刊上，从侧面表明我国海洋院校在海洋与淡水生物学学科领域的高质量发展。

4.3.4　活跃指数

为了形象地表现出我国海洋院校在过去 10 年（2012—2021）期间海洋与淡水生物学学科的研究活跃状况及它们之间存在的差距，计算出 2012—2020 年的活跃值，最后通过图表形式展示出来，如图 4 – 11 所示（部分海洋院校该学科存在发文量极低，略微的增长就会引起活跃指数剧烈的变动，同时部分年份出现断层的情况，故不予以计算）。

图 4 – 11　海洋与淡水生物学活跃指数

由图 4 – 11，2012 年我国海洋院校在海洋与淡水生物学学科领域的活跃度远低于世界平均水平（活跃指数超过 1），甚至包括中国海洋大学和上海海洋大学等国内海洋强校，但从整体趋势看来我国海洋院校在该学科的活跃度不断攀升。在过去的 10 年时间里，我国海洋院校虽然在海洋与淡水生物学学科研究领域起步较晚，但经过不断地加大基础研发投入，我国海洋院校在该领域内蓬勃发展，学术成果频出，活跃指数均在 2016—2017 年间突破1（世界平均水平）。这与我国部署的"海洋强国"战略有关。值得关注的是，广东海洋大学的活跃指数在绝大多数年份处于相对落后的状态，但在2016 年发生转折，活跃指数呈现出极大的活性，远远超过其余 5 所海洋院校，甚至在 2020 年指数超出了 2，且增长趋势稳定。这与广东海洋大学积极对接"海洋强国"战略制定自身发展政策息息相关。同时观察发现江苏海洋大学的活跃指数较不稳定，波动较为明显，它自身的定位转型可能是造成学科建设不稳定的重要原因。

4.3.5　影响指数

本书计算出我国各海洋院校海洋与淡水生物学 2012—2019 年的影响指数，最后通过图表形式展示出来，如图 4 - 12 所示（由于部分海洋院校该学科存在发文量极低、部分年份断层的情况，影响指数同样不予以计算）。

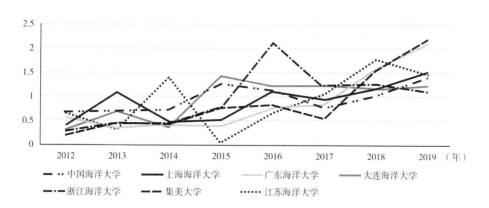

图 4 - 12　海洋与淡水生物学影响指数（2012—2019 年）

由图 4 - 12 可知，我国海洋院校在海洋与淡水生物学学科领域的影响指数整体上呈现上升态势，这表明我国海洋院校在海洋与淡水生物学学科的学术成果在领域内的影响力逐年攀升。值得注意的是，广东海洋大学和集美大学的影响指数虽然起点较低，在 2012 年影响指数分别为 0.55 和 0.17，经过多年发展，2019 年影响指数分别为 2.10 和 2.18，占据着我国海洋院校海洋与淡水生物学学科影响指数的排名前二位，且保持着良好的发展态势。这与它们不断加强学科建设密不可分，广东海洋大学在保持现有特色和优势的基础上，主动对接国家海洋战略和地方经济发展需求，着重围绕海空、海面、海边、海下、海底五大涉海领域中的科学问题和关键技术，以"科技体制机制改革"为动力，以"增强自主创新能力，提升核心竞争力"为目标，以"组建大团队、争取大项目、构筑大平台、培育大成果"为主要抓手，实施内涵发展、特色发展、创新发展三大战略，进一步推动广东海洋大学建设"国内一流，国际知名高水平海洋大学"目标的实现。而中国海洋大学和上海海洋大学的影响指数虽然也有小幅增长，作为我国传统的海洋强校，在影响指数方面的表现并不尽如人意。

4.3.6　效率指数

研究质量和效率是当前我国海洋院校需要突破的重点，为形象地刻画出我国海洋院校在海洋与淡水生物学学科领域基础研究的质量和效率，我们在活跃指数和影响指数的基础上计算效率指数（2012—2019 年），如图 4 - 13 所示。

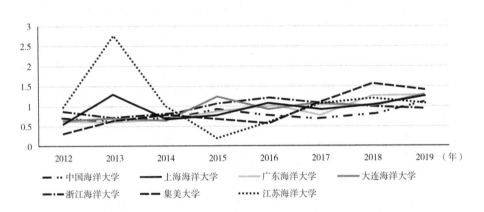

图 4 - 13　海洋与淡水生物学效率指数（2012—2019 年）

由图 4 - 13 可知，我国海洋院校海洋与淡水生物学学科基础研究效率整体处于稳中有升的态势，而江苏海洋大学的基础研究效率指数表现出极大的不稳定性。整体来看，国内海洋院校在海洋与淡水生物学领域基础研究效率的发展态势较好。除江苏海洋大学外，其余海洋院校的效率指数都呈现出逐年攀升的态势，2017 年前后几乎都达到了该学科的世界平均效率指数水平 1 左右。表明我国海洋院校在海洋与淡水生物学领域的科研质量是不断提高的，在该学科领域的科研投入产生的回报率不断攀升。但大部分院校都是从2015 年或者 2016 年开始达到 1 这个标准的，如此看来，想要根本性地提高我国海洋院校在海洋与淡水生物学领域基础研究的效率问题还需要一个较长的周期。

4.3.7　研究小结

本小节通过对 WoS 核心合集所收录的 4727 篇海洋与淡水生物学学科文献进行科学计量分析发现，当前国内海洋院校的海洋与淡水生物学学科建设情况较好，以"海洋大学"为名的大学似乎是国内海洋院校中该学科的主要研究主体。目前海洋与淡水生物学研究在中国海洋大学与上海海洋大学备受关注，同时与各研究机构合作成果质量较高，多数发表于 JCR 分区为 Q1区的 *Fish Shellfish Immunology*、*Aquaculture*、*Marine Pollution Bulletin* 等权威期刊，这表明在国内海洋院校中，海洋与淡水生物学学科研究的主要生力军和前沿在中国海洋大学和上海海洋大学。同时，青岛海洋科学与技术试点国家实验室是我国海洋院校该学科的主要合作对象，这与中国海洋大学支持建设该实验室息息相关，但中国海洋大学也忽视了与该机构合作研究该学科的研究成果的质量问题，需要进一步完善合作机制。前国家海洋局是我国海洋院校海洋与淡水生物学学科合作研究成果质量最高的机构，这与该机构的性质密不可分。

我们还通过竞争力指数研究发现，首先广东海洋大学、集美大学在海洋与淡水生物学学科研究领域的活跃状况处于不断增强的态势，甚至超过中国海洋大学和上海海洋大学等国内海洋强校的活性，相对地压缩了最早进入该领域的中国海洋大学和上海海洋大学的发展空间，这可能与近年来我国提出"海洋强国"战略部署，各海洋院校积极响应制定自身发展政策存在一定关系；其次我国海洋院校在海洋与淡水生物学学科领域的影响力逐年攀升，广东海洋大学和集美大学尤为突出，甚至在 2019 年分别占据该学科领域影响力指数的第二和第一并持续增长。从一定程度上表明我国海洋院校在海洋与淡水生物学学科都已从追求领域内研究成果的高数量发展阶段转化为追求领域内研究成果的高质量发展阶段；最后在效率指数方面，除江苏海洋大学效率指数具有极不稳定性，其余海洋院校的效率指数均稳定增长，将为投入各领域的科研资源有效地转化为高质量的学术成果，营造浓厚的学术氛围，为建设成为一流海洋院校奠定基础。

4.4 渔业

渔业学科是研究渔业生产、捕捞、养殖的学科，涉及生物学、生态学、海洋学、经济学和管理学的知识。广义的渔业还包括水产机械和水产品加工等方面。渔业是中国国民经济中的重要组成部分，中国是世界上最大的渔业生产国，改革开放以来，渔业产量迅速增长，除中国以外的世界渔业产量在1980年代以后就趋于稳定并逐渐呈下降的趋势，中国则在改革开放以后迎来了渔业的大发展。而海洋院校是我国渔业知识生产、渔业科技研究的前沿所在，是我国渔业领域的重要先锋。

4.4.1 发文数量及时间分布

我们通过 WoS 核心合集对国内 12 所海洋院校渔业学科进行检索，检索出 2002—2021 年我国海洋院校渔业学科累计发表文献 4587 篇。我们对 12 所海洋院校 2002—2021 年被 WoS 核心合集所收录的 4587 篇渔业学科文献的所属院校的发文数量做出分析，如表 4 - 10 所示（其中大连海事大学、上海海事大学、广州航海学院、海南热带海洋学院在该学科发文数量极少，故不列入分析范畴）。

表 4 - 10　渔业学科发文数量分布

所属机构	篇数	占比（%）
中国海洋大学（Ocean University of China）	1543	33.639
上海海洋大学（Shanghai Ocean University）	1280	27.905
广东海洋大学（Guangdong Ocean University）	565	12.317
大连海洋大学（Dalian Ocean University）	565	12.317
浙江海洋大学（Zhejiang Ocean University）	358	7.805
集美大学（Jimei University）	332	7.238
江苏海洋大学（Jiangsu Ocean University）	109	2.376
北部湾大学（Beibu Gulf University）	39	0.850

由表 4 - 10 可知，中国海洋大学是我国海洋院校中渔业学科建设最为显著的高校，2002—2021 年被 WoS 核心合集收录 2382 篇文献，其中高被引文献 6 篇，位列我国海洋院校中的首位。其中以 N. Akhter 等合作发表的

"*Probiotics and Prebiotics Associated with Aquaculture：A review*" 一文影响最为深远，主要认为益生菌和益生元都会影响免疫调节活性，从而提高水生动物的健康益处，在渔业和免疫学领域受到极大关注。上海海洋大学以 1280 篇文章被 WoS 核心合集收录位列第二，其中高被引文献 4 篇。最具代表性的是 A. Rico 等发表的 "*Use of Veterinary Medicines，Feed Additives and Probiotics in Four Major Internationally Traded Aquaculture Species Farmed in Asia*" 一文，累计被引高达 201 次，该文主要报告了亚洲四个国家的 252 个成鱼养殖场和 56 个农场供应商店使用化学和生物产品的调查结果，发现地理位置是影响大多数研究农场组化学成分应用模式的唯一因素。广东海洋大学以 565 篇 WoS 收录文献位列第三，其中高被引文献 7 篇，相较于最高海洋大学和上海海洋大学，广东海洋大学渔业学科的高被引文献产出率更高，在一定程度上反映广东海洋大学渔业学科研究成果具有较好影响力。在这 7 篇高被引文献中，Kuebutornye 等学者于 2019 年发表的 "*A Review on the Application of Bacillus as Probiotics in Aquaculture*" 一文在渔业科学领域内受到了较大的关注，主要讨论了在可持续水产养殖中使用益生菌芽孢杆菌作为改善饲料利用率、应激反应、免疫反应和抗病性、维持组织完整性以及改善可持续水产养殖水质的良好替代品的必要性；同时，对目前应用芽孢杆菌对改善水产动物养殖效果的研究结果进行了总结，以供今后研究和开发芽孢杆菌在水产养殖中的应用。

对 12 所海洋院校 2002—2021 年被 WoS 核心合集所收录的 4587 篇渔业学科文献发文时间做出分析，以期对我国海洋院校该学科的整体建设情况有整体的了解，如图 4 - 14 所示（大连海事大学、上海海事大学、广州航海学院、海南热带海洋学院等院校该学科积累薄弱，较多年份出现断层，故不纳入分析）。

由图 4 - 14 可知，我国海洋院校渔业学科科研成果随着时间的推移不断增长。中国海洋大学和上海海洋大学是国内最早开始渔业学科建设的涉海高校，累计发文数最多，历年成果数也最多。但在 2017 年前后，上海海洋大学的渔业学科研究成果数量一度超过了中国海洋大学，并有着差距越来越大的趋势，甚至广东海洋大学渔业学科科研成果增长趋势也一度接近中国海洋大学，2020 年的渔业学科年度发文数量与中国海洋大学并驾齐驱。从侧面反映出中国海洋大学在渔业学科建设的活跃性下降，科研产出成果数量减少。同时值得注意的是集美大学，虽然该校在渔业学科累计发文数并不多，在 2004 年被 WoS 核心合集收录第一篇文献，在部分年份出现断层现象，但在这 332 篇文献中，高被引文献有 7 篇，从一定程度上可以看出，集美大学

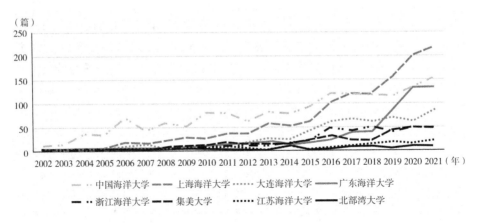

（篇）

中国海洋大学 —— 上海海洋大学 …… 大连海洋大学 —— 广东海洋大学
—·· 浙江海洋大学 —— 集美大学 …… 江苏海洋大学 —— 北部湾大学

图4-14　各海洋院校渔业学科发文时间分布

比较重视研究成果的影响力，追求高质量发展。值得注意的是，在渔业学科中似乎没有发现"海事大学"的身影。

4.4.2　合作机构分布

对我国12所海洋院校2002—2021年被WoS核心合集所收录的4587篇渔业学科文献的合作机构进行分析，以分析我国海洋院校在该学科与各机构合作研究活跃程度和研究质量问题，如表4-11所示。

表4-11　渔业学科主要合作机构

所属机构	记录数（篇）	篇均被引（次）
中国水产科学研究院（Chinese Academy of Fishery Sciences）	691	13.15
青岛海洋科学与技术试点国家实验室（Qingdao Natl Lab Marine Sci Technol）	523	8.02
中国科学院（Chinese Academy of Sciences）	455	16.25
黄海水产研究所（Yellow Sea Fisheries Research Institute Cafs）	285	16.62
海洋学研究所（Institute of Oceanology Cas）	225	18.53
中国农业农村部（Minist Agr）	168	10.02

续上表

所属机构	记录数（篇）	篇均被引（次）
中国科学院大学（University of Chinese Academy of Sciences Cas）	152	20.05
中国南海渔业研究所（South China Sea Fisheries Research Institute Cafs）	148	10.07
宁波大学（Ningbo University）	95	16.59
广东省病原生物流行病学重点实验室（Guangdong Prov Key Lab Pathogen Biol Epidemiol）	93	11.01

由表 4 – 11 可知，总体看来我国海洋院校与外部科研机构在渔业领域合作产出的科研成果质量和篇均被引次数较高。其中，中国水产科学院是我国海洋院校渔业学科合作最多的研究机构，2002—2021 年累计合作发文 691 篇，其中高被引文献 3 篇，这与中国水产科学院在渔业领域扮演的角色有着密切关系，中国水产科学院不仅担负着全国渔业重大基础、应用研究和高新技术产业开发研究的任务，同时还在解决渔业及渔业经济建设中基础性、全局性、方向性、关键性重大科技问题，以及科技兴渔、培养高层次科研人才、开展国内外水产科技交流与合作等方面发挥着重要作用。我国海洋院校与中国水产科学院在渔业学科开展合作可以进一步带动自身学科发展，以获得更多的学科建设资源。同时值得注意的是中国科学院大学，我国海洋院校在渔业学科领域与其合作发文 152 篇，在众多合作机构中发文数量并不算多，但其合作文献的篇均被引次数高达 20.05 次，是我国海洋院校渔业学科所有合作机构中的最高值。中国科学院大学是以科学研究为主要任务的学校，主要依托各种研究所，无论是学术水平还是师生比均高于大多数高校。也正是因为它以"科研"为主要办学目的，也就导致了众多科研领域内的高层次人才的聚集，使得各海洋院校与其合作产出高水平的研究成果。

4.4.3　期刊分布

我们通过对 12 所海洋院校被 WoS 核心合集所收录的 4587 篇渔业学科文献的载文期刊的 JCR 分区、影响因子等指标进行识别，如表 4 – 12 所示，以对我国海洋院校渔业学科的主要载文期刊的研究方向和期刊质量做出分析。

表 4 - 12　渔业学科发文期刊分布

出版物标题	记录数（篇）	JCR 分区	2022 年影响因子
鱼类贝类免疫学（*Fish Shellfish Immunology*）	1030	Q1	4. 622
水产养殖（*Aquaculture*）	887	Q1	5. 135
水产养殖研究（*Aquaculture Research*）	540	Q3	2. 184
发育和比较免疫学（*Developmental and Comparative Immunology*）	300	Q1	3. 605
水产养殖营养（*Aquaculture Nutrition*）	213	Q1	3. 781
鱼类生理学和生物化学（*Fish Physiology and Biochemistry*）	170	Q2	3. 014
水产养殖报告（*Aquaculture Reports*）	162	Q1	3. 216
水产养殖国际协会（*Aquaculture International*）	156	Q2	2. 953
以色列巴米吉水产养殖学报（*Israeli Journal of Aquaculture Bamidgeh*）	115	Q4	0. 417
应用鱼学杂志（*Journal of Applied Ichthyology*）	108	Q4	1. 222

由表 4 - 12 可知，我国海洋院校渔业学科的科研成果主要通过 *Fish Shellfish Immunology*、*Aquaculture*、*Aquaculture Research* 等期刊进行发表。其中 *Fish Shellfish Immunology* 和 *Aquaculture* 同样是我国海洋院校海洋与淡水生物学科科研成果发表最多的期刊，这两本期刊 JCR 分区均为 Q1 区，2022 年影响因子分别为 4. 622 和 5. 135。在一定程度上表明我国海洋院校渔业学科建设和海洋与淡水生物学学科建设有着共通之处。我国海洋院校在 *Aquaculture Research* 期刊上发表的渔业学科科研成果在所有载文期刊中位居第三，该期刊是 Wiley-Blackwell Publishing Ltd 出版的期刊，刊载方向为农林科学和渔业。该期刊在 JCR 分区属于 Q3 区，2022 年影响因子为 2. 184，可见当前我国海洋院校渔业学科领域依旧存在部分影响力不太高的科研成果。值得注意的是，在我国海洋院校载文量的第九位和第十位分别是 *Israeli Journal of Aquaculture Bamidgeh* 和 *Journal of Applied Ichthyology*，我国海洋院校分别发表 115 篇和 108 篇文献在这两本期刊，他们在 JCR 分区中均为 Q4 区，2022 年影响因子分别为 0. 417 和 1. 222，期刊质量和载文水平较差。对这 223 篇文献进行进一步细分发现，其中 84 篇由上海海洋大学发表、54 篇由中国海洋大学发表、28 篇由广东海洋大学发表，从侧面反映出在这些高校中的渔

业学科科研工作者在一定程度上忽视了科研成果的质量问题，也有待各高校的进一步改善。

4.4.4　活跃指数

为了形象地表现出我国海洋院校过去 10 年（2012—2021）渔业学科的研究活跃状况及存在的差距，我们计算出 2012—2020 年的活跃值，最后通过图表形式展示出来，如图 4-15 所示（部分海洋院校该学科存在发文量极低，略微的增长就会引起活跃指数剧烈的变动，同时存在部分年份断层的情况，故不予以计算）。

图 4-15　渔业学科活跃指数

由图 4-15 可知，我国海洋院校渔业学科发展活性较好，活跃指数不断上升。在 2012 年时，我国各海洋院校活跃指数普遍较低，均低于该学科的世界平均活跃水平 1，在此期间，国家不断提高涉海高校建设高度，出台相关政策，同时各涉海高校也不断加大科研投入，均取得了较好成效。各海洋院校的活跃指数在 2019 年前后均超过了该学科世界平均水平 1，并持续上升，其中以广东海洋大学上升态势最为明显。2012 年广东海洋大学渔业学科活跃指数为 0.33，2019 年超过了世界平均水平达到了 1.42，2021 年的活跃指数更是高达 2.43。对原始数据进一步观察发现广东海洋大学渔业学科 2018 年年发文量仅为 39 篇，2019 年就上升至 86 篇，2020 年更是到了 132 篇，可见广东海洋大学近年来不断加大学科建设力度，渔业学科得到了重大发展，科研成果频出，年发文数量不断增长。

4.4.5　影响指数

计算出我国各海洋院校渔业 2012—2019 年的影响指数，最后通过图表形式展示出来，如图 4－16 所示（由于部分海洋院校该学科存在发文量极低、部分年份断层的情况，影响指数同样不予以计算）。

图 4－16　渔业学科影响指数

　　由图 4－16 可知，我国海洋院校渔业学科影响指数虽然波动较大，但整体呈现出不断攀升的趋势，从侧面反映出当前我国海洋院校渔业学科领域科研成果的质量和影响力不断上涨。其中广东海洋大学和江苏海洋大学在渔业学科领域影响指数上升最为显著。以广东海洋大学为例，2012 年渔业学科影响指数为 0.47，2017 年时影响指数为 0.78，在 2018 年和 2019 年其影响指数分别攀升至 1.43 和 1.97，这离不开广东海洋大学一直重视研究成果的影响力。广东海洋大学 2002—2021 年渔业学科领域被 WoS 累计收录 565 篇文献，其中高被引文献 7 篇，对这 7 篇高被引文献的发文时间进一步分析，发现均为 2018 年后发表。而 2018 年和 2019 年则是广东海洋大学影响指数实现跳跃式上升的关键时间点。以其中 2018 年发表的 1 篇高被引文献为例，是 Xia Y 等学者发表的 "*Effects of dietary Lactobacillus rhamnosus JCM1136 and Lactococcus lactis subsp lactis JCM5805 on the growth，intestinal microbiota，morphology，immune response and disease resistance of juvenile Nile tilapia，Oreochromis niloticus*" 一文，旨在评估鼠李糖乳杆菌（LR）JCM1136 和乳酸乳球菌亚种的单独和联合作用，可见高质量的科研成果对于提升各科研主体领域内的影响力具有显著效用。

4.4.6　效率指数

　　研究质量和效率是当前我国海洋院校需要突破的重点，为形象地刻画出我国海洋院校在渔业学科领域基础研究的质量和效率，在活跃指数和影响指数的基础上计算效率指数（2012—2019 年），如图 4 – 17 所示。

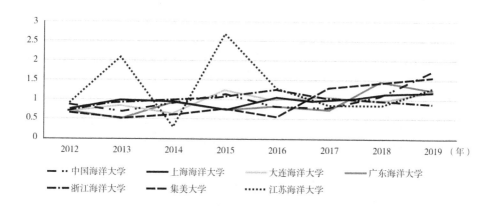

图 4 – 17　渔业学科效率指数

　　由图 4 – 17 可知，除个别院校外，我国海洋院校渔业学科的效率指数整体呈现出平缓上升的态势，其中江苏海洋大学渔业学科效率指数波动最为剧烈。这可能归咎于它在渔业领域整体发文数量较少，因此发文数量少量的变动就会引起它的活跃指数产生较大的变动，从而引起效率指数的剧烈波动。在其余的海洋院校中，中国海洋大学和广东海洋大学的效率指数发展态势最高。以中国海洋大学为例，它的活跃指数和影响指数被国内众多涉海高校赶超，在此背景下，中国海洋大学保持着效率指数的稳定上升，它以较少的科研产出成果保持着较大的科研影响力，在渔业科学领域内形成了一套效率较高的科研方法。另外值得注意的是，我国海洋院校在渔业学科领域的效率指数均在 2018 年前后达到世界平均水平 1。我国海洋院校在渔业学科领域科研效率长期落后于世界平均水平的局面尚未完全改变，依旧需要各海洋院校不断加强自身建设，进一步提高自身在该学科领域的科研效率。

4.4.7　研究小结

　　本小节通过对 WoS 核心合集所收录的 4587 篇渔业学科文献进行科学计量分析发现，中国海洋大学和上海海洋大学依旧是我国海洋院校渔业学科研究的主要阵地，其中上海海洋大学的年度发文量一度超过中国海洋大学，表现出较大的研究活性。中国水产科学院和青岛海洋科学与技术试点国家实验室是我国海洋院校渔业学科的主要合作对象，众多合作机构合作发表科研成果普遍较好，其中又以中国科学院大学最为突出，合作发文篇均被引量最高。*Fish Shellfish Immunology*、*Aquaculture*、*Aquaculture Research* 等期刊是我国海洋院校渔业学科研究成果发表的主要期刊，研究成果质量较高，与海洋与淡水生物学发文的主要期刊一致，说明这两个学科在一定程度上存在着交叉研究。

通过竞争力指数研究我们发现，不论是在活跃指数、影响指数还是效率指数，广东海洋大学均表现较好，渔业学科历年文献发表量不断增长，高水平科研成果频出，活跃指数、影响指数和效率指数等指标一度超过中国海洋大学、上海海洋大学等国内海洋院校。江苏海洋大学的活跃指数、影响指数和效率指数波动极大，这与江苏海洋大学的办学历史有着极大的关系，要想实现从工科院校到海洋院校的彻底转变，还需要一段较长的时间。

4.5 生物化学与分子生物学

生物化学与分子生物学作为基础研究学科，主要从微观即分子的角度对生物现象进行研究，在分子水平探讨生命的本质，研究生物体的分子结构与功能、物质代谢与调节，是生物化学与生物工程药物、分子免疫学、生物遗传与行为学、遗传多样性与分子进化等众多领域的重要组成部分，是我国海洋院校的重要研究领域。

4.5.1 发文时间及数量分布

学术论文的发表数量是各高校反映学科建设情况的重要指标。通过对12 所海洋院校在生物化学与分子生物学领域的文献量进行统计分析，得知12 所海洋院校 2002—2021 年累计被 WoS 核心合集收录生物化学与分子生物学领域文献 3393 篇，不同院校发表的论文数量存在较大差异，我们对各海洋院校进行统计分析如表 4 – 13 所示。

表 4 – 13　生物化学与分子生物学发文数量分布

院校	数量（篇）	占比（%）
中国海洋大学（Ocean University of China）	1605	45.69
上海海洋大学（Shanghai Ocean University）	660	18.79
浙江海洋大学（Zhejiang Ocean University）	273	7.77
集美大学（JiMei University）	228	6.49
广东海洋大学（Guangdong Ocean University）	218	6.21
大连海洋大学（Dalian Ocean University）	215	6.12

续上表

院校	数量（篇）	占比（%）
江苏海洋大学（Jiangsu Ocean University）	142	4.04
上海海事大学（Shanghai Maritime University）	70	1.99
大连海事大学（Dalian Maritime University）	39	1.11
北部湾大学（Beibu Gulf University）	34	0.97
海南热带海洋学院（Hainan Tropical Ocean University）	28	0.8
广州航海学院（Guangzhou Maritime University）	1	0.03

由表 4-13 可知，中国海洋大学在生物化学与分子生物学领域发表论文的数量较多，处于领先的地位，是我国海洋院校生物化学与分子生物学建设的主要有生力量，2002—2021 年累计发文 1605 篇，其中高被引文献 10 篇。不仅学科建设活跃度在我国众多海洋院校中最为突出，具有影响力的科研成果产出量也较多。上海海洋大学以 660 篇文献数位居第二，以 Zhang J 等撰写的 "*Microalgal Carotenoids：Beneficial Effects and Potential in Human Health*" 一文引用度最高，影响最大，累计被引 105 次，该文主要综论述了微藻类胡萝卜素的生物活性，虾青素是其主要着眼点，这是一种具有非凡潜力的酮类胡萝卜素，可预防多种疾病。集美大学以 273 篇生物化学与分子生物学发文量位列第三，高被引文献 1 篇，以 Lu K L 等撰写的 "*Berberine Attenuates Oxidative Stress and Hepatocytes Apoptosis Via Protecting Mitochondria in Blunt Snout Bream Megalobrama Amblycephala Fed High-fat Diets*" 一文影响力最大。

对我国海洋院校对生物化学与分子生物学学科的研究文献的发文时间进行分析，有利于把握我国海洋院校该科学的整体发展态势以及研究规模等整体性认知，对我国海洋院校被 WoS 核心合集收录生物化学与分子生物学领域文献 3393 篇按照时间进行梳理如图 4-18 所示。

由图 4-18 可以获知，2002 年，12 所海洋院校发表在生物化学与分子生物学领域的论文发表量仅为 16 篇，其中 9 篇为中国海洋大学发表。在一定程度上说明我国海洋院校在该领域的研究起步较晚，学科研究积累较弱，此时中国海洋大学是我国海洋院校该学科研究的前沿所在。从 2004 年开始，我国海洋院校在该领域发布的论文数量呈稳定增长态势，说明我国海洋院校在该领域的研究处于不断发展、积累阶段。主要原因是生物化学与分子生物学是一门涉及生物学、化学等多学科的交叉领域，随着我国对学科交叉的发展越来越重视，尤其是在 2001 年教育部发布的《关于加强基础研究工作的

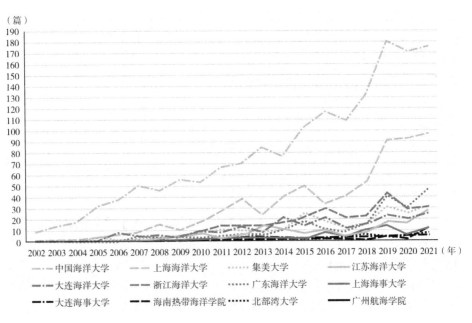

图4-18　各海洋院校生物化学与分子生物学发文时间分布（2002—2021年）

若干意见》，明确提出为适应科学发展综合交叉的趋势，大力推动学科交叉研究，积极鼓励和支持新兴学科和交叉学科的发展。自2017年起，我国海洋院校在该领域发表论文的趋势呈现出更高水平的增长，增幅明显。这与近年来我国不断推进海洋强国战略、重视海洋基础研究存在一定的关系。在"十二五"规划中，国家明确提出要加快海洋生物技术及产品的研发和产业化，加快海洋经济发展方式转变；在"十三五"规划中，财政部、国家海洋局联合印发了《关于"十三五"期间中央财政支持开展海洋经济创新发展示范工作的通知》，明确提出要开展海洋经济发展示范工作，推动海洋生物、海洋高端装备、海水淡化等重点产业创新和集聚发展。

4.5.2　合作机构分布

科学合作已成为现代科学研究的重要组织模式，不同机构之间的合作是科学发展的内在动力。我们对被WoS核心合集所收录的3610篇生物化学与分子生物学的文献合作机构进行分析，如表4-14所示。

表 4 - 14　生物化学与分子生物学学科主要合作机构

合作机构	篇数	占比（%）	篇均被引数（次）
中国科学院（Chinese Academy of Sciences）	340	23.35	21.49
青岛海洋科学与技术试点国家实验室（Qingdao Natl Lab Marine Sci Technol）	302	20.74	10.34
中国水产科学研究院（Chinese Academy of Fishery Sciences）	286	19.64	10.94
黄海水产研究所（Yellow Sea Fisheries Research Institute Cafs）	127	8.72	12.87
青岛大学（Qingdao University）	77	5.29	12.96
海洋学研究所（Institute of Oceanology Cas）	75	5.15	26.51
中国科学院大学（University of Chinese Academy of Sciences Cas）	72	4.95	28.44
中国教育部（Ministry of Education China）	71	4.88	15.99
上海交通大学（Shanghai Jiao Tong University）	56	3.85	17.86
中国农业农村部（Minist Agr）	50	3.43	9.38

　　通过对合作机构进行数据统计可以得知，当前与我国海洋院校海洋淡水生物学学科合作机构众多，以表 4 - 14 所示中 10 所机构为主要代表。进一步对这些合作机构的组织属性分析后发现，这 12 所海洋院校的主要合作机构均为大学或科研机构，这与生物化学与分子生物学领域研究周期长、投入大，而学校、科研机构大多享有国家政策、科研资金充足有关。与企业合作数量偏少，在一定程度上也说明我国产学研一体化仍需完善，企业还没真正地参与到科学合作中。为方便进一步分析，我们选取合作最为密切的前十个机构进行比较，见表 4 - 14。从发文数量来看，中国科学院、青岛海洋科学与技术试点国家实验室、中国水产科学研究院、黄海水产研究所这四个机构的发文数量约占总量的 72.45%，说明这四家机构对生物化学与分子生物学的关注度较高、科研投入较大。这四家机构均为国家建立的科研机构，掌管化学、生物等领域的国家重点实验室，拥有与海洋生物、水产生物相关的科研平台，受国家支持，资金充足，科研实力雄厚。从文献被引次数的情况来看，中国科学院的被引频次达到 7308 次，断层式领先。而从篇均被引频次来看，中国科学院大学发表论文数量较少，但篇均被引频次的数量最高，说明其发表的文章质量较好，在该领域的研究较为深入，对同行的影响力较

大。分析原因发现，中国科学院大学作为中国科学院的重要组成部分，是国家的重要战略科技力量排头兵。

4.5.3 期刊分布

期刊是研究成果展示的一个重要平台，通过对期刊的 JCR 分区以及影响因子等指标进行分析，有助于了解该领域基础研究是否具有较高的研究价值和学术地位。鉴于此，我们对被 WoS 核心合集收录生物化学与分子生物学领域 3393 篇文献的载文期刊进行识别，并剔除当下已停止办刊或不再收录的期刊，对刊登数量排名前 10 的期刊进行梳理，如表 4 - 15 所示。

表 4 - 15　生物化学与分子生物学主要发文期刊

出版物标题	篇数	JCR 分区	2022 年影响因子
国际生物大分子杂志（*International Journal of Biological Macromolecules*）	394	Q1	8.025
鱼类生理学和生物化学（*Fish Physiology and Biochemistry*）	170	Q2	3.014
比较生物化学和生理学 B 生物化学分子生物学（*Comparative Biochemistry and Physiology B Biochemistry Molecular Biology*）	166	Q2	2.495
分子（*Molecules*）	161	Q2	4.927
食品功能（*Food Function*）	145	Q1	6.317
国际分子科学杂志（*International Journal of Molecular Sciences*）	134	Q1	6.208
生物化学系统学和生态学（*Biochemical Systematics and Ecology*）	109	Q4	1.462
比较生物化学和生理学 D 基因组学蛋白质组学（*Comparative Biochemistry and Physiology D Genomics Proteomics*）	90	Q3	3.306
分子生物学报告（*Molecular Biology Reports*）	77	Q3	2.742
过程生物化学（*Process Biochemistry*）	74	Q2	40885

由表 4 - 15 可知，在生物化学与分子生物学领域中，12 所海洋院校发表的论文较多刊登于 *International Journal of Biological Macromolecules*，是我国

海洋院校生物化学与分子生物学研究成果发表的主要阵地，2002—2021年累计发文394篇，该期刊主要从事天然大分子的化学和生物学等方面的研究。它在蛋白质、大分子碳水化合物、糖蛋白、蛋白聚糖、木质素、生物多酸和核酸的分子结构和性质研究等领域具备一定的前瞻性，JCR分区为Q1区，2022年影响因子为8.025。*Fish Physiology and Biochemistry*以170篇文献排在第二位，这可能与我国海洋院校的建设特色有关，渔业等相关学科是我国海洋院校建设的主要内容，推动生物化学与分子生物学和渔业学科进行交叉融合是建设高水平海洋院校的应有之义，该期刊在JCR分区为Q2区，2022年影响因子为3.014。*Comparative Biochemistry and Physiology B Biochemistry Molecular Biology*以166篇文献位列第三，该期刊专注于生化生理学，主要刊文领域是生物能量学和能量代谢、细胞生物学、细胞应激反应、酶学、中间代谢、大分子结构和功能、基因调控、进化遗传学等。大多数研究侧重于对生理过程具有明确影响的生化或分子分析，JCR分区为Q2区，2022年影响因子为2.495。此外，对数据进行统计后我们发现，排名前6的期刊均位于Q1和Q2分区，在一定程度上表明当前我国海洋院校生物化学与分子生物学的建设水平较高。

4.5.4　活跃指数

为评估我国海洋院校既定观测期内在生物化学与分子生物学研究领域的活跃程度，我们对相关数据进行了统计并计算出了活跃指数，计算结果以图表的形式展现出来，如图4-19所示。

由图4-19可以直观地发现，11所海洋院校的活跃指数变动较大，但总体处于上升趋势。2012年，11所海洋院校在该领域的活跃指数均低于世界平均水平，而到2021年，11所海洋院校在该领域的研究活跃程度均高于世界平均水平，说明我国在生物化学与分子生物学领域的研究取得较大进展。此外，由数据可知，11所海洋院校在生物化学与分子生物学领域的活跃指数浮动较大，说明11所海洋院校在相关领域的研究活跃度不稳定。值得关注的是，海南热带海洋学院虽起步较晚，但活跃指数提升较快，尤其是2020年到2021年，海南热带海洋学院的活跃指数大幅提升，到2021年，其活跃指数已远超其余10所海洋院校。对其原因进行分析，与该校2018年、2019年不断发展海洋牧场、重视海洋生物研究有关。

4.5.5　影响指数

本书计算出我国各海洋院校生物化学与分子生物学2012—2019年的影响指数，如图4-20所示。

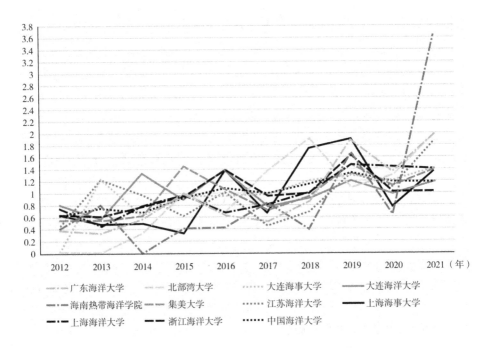

图 4 – 19　生物化学与分子生物学活跃指数

由图 4 – 20 可以直观地看出，2012 年 11 所海洋院校的影响指数均低于世界平均水平 1，尤其是大连海事大学和北部湾大学，在 2012 年的影响指数为 0，说明 11 所海洋院校的研究水平较低，影响力尚未形成。究其原因，与我国海洋强国战略初步提出、海洋基础研究周期较长有关。而到 2019 年，11 所海洋院校的影响指数均高于世界平均水平，说明 11 所海洋院校在生物化学与分子生物学领域中发表的研究成果质量及创新性上取得了较好的进展和影响力。由图我们可以得知，11 所海洋院校的影响指数在不同年份间的波动较大，尤其是大连海事大学和北部湾大学的影响指数波动最为明显。2016 年，大连海事大学的影响指数一跃成为 11 所院校之首，究其原因是，可能与 2016 年大连海事大学入选了 "一带一路" 智库合作联盟，注重海上丝绸之路的研究，对海洋的关注度日渐提升有关。此外，2016 年起，北部湾大学的影响指数发展迅猛，到 2018 年便跃居 11 所院校之首，这可能与北部湾大学自 2015 年起高度重视学校规划建设，建立了北部湾海洋经济研究院、北部湾特色海产品资源开发与高值化利用实验室等科研机构，大幅提高了科研实力与竞争力有关。

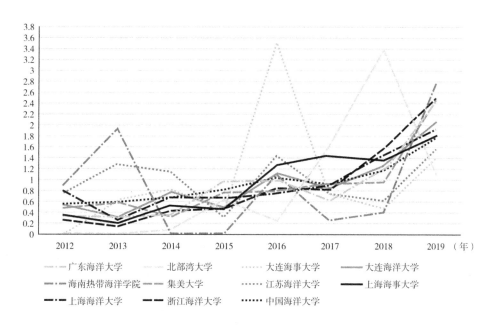

图 4-20　生物化学与分子生物学影响指数

4.5.6　效率指数

为形象地刻画出我国海洋院校在生物化学与分子生物学学科领域基础研究的质量和效率，本书在活跃指数和影响指数的基础上计算效率指数（2012—2019 年），如图 4-21 所示。

由图 4-21 可知，2012 年 11 所海洋院校的效率指数偏低，11 所海洋院校中仅有 3 所效率指数超过世界平均水平。然而，11 所海洋院校的效率指数虽存在一定的波动，但总体态势仍保持上升。2019 年，11 所海洋院校的效率指数均高于 1，说明 11 所海洋院校经过不断地研究，使文献的发表质量得到了一定程度的提升，影响指数与活跃指数渐趋匹配，甚至影响指数大于活跃指数。值得关注的是，仅 2015 年一年，大连海事大学的效率指数便由 0.5932 上升至 4.4985，居于 11 所院校之首，但 2016—2017 年又迅速下降，说明其效率指数波动较大。此外，我们不难发现，海南热带海洋学院的效率指数出现了在 2015 年大幅上升，在 2016 年达到峰值后又大幅下降的现象。

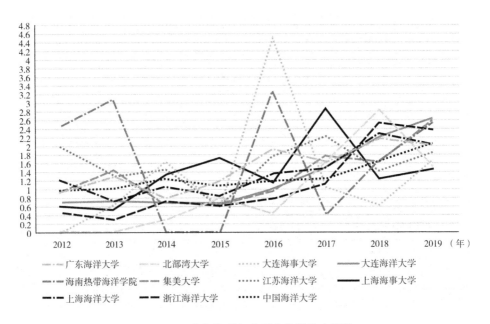

图4-21 生物化学与分子生物学效率指数

4.5.7 研究小结

为了客观全面地评价不同海洋院校在生物化学与分子生物学领域的基础研究能力，本书在已有研究的成果上，克服过去研究成果所存在的不足，重新构建"活跃指数""影响指数""效率指数"这三个相对性指标，运用这三个相对性指标来刻画和评价我国海洋院校在生物化学与分子生物学领域的基础研究能力，得到以下发现：①2002—2019年期间，11所海洋院校在生物化学与分子生物学领域的活跃指数、影响指数和效率指数均波动较大，总体处于波动上升的趋势。②2002—2019年期间，11所海洋院校在生物化学与分子生物学领域较少有学校保持绝对领先，偶尔有个别院校表现得较为突出但随后却无法继续保持，说明11所海洋院校在生物化学与分子生物学领域的活跃指数、影响指数和效率指数差别较小。

4.6 多学科材料科学

多学科材料科学是一门应用型学科，主要研究金属材料、无机非金属材料、高分子材料和复合材料等，根据不同材料的结构和性能，对其进行改造和实际应用，是连接材料科学和工程技术的重要桥梁。作为工程建设的重要基础，多学科材料科学在国民经济建设、国防建设和人民生活中扮演着重要角色。我国海洋类院校大多为综合性大学，对多学科材料科学及相关领域的研究起着重要的推动作用，对国内 12 所海洋院校多学科材料科学进行检索，共检索出文献 3341 篇。

4.6.1　发文时间及数量分布

文献的发表数量可以在一定程度上反映一所院校在该学科的科研能力和发展速度。我们对 12 所海洋院校 2002—2021 年期间被 WoS 核心合集所收录的 3341 篇文献从发文数量上展开分析，如表 4 - 16 所示，探讨 12 所国内海洋院校在多学科材料科学这一研究领域的发展规模和发展趋势。

表 4 - 16　多学科材料科学发文量分布

院校	发文数量（篇）	占比（%）
中国海洋大学（Ocean University of China）	1151	33.813
大连海事大学（Dalian Maritime University）	768	22.562
上海海事大学（Shanghai Maritime University）	426	12.515
集美大学（JiMei University）	246	7.227
江苏海洋大学（Jiangsu Ocean University）	209	6.140
上海海洋大学（Shanghai Ocean University）	201	5.905
浙江海洋大学（Zhejiang Ocean University）	158	4.642
广东海洋大学（Guangdong Ocean University）	102	2.996
大连海洋大学（Dalian Ocean University）	57	1.675
北部湾大学（Beibu Gulf University）	43	1.263
广州航海学院（Guangzhou Maritime University）	32	0.940
海南热带海洋学院（Hainan Tropical Ocean University）	11	0.323

由表 4 - 16 可知，中国海洋大学在 12 所海洋院校中表现得较为出色，2002—2021 年在多学科材料科学领域发表文献 1151 篇，占比 33.813%，其中高被引文献达到 17 篇，说明其科研实力和影响力均领先于其他海洋院校。其中引用度最高的是 Peng J 等人于 2012 年发表在 *NANO LETTERS* 杂志上的 "*Graphene Quantum Dots Derived from Carbon Fibers*" 一文。发文量仅次于中国海洋大学的是大连海事大学，2002—2021 年间累计在 WoS 发表文献 768

篇，占比 22.562%，其中高被引文献 3 篇。引用度最高的是由 Xu M Y 等人发表的 "*High Power Density Tower-like Triboelectric Nanogenerator for Harvesting Arbitrary Directional Water Wave Energy*" 一文。该文主要研究的是海洋中最可用的能源之一波浪能，提出了一种用于从任意方向收集波浪能的基于塔式结构的高功率密度摩擦电纳米发电机（triboelectric nanogenerator，TENG）的设计。这种杆状 TENG（T-TENG）由聚四氟乙烯球和涂有熔融黏合网状尼龙膜的三维打印弧面制成的多个单元组成，利用海浪刺激带电球在优化的弧面上滚动，有效地将任意方向的波能转换为电能，对于促进我国海洋能源的开发利用起到了促进作用。

我们对 12 所海洋院校在 2002—2021 年间被 WoS 核心合集所收录的 3341 篇多学科材料科学文献的发文时间做出分析，对我国海洋院校在该学科领域的发展有一个整体的了解，如图 4-22 所示（北部湾大学、海南热带海洋学院、广州航海学院等院校起步时间较晚，研究基础积累薄弱，较多年份出现断层现象，故不纳入分析）。

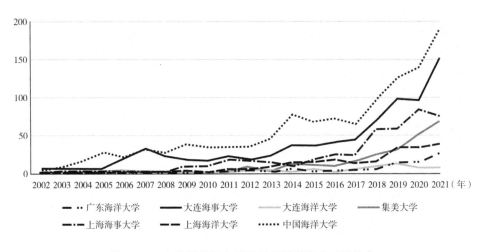

图 4-22　各海洋院校多学科材料科学发文时间分布

由图 4-22 可知，整体来看，我国海洋院校在多学科材料科学领域的发展态势良好，但前期积累较为薄弱，处于探索阶段，后期随着研究的不断深入，论文的数量大幅增加，该学科日渐成为我国海洋院校的学者们关注的热点。中国海洋大学前期发展较早，发展水平也领先于其他涉海高校。中国海洋大学于 1960 年便已被确认为 13 所重点综合性大学之一，材料科学领域名列美国 ESI 全球科研机构排名前 1%，科研基础较好，科研实力雄厚。而大连海事大学虽不及中国海洋大学，但也领先于其他高校，这与大连海事大学于 1997 年便被列入"211 工程"有关。值得关注的是大连海洋大学，不仅多学科材料科学建设起步较晚，且发展速度一度较为缓慢，甚至出现回落。

4.6.2　合作机构分布

合作研究有助于促进资源共享和优化资源配置，随着科研不断向纵深方向发展以及交叉学科的演变分化，合作研究日益成为学者们进行科研的重要方式。为了进一步分析我国海洋院校在多学科材料科学领域的具体合作情况，我们对 12 所海洋院校被 WoS 核心合集所收录的 3341 篇多学科材料科学领域文献合作机构进行分析（剔除子合作文献和 12 所海洋院校内部合作文献），如表 4 - 17 所示。

表 4 - 17　多学科材料科学主要合作机构

所属机构	篇数	篇均被引（次）
中国科学院（Chinese Academy of Sciences）	416	29.84
大连理工大学（Dalian University of Technology）	163	11.18
中国科学院青岛生物质能源与过程技术研究所（Qingdao Institute of Biomass Energy and Bioprocess Technology Cas）	95	37.84
山东大学（Shandong University）	95	34.14
上海交通大学（Shanghai Jiao Tong University）	68	17.63
厦门大学（Xiamen University）	65	15.09
青岛理工大学（Qingdao University of Science Technology）	63	30.83
中国科学院大学（University Of Chinese Academy of Sciences Cas）	60	37.84
北京科技大学（University Of Science Technology Beijing）	57	36.7
哈尔滨工业大学（Harbin Institute of Technology）	56	17.34

由表 4 - 17 可知，中国科学院是我国海洋院校在该领域最主要的合作机构，2002—2021 年累计合作在 WoS 核心合集中发表了 416 篇文献，在合作发文量上位居众多机构之首，说明我国海洋院校在多学科材料科学领域与中国科学院的合作十分密切。此外，由表 4 - 17 可知，中国科学院青岛生物能

源与过程研究所和中国科学院大学虽与我国海洋院校合作发文数量上并不突出，但在篇均被引次数上却均高达37.84次，并列第一。说明我国海洋院校在多学科材料科学研究领域与中国科学院及其下属研究机构合作较为频繁，无论是文献数量上还是质量上均有出色表现。这与中国科学院是我国自然科学的最高学术机构，建立了完整的自然学科体系，在材料科学领域整体水平步入了世界先进行列，科研能力较强，学术影响力较大有关。不仅如此，我们对合作最为密切的前十所机构进行分析发现，12所海洋院校与中国科学院累计发表文献922篇，其中有346篇文献为中国海洋大学参与合作发表，此外，922篇文献中篇均被引频次最高的"*Nitrogen-doped Graphene Nanosheets with Excellent Lithium Storage Properties*"一文也是由中国海洋大学与中国科学院青岛生物能源与过程研究所联合完成，说明中国海洋大学在多学科材料科学领域的对外交流合作方面表现得较为积极，并在这一方面取得了较好成效。

4.6.3　期刊分布

期刊是科研成果的重要载体，载文期刊质量的好坏是科研成果质量的直接体现，我们通过对12所海洋院校被WoS核心合集所收录的2862篇多学科材料科学领域文献的载文期刊进行统计，如表4-18所示，以明晰我国海洋院校在多学科材料科学领域的建设质量。

表4-18　多学科材料科学主要发文期刊

出版物标题	记录数（篇）	JCR分区	2022年影响因子
合金与化合物学报（*Journal of Alloys and Compounds*）	176	Q1	6.371
巴塞尔应用科学（*Applied Sciences Basel*）	147	Q2	2.838
材料化学学报A（*Journal of Materials Chemistry A*）	109	Q1	14.511
材料快报（*Materials Letters*）	107	Q2	3.574
ACS应用材料公司接口（*ACS Applied Materials Interfaces*）	91	Q1	10.383
电源学报（*Journal of Power Sources*）	80	Q1	9.794

续上表

出版物标题	记录数（篇）	JCR 分区	2022 年影响因子
稀有金属材料与工程（*Rare Metal Materials and Engineering*）	79	Q4	0.537
材料科学学报（*Journal of Materials Science*）	78	Q2	4.682
材料（*Materials*）	74	Q1	3.748
建筑和建筑材料（*Construction and Building Materials*）	71	Q1	7.693

由表 4 - 18 可知，2002—2021 年期间，我国 12 所海洋院校累计在 *Journal of Alloys and Compounds* 上发表了 176 篇文献，位于众多期刊之首。该期刊主要研究化合物和合金的固体材料等相关领域，涉及材料科学、固态化学和物理学等领域，在 JCR 分区属于 Q1 区，2022 年的影响因子达到 6.37。其次是 *Applied Sciences Basel*，累计刊登我国 12 所海洋院校文献 147 篇，该期刊的主要研究领域为工程技术、综合性材料科学、多学科化学合成等，在 JCR 分区属于 Q2 区，2022 年的影响因子达到 2.838。*Journal of Materials Chemistry A* 以 109 篇文献位列第三，该期刊主要研究领域为综合材料科学、能源与燃料等，在多学科材料科学领域享有重要地位，影响力较高，在 JCR 分区属于 Q1 区，2022 年的影响因子达到 14.51。总体而言，我国 12 所海洋院校在多学科材料科学领域中刊登的期刊质量较高，JCR 分区大多位于 Q1 区或 Q2 区。

4.6.4　活跃指数

为了形象地表现出我国 12 所海洋院校过去 10 年（2012—2021）在多学科材料科学领域的研究活跃状况及存在的差距，我们计算出 2012—2021 年的活跃值，最终通过图表形式展示出来，如图 4 - 23 所示（部分海洋院校该学科存在发文量极低，略微的增长就会引起活跃指数剧烈的变动，同时存在部分年份断层的情况，故不予以计算）。

图 4 - 23　多学科材料科学活跃指数

由图 4 - 23 可知，2012—2021 年期间，国内 12 间海洋院校在多学科材料科学领域的活跃指数虽有波动，但总体仍呈现上升趋势，由一开始均低于世界平均活跃水平到 2021 年均接近甚至高于世界平均活跃水平。这与它们对该领域的重视不断增加、知识和人才不断积累、科研能力不断提高有关。在众多海洋院校中，集美大学的活跃指数增长表现得最为突出，从 2016 年起，集美大学的活跃指数便一直保持高速增长，并在 2021 年达到 1.94，位居 12 所海洋院校之首，这可能与集美大学发文数量较少，较小的数量变化会导致活跃指数的较大变化有关。此外，集美大学 2014 年提出要推动学校内涵式发展，并颁布《集美大学优势学科培育计划》也是其活跃指数不断增长的原因之一。《集美大学优势学科培育计划》中明确提出，要在 5 年内斥资 7000 万元培育优势学科，将一系列学科列入培育计划，大力引进高层次人才，极大地推动了集美大学多学科材料科学领域的研究。

4.6.5　影响指数

文献的被引用情况是衡量学术影响力的重要指标，反映一篇文献的被认可度和受关注度。一般而言，一篇文献被引量较高，说明文献质量较高，学术水平较强，在学术界的影响力较大。本书计算出我国各海洋院校多学科材料科学 2012—2019 年的影响指数，最后通过图表形式展示出来，如图 4 - 24 所示（由于部分海洋院校该学科存在发文量极低、部分年份断层的情况，影响指数同样不予以计算）。

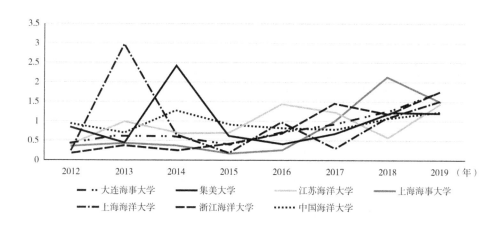

图4-24　多学科材料科学影响指数

由图4-24可知，我国海洋院校的影响指数波动较大，说明我国海洋院校在多学科材料科学领域的科研产出质量较不稳定，影响指数的稳定性有待加强，这在一定程度上反映了我国海洋院校在该领域的科研层次搭建仍不够完善的现状。以上海海洋大学为例，2013年，该院校的影响指数由2012年的0.23跃升至2.96，波动巨大，随后几年影响指数也仍在波动。通过进一步分析，这可能与上海海洋大学发文量发生的巨大变化有关。据统计，在2012年上海海洋大学仅在WoS发表了18篇论文，2013年却发表了256篇论文，增长数量巨大，而随后几年，上海海洋大学的发文量也仍然保持着较大幅度的变化。究其原因，可能是因为上海海洋大学在材料科学多学科领域的研究主要依托于工程、食品等其他学科，相关学科实力较弱，学科体系不够健全，高质量科研成果产出不够稳定。此外，由图我们可以看出，各海洋院校的影响指数虽有所波动，但总体呈现逐渐均衡和稳定。这可能与我国多次颁布相关政策支持新材料产业的发展，多学科材料科学领域得到重视有关，也从侧面反映了我国海洋院校在多学科材料科学领域的研究水平和竞争力有所提高，科研体系有所完善。

4.6.6　效率指数

研究质量和效率是当前我国海洋院校需要突破的重点，为形象地刻画出我国海洋院校在多学科材料科学领域基础研究的活跃指数和影响指数的匹配度，我们在活跃指数和影响指数的基础上计算出了效率指数（2012—2019年），如图4-25所示。

图 4 – 25　多学科材料科学效率指数

　　由图 4 – 25 可知，我国海洋院校的效率指数除集美大学和上海海洋大学波动较大外，其余院校表现得较为稳定。由前文可知，集美大学效率指数的大幅度波动与其大力支持相关学科发展，导致发文量发生较大变化有关，而上海海洋大学效率指数的较大波动，可能与其学科体系稍有欠缺、科研层次搭建得不够完善有关。总体来看，我国海洋院校的效率指数仍处于波动上升态势，说明我国海洋院校在多学科材料科学领域的研究质量和效率不断提高，前期的科研投入取得了较大的回报，活跃指数与影响指数的匹配度也显著增强，未来有望为新材料与新能源领域的研究奠定坚实的基础。而各院校之间的差异较小，则说明了我国各海洋院校在科研效率上尚未出现绝对的领先者，在材料科学多学科领域的研究效率大体相近。未来，相关院校应结合自身优势和特长，培育在多学科材料科学领域的研究实力和科研基础，争取在该领域的研究效率上领先于其他院校，为国家未来的新材料新能源战略布局做出更大的贡献。

4.6.7　研究小结

　　当前我国海洋院校多学科材料科学发展态势较好，通过科学计量我们发现，中国海洋大学与大连海事大学在该领域的研究实力较强，科研积累较为雄厚，所研究的议题和方向具备一定的引领性。12 所海洋院校在多学科材料科学领域共展开了 1241 次合作交流，其中最积极的是中国海洋大学，而合作交流进行得最多、质量最高的机构是中国科学院及其下属机构，这与中国科学院是我国自然科学的最高学术机构，及与其下属机构掌握了较为完整的自然学科体系，科研能力较强，学术影响力较大有关。此外，我国海洋院校在多学科材料科学领域的文献大多被刊登于 Q1、Q2 分区的期刊，其中，主要刊登内容为材料科学、固体化学、物理学科交叉等议题的 *Journal of Alloys and Compounds* 是我国海洋院校多学科材料科学领域期刊的主要发表地，说明我国海洋院校在该领域具有较好学术积累和较大的影响力。

通过竞争力指数分析发现，不论是活跃指数、影响指数还是效率指数我国海洋院校多学科材料科学的发展均处于波动上升态势。在活跃指数方面，集美大学的上升趋势最为明显，这与集美大学出台《集美大学优势学科培育计划》等多个政策支持相关工程学科发展有关。在影响指数方面，上海海洋大学前期波动较大而后期逐渐稳定，这可能与科研层次的搭建和学科体系的完善需要一定的时间有关。总体上，我国海洋院校在多学科材料科学领域的发展趋势较好，学术积累较多，未来有望为我国新材料新能源的发展提供坚实的基础。

4.7　电气与电子工程

电子与电气工程是一门电子与电气并重、电力电子与信息电子相融、软硬件研究兼备的学科，主要的研究领域有电机与电器、电力系统及其自动化、通信与信息系统等。作为现代化操作的重要工具，电子设备具有很强的安全性及准确性，但海洋环境高温高湿、盐雾和霉菌等特点，常导致海洋监测设备、运输设备、军用装备等受到破坏，正常、安全、准确的数据采集、信息交互、石油开采等工作难以得到保障。对电子电气设备进行研究有助于提高相关设备的性能，提高其智能化、自动化水平，满足我国海洋事业的发展需求和海洋强国的建设需要。而涉海高校是我国涉海领域研究的重要主力军，他们在电子与电气工程领域的研究在一定程度上反映着我国在该领域的研究水平和发展问题，因此，我们对 12 所国内海洋院校（2022—2021 年）进行检索，共检索出电子与电气工程学科文献 3132 篇。

4.7.1　发文数量及时间分布

文献发表是衡量科研成果生产力多寡的量化指标，对一所院校的发文量进行统计和分析，有助于评估一所院校在某一领域的发展水平和科研能力。我们对 12 所海洋院校在电子与电气工程领域被 WoS 核心合集所收录的 3132 篇文献从发文数量上展开分析，如表 4 - 19 所示，探讨 12 所国内海洋院校在电子与电气工程领域的科研水平。

表4-19 电气与电子工程发文量分布

院校	发文数量（篇）	占比（%）
大连海事大学（Dalian Maritime University）	1270	39.74
中国海洋大学（Ocean University of China）	657	20.56
上海海事大学（Shanghai Maritime University）	628	19.65
集美大学（JiMei University）	209	6.54
上海海洋大学（Shanghai Ocean University）	99	3.10
广东海洋大学（Guangdong Ocean University）	83	2.60
江苏海洋大学（Jiangsu Ocean University）	81	2.53
浙江海洋大学（Zhejiang Ocean University）	54	1.69
大连海洋大学（Dalian Ocean University）	43	1.35
北部湾大学（Beibu Gulf University）	39	1.22
广州航海学院（Guangzhou Maritime University）	18	0.56

由表4-19得知，我国12所海洋院校在电子与电气工程领域的发文量差距较大，大部分文献聚集在前三所院校，其余文献分布得较为零散，说明我国海洋院校在电子与电气工程领域的研究水平较不均衡，研究水平较高的院校几乎达到国际领先水平，但研究水平较为落后的部分院校在该领域的研究却仍处于起步状态。由上表可以得知，12所海洋院校中发文量最大的是大连海事大学，共发文1270篇，几乎是排名第二的中国海洋大学的两倍，其中，高被引文献共有49篇，在12所海洋院校中遥遥领先。说明大连海事大学在电子与电气工程领域的研究水平较高，无论是在发文数量还是在发文质量上，都处于绝对的领先水平。这可能是因为大连海事大学早在1979年便获批"电力电子与电力传动"硕士学位授权点，是辽宁省老工业基地改造，特别是辽宁船舶航运及海洋工程企业研发高附加值船海工程所需的电气技术人才的重要培养基地，受国家政策支持，研发历史悠久，学术底蕴深厚。而在其发表的众多文献中，被引度最高的文献是以 Yu S H 为代表发表的 "Continuous Finite-time Control for Robotic Manipulators with Terminal Sliding Mode" 一文，被引频次高达1616次。在发文量上排名第二、第三的分别是中国海洋大学和上海海事大学，两者的差距相对较小。中国海洋大学共发文657篇，其中高被引文献9篇；上海海事大学共发文628篇，其中高被引文献同为9篇。

对我国海洋院校在 2002—2021 年间被 WoS 核心合集所收录的 3132 篇电子与电气工程相关文献发文时间做出分析，希望通过分析对我国海洋院校在该学科领域的发展规模和发展态势有一个整体的了解，如图 4-26 所示（北部湾大学、海南热带海洋学院、广州航海学院等院校起步时间较晚，积累薄弱，较多年份出现断层现象，故不纳入分析）。

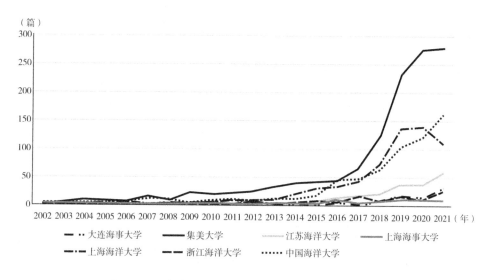

图 4-26　各海洋院校电子与电气工程发文数量分布

由图 4-26 可以看出，国内海洋院校在电子与电气工程的研究起步较晚，在 2002 年仅有大连海事大学、中国海洋大学和上海海事大学在该领域有文献被 WoS 核心合集收录，其他院校均处于空白状态。2002—2008 年为我国海洋院校在该领域的探索期，12 所海洋院校在该领域的学术沉淀不足，研究水平较低，导致其文献发表年增长较慢，年增长量较小；2009—2016年为稳步增长期，随着海洋院校对该领域的重视和投入不断提高，电子与电气领域的研究也取得了一定的成果；2017—2021 年为高速发展期，随着涉海研究、海洋科考的不断深入，对电子电气设备的更高要求也将电子与电气工程领域的研究推上了新的高度。具体来看，大连海事大学在该领域的研究较早，文献发表量也长期处于领先水平。而中国海洋大学虽在该领域的研究不及大连海事大学，但总体仍处于上升趋势，且发展态势良好。上海海事大学虽与中国海洋大学在文献发表上相差不大，但在发文量的稳定性上却略有不足。

4.7.2 合作机构分布

合作研究有助于促进资源的共享和资源配置的优化，随着科研不断向纵深方向发展以及交叉学科的演变分化，合作研究日益成为学者们进行科研的重要方式。为了进一步分析我国海洋院校在电子与电气工程领域的发文具体合作情况，我们对与12所海洋院校合作发表过 WoS 核心合集文献的合作机构进行分析（剔除子合作文献和12所海洋院校内部合作文献），如表4-20所示。

表4-20 电子与电气工程主要合作机构

所属机构	记录数（篇）	篇均被引（次）
大连理工大学（Dalian University of Technology）	211	19.09
中国科学院（Chinese Academy of Sciences）	153	24.74
澳门大学（University of Macau）	75	45.69
上海交通大学（Shanghai Jiao Tong University）	72	15.78
哈尔滨工业大学（Harbin Institute of Technology）	68	30.06
西布列塔尼大学（Universite De Bretagne Occiden-tale）	62	17.84
静宜大学（Providence University Taiwan）	57	15.56
东南大学（Southeast University China）	57	9.81
厦门大学（Xiamen University）	57	17.21
华南理工大学（South China University of Technology）	55	20.11

由表4-20可知，与12所海洋院校合作最为密切的机构大多为高等院校，说明12所海洋院校在该领域的合作受到了机构属性的限制，未来应寻求更加多元化的合作。合作最为密切的前10所机构中仅有一所国外院校的身影，说明国内海洋院校在该领域的合作仍缺乏一定的国际视野。进一步分析发现，与我国海洋院校合作最为密切的是大连理工大学，共与海洋院校在电子与电气工程领域合作发表文献211篇，其中，篇均被引为19.09次。这与大连理工大学与大连海事大学均位于中国大连、地理位置相邻、双方合作密切有关。排名第二的是中国科学院，共合作发表文献153篇，篇均被引为24.74次。而澳门大学虽以75篇文献数位居第三，但在篇均被引上高达45.69次，在被引量上遥遥领先。原因是澳门大学是一所国际化综合性公立

大学，影响力和知名度较高，其面向全球招揽师资，吸引了众多国内外优秀
学者，师资力量雄厚。此外，其工程学等多个学科进入 ESI 前 1%，学科建
设较为完善，相关学科发展水平较高。经过进一步检索发现，12 所海洋院
校共与这十所机构合作发表了文献 778 篇，其中，有 404 篇是与大连海事大
学合作发表，被引度排名第一的文献"*Broad Learning System：An Effective
and Efficient Incremental Learning System Without the Need for Deep Architecture*"
也有大连海事大学的参与，说明大连海事大学积极参与对外合作，具有较为
广阔的学术视野，而这也是它能占据国内电子与电气工程领域制高点的原因
之一。

4.7.3 期刊分布

期刊是科研成果的重要载体，载文期刊质量的好坏是科研成果质量的直
接体现，我们通过对 12 所海洋院校被 WoS 核心合集所收录的 3132 篇电子
与电气工程领域文献的载文期刊进行统计，如表 4-21 所示，以明晰我国海
洋院校在电子与电气工程领域的建设质量。

表 4-21 电子与电气工程主要发文期刊

出版物标题	记录数（篇）	JCR 分区	2022 年影响因子
国际电气与电子工程师（*IEEE Access*）	647	Q2	6.7
传感器（*Sensors*）	230	Q2	3.8
地球科学与遥感学报（*IEEE Transactions on Geoscience and Remote Sensing*）	108	Q1	8.1
Multimedia Tools and Applications	80	Q2	2.6
多媒体工具和应用程序（*IEEE Transactions on Neural Networks and Learning Systems*）	65	Q1	20.8
关于车辆技术的交易（*IEEE Transactions on Vehicular Technology*）	62	Q2	11.9
应用地球观测与遥感专题选编杂志（*IEEE Journal of Selected Topics in Applied Earth Observations and Remote Sensing*）	61	Q3	6.4
模糊系统事务（*IEEE Transactions on Fuzzy Systems*）	58	Q1	21.9

续上表

出版物标题	记录数（篇）	JCR 分区	2022 年影响因子
地球科学与遥感快报（*IEEE Geoscience and Remote Sensing Letters*）	53	Q3	8.5
工业电子交易（*IEEE Transactions on Industrial Electronics*）	51	Q1	17.1

由表 4-21 可知，2002—2021 年期间，我国 12 所海洋院校累计在 *IEEE Access* 上发表了 647 篇文献，是在电子与电气工程领域收录文献最多的期刊。该期刊主要研究的领域是工程技术与计算机科学，位于 JCR 分区的 Q2 区，2022 年的影响因子为 6.7。排名第二的是瑞士的 *Sensors*，累计收录文献数量为 230 篇，该期刊创办的主要目的是为供传感器和生物传感器科学及技术的研究提供一个交流平台，目前位于 JCR 分区的 Q2 区，2022 年的影响因子达到 3.8。而排名第三的期刊是美国的 *IEEE Transactions on Geoscience and Remote Sensing*，共收录 108 篇文献，该期刊重点关注的是应用于土地、海洋、大气和空间遥感的科学与工程理论、概念和技术，位于 JCR 分区的 Q1 区，2022 年的影响因子为 8.1。总体来看，我国 12 所海洋院校在电子与电气工程领域刊登的期刊大多位于 Q1、Q2 区，发文质量较高。

4.7.4 活跃指数

为了形象地表现出我国 12 所海洋院校过去 10 年在电子与电气工程学科的发展水平和发展态势，我们计算出它们 2012—2021 年的活跃值，最终通过图表形式展示出来，如图 4-27 所示（部分海洋院校在该学科存在发文量极低，略微的增长就会引起活跃指数剧烈的变动，同时存在部分年份断层的情况，故不予以计算）。

由图 4-27 可知，国内 12 所海洋院校在电子与电气工程领域的活跃指数波动较大，说明我国海洋院校在电子与电气工程领域的稳定性有待加强。总体来看大部分院校处于上升趋势，但仍有部分院校直至 2021 年，在电子与电气工程领域的活跃水平尚未达到世界平均水平。例如，大连海洋大学与江苏海洋大学在电子与电气工程领域的活跃指数波动较大，且活跃水平未得到根本提升，直至 2021 年也仍低于世界平均水平。这与大连海洋大学在电子与电气工程领域起步较晚，师资力量、科研投入相对较弱，学科建设不够完善，学科体系不够健全有关。大连海洋大学早在 1952 年便建立了机械与动力工程学院，但当时的侧重点在加工科和轮机科，与电子与电气工程的建

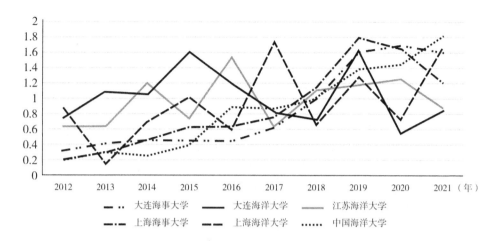

图 4 - 27　电子与电气工程活跃指数

设联系不大，随后，该学院发展的侧重点始终保持在水产、渔业相关的机械制造，直至 2011 年才将学院更名为机械与动力工程学院并不断完善能源与动力工程领域的建设。而江苏海洋大学的活跃水平未能得到根本提高，是因为学校经历了多次合并，直至 2019 年 7 月才由淮海工学院改名为江苏海洋大学，定位尚未明确，科研层次的搭建尚未完善。中国海洋大学的活跃水平虽在一开始处于较低的水平，但随着近十年的投入与建设，到 2021 年，其活跃水平已远超世界平均水平。

4.7.5　影响指数

文献的被引用情况在一定程度上反映在学术界的影响力。本书计算出我国各海洋院校电子与电气工程领域 2012—2019 年的影响指数，通过图表形式展示出来，如图 4 - 28 所示（同样由于部分海洋院校该学科存在发文量极低、部分年份断层的情况，影响指数同样不予以计算）。

由图 4 - 28 可知，除大连海洋大学与江苏海洋大学外，其余院校发展水平与发展趋势较为接近，落脚点也大体一致，由 2012 年低于世界平均影响水平到 2019 年高于世界平均影响水平。文献被引量在一定程度上受时间和发文数量的限制，大连海洋大学与江苏海洋大学的影响指数波动较大，可能与其发文量及活跃指数波动较大有关。由图 4 - 28 得知，大连海事大学在该领域的影响水平表现得较为稳定，且仍处于不断上升的趋势，这与大连海事大学早在 1979 年首批获得"电力电子与电力传动"硕士学位授予权，2006年、2007 年又先后获得"控制理论与控制工程"二级博士授予权、"电力系

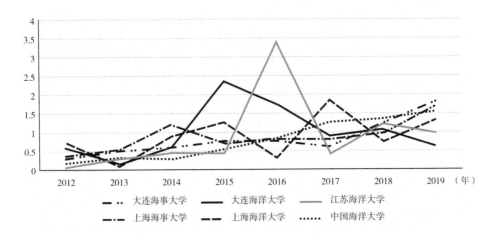

图4-28 电子与电气工程影响指数

统及其自动化"硕士学位授予权，专业建设完善，承担多个国防科技重点科研项目，受国家政策扶持和资金支持，学术地位较高有关。

4.7.6 效率指数

效率指数可以反映一所院校在相关领域的关注投入与获取的影响力是否相称。为了形象地刻画出我国海洋院校在电子与电气工程领域基础研究的活跃指数和影响指数的匹配度，我们在活跃指数和影响指数的基础上计算出了它们的效率指数（2012—2019年），如图4-29所示。

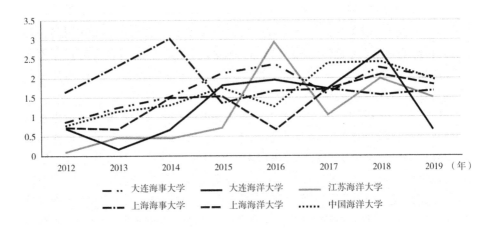

图4-29 电子与电气工程效率指数

由图 4-29 得知，我国 12 所海洋院校在电子与电气工程领域的效率指数波动较大，但大部分院校处于上升趋势，说明我国在该领域的建设和投入取得了一定的回报，但总体还有较大的提升空间。由图我们可以得知，大连海洋大学在该领域的效率指数不仅波动较大，且总体效率水平并未得到较大提升。这与大连海洋大学在电子与电气工程领域的建设不足有关。值得注意的是，上海海事大学在该领域的效率水平逐渐稳定，且几乎始终高于世界平均效率水平。这是因为上海海事大学早在 1978 年便创办了信息工程学院，在该领域建设历史悠久，是上海地区较早拥有计算机应用硕士点的高校之一，在计算机、电子电气等领域具备完整的本-硕-博人才培养体系，科研投入能够得到有效转化。

4.7.7　研究小结

经过文献计量和分析得出，我国 12 所海洋院校在电子与电气工程领域总体发展趋势较好，其中表现得较为出色的是大连海事大学，无论是在发文数量上还是在发文质量上均领先于其他高校，说明其长期的学科建设与对外合作取得了较大的成效。与 12 所海洋院校合作最为密切的机构大多为高等院校，说明 12 所海洋院校在该领域的合作受到了机构属性的限制，未来应寻求更加多元化的合作，以提高双方的科研水平。此外，12 所海洋院校在该领域刊登的期刊大多位于 Q1、Q2 区，说明 12 所海洋院校在领域的文献质量较高。

通过竞争力指数分析发现，不论是活跃指数、影响指数还是效率指数，我国海洋院校在该学科的发展均波动较大，这在一定程度上说明我国在该领域的学科建设有待完善。在活跃指数方面，大连海洋大学与江苏海洋大学在电子与电气工程领域的活跃指数波动较大，且活跃水平未得到根本提升，直至 2021 年仍低于世界平均水平。在影响指数方面，大连海事大学在该领域的影响水平表现得较为稳定，且处于不断上升的趋势，这与大连海事大学积极完善专业建设、承担国防科技重点项目，不断提高自己的知名度和学术地位有关。电子与电气工程是现代科技领域中的核心学科和关键学科，总体来看，我国海洋院校在电子与电气工程领域的发展趋势逐渐趋于均衡，综合能力和整体研究水平有所提高，未来有望进一步改进，不断突破技术壁垒，为现代科技领域贡献自己的力量。

4.8　食品科学技术

食品科学技术学科是以食品科学和工程科学为基础，研究食品的营养健康、工艺设计与社会生产、食品的加工贮藏与食品安全卫生的学科，是生命科学与工程科学的重要组成部分，是连接食品科学与工业工程的重要桥梁。随着世界人口膨胀带来的粮食危机不断加剧，食品领域大工业化时代的到来和人们对食品营养与卫生关注的加深，食品科学与工程专业在食品行业内的工程设计、营养健康、安全检测、监督管理领域发挥着越来越重要的作用。而我国的海洋院校大多是农林类院校，它们开设农林牧渔专业与食品科学技术学科存在着较多交集，我们通过 WoS 核心合集对国内 12 所海洋院校食品科学技术学科进行检索，检索出 2002—2021 年我国海洋院校食品科学技术学科累计发表文献 2862 篇。

4.8.1　发文数量及时间分布

我们通过对 2862 篇文献的所属机构进行分析，如表 4 - 22 所示（其中大连海事大学、上海海事大学、广州航海学院在该学科发文数量较少，故不列入分析范畴），有助于把握各海洋院校在该学科的发展规模以及发展趋势。

表 4 - 22　食品科学技术发文量分布

院校	篇数	占比（%）
中国海洋大学（Ocean University of China）	1162	40.601
上海海洋大学（Shanghai Ocean University）	689	24.074
集美大学（Jimei University）	320	11.181
广东海洋大学（Guangdong Ocean University）	253	8.84
浙江海洋大学（Zhejiang Ocean University）	243	8.491
江苏海洋大学（Jiangsu Ocean University）	119	4.158
大连海洋大学（Dalian Ocean University）	65	2.271
北部湾大学（Beibu Gulf University）	38	1.328
三亚热带海洋学院（Hainan Tropical Ocean University）	32	1.118

由表 4 - 22 可知，中国海洋大学是我国海洋院校中食品科学技术学科领域涉足最多的院校。2002—2021 年累计被 WoS 核心合集收录 1162 篇文献，其中 10 篇文献被列为高被引文献，研究层次较高，研究成果具备一定的创新性。被引用次数最多的是 Shang Q S 等发表的 "*Dietary Fucoidan Modulates the Gut Microbiota in Mice by Increasing the Abundance of Lactobacillus and Rumi-*

nococcaceae"一文。该文主要使用高通量测序和生物信息学分析研究了不同岩藻依聚糖对肠道微生物群的调节作用。发文量排在第二位的是上海海洋大学,2002—2021年累计被WoS核心合集收录689篇文献,高被引文献6篇,其中引用度最高的是由Huang S Y等发表的"*A Novel Colorimetric Indicator Based on Agar Incorporated with Arnebia Euchroma Root Extracts for Monitoring Fish Freshness*"一文。集美大学位列第三,2002—2021年累计被WoS核心合集收录320篇文献。

通过对12所海洋院校被WoS核心合集所收录的2862篇食品科学技术学科文献历年发文时间做出分析,以期对我国海洋院校该学科的整体建设情况有整体的了解,如图4-30所示(海南热带海洋学院、上海海事大学、大连海事大学等院校该学科积累薄弱,较多年份出现断层,故不纳入分析)。

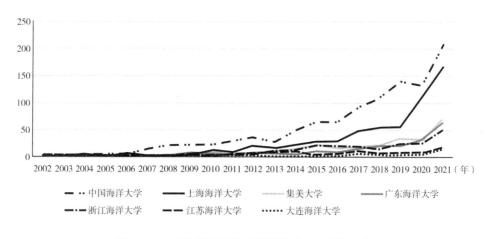

图4-30　各海洋院校食品科学技术发文数量分布

由图4-30可知,整体看来我国海洋院校食品科学技术学科建设态势较好。其中中国海洋大学和上海海洋大学是我国海洋院校中最早推进食品科学技术学科建设的院校,在该学科的研究积累也较为深厚,累计发文数最多。此外,中国海洋大学是海洋院校中唯一的985建设高校,它的师资力量、科研设备、学术氛围与获得的资源是其他海洋院校无法比拟的。而排在第二的上海海洋大学的发文量虽然不及中国海洋大学,但依旧远超过其余海洋院校。这是由于上海海洋大学凭借着优越的地理位置和政策支持,并在2017年入选了"双一流"高校。值得注意的是集美大学和广东海洋大学,虽然起步时间落后于中国海洋大学和上海海洋大学,但它们在近年的发展过程中不断加强自身学科建设力度，引进师资，致力于打造高水平海洋大学，从食品科学技术学科建设情况来看，学科建设成果较多，发展趋势较好。

4.8.2　合作机构分布

为了明晰我国海洋院校在食品科学技术学科的合作情况，我们对 12 所海洋院校被 WoS 核心合集所收录的 2862 篇食品科学技术学科文献合作机构进行分析（剔除子合作文献和 12 所海洋院校内部合作文献），以分析我国海洋院校在该学科与各机构合作研究活跃程度和研究质量问题，如表 4 - 23 所示。

表 4 - 23　食品科学技术主要合作机构

所属机构	篇数	篇均被引（次）
青岛海洋科学与技术试点国家实验室（Qingdao Natl Lab Marine Sci Technol）	172	9.57
上海工程技术研究中心（Shanghai Engineering and Technology Research Centre）	125	11.66
中国水产科学研究院（Chinese Academy of Fishery Sciences）	113	11.42
中国科学院（Chinese Academy of Sciences）	109	33.21
农业农村部（Ministty of Agriculture and Rural Affairs）	87	11.91
大连工业大学（Dalian Polytechnic University）	82	5.5
上海交通大学（Shanghai Jiao Tong University）	63	14.24
南海水产研究所（South China Sea Fisheries Research Institute Cafs）	60	11.02
青岛大学（Qingdao University）	55	10.16
浙江大学（Zhejiang University）	51	17.73

由表 4 - 23 可知，青岛海洋科学与技术试点国家实验室是我国海洋院校食品科学技术最主要的合作机构，2002—2021 年累计合作发文 172 篇，篇均被引为 9.57 次。对这 172 篇文章细分发现其中 170 篇文献的作者中都包含着中国海洋大学学者的身影。这可能与该实验室的建设背景有关，该实验

室是由国家科技部、山东省、青岛市共同建设，财政部、教育部、农业部（现为农业农村部）、国土资源部（现为自然资源部）、中国科学院、国家海洋局共同提供支持，主要依托中国海洋大学、中国科学院海洋研究所、国家海洋局第一海洋研究所、农业部黄海水产研究所、国土资源部青岛海洋地质研究所五家科研机构，是国家海洋科技创新体系的重要组成部分。值得注意的是我国海洋院校与中国科学院合作发文 109 篇，在众多合作机构中并不突出，但其篇均被引高达 33.21 次，远超其余合作机构。在一定程度上反映出与中国科学院合作研究成果质量高、影响大的特点，这与中国科学院作为国家最高学术机构是密不可分的，它拥有较多科技资源，各海洋院校与其合作可以获得较多科研资源，从而提高科研绩效。对这 109 篇文献进行细分可知中国海洋大学仍然是其中合作发文最多的机构，其中有 40 篇科研成果由中国海洋大学与中国科学院合作发表。其中最具代表性的是 Meng X H 等发表的 "*Changes in Physiology and Quality of Peach Fruits Treated by Methyl Jasmonate Under Low Temperature Stress*" 一文，累计被引 126 次。综上可以看出中国海洋大学积极寻求对外合作，以一种更广阔的学术视野进行学科建设，具备一定的前瞻性和引领性。

4.8.3　期刊分布

期刊作为科研成果的载体，它的质量状况在一定程度上能够反映研究成果质量水平。我们通过对 12 所海洋院校被 WoS 核心合集所收录的 2862 篇食品科学技术学科文献的载文期刊进行识别并剔除会议论文，如表 4-24 所示，以明晰我国海洋院校计算机科学信息系统学科的建设质量。

表 4-24　食品科学技术主要发文期刊

出版物标题	记录数（篇）	JCR 分区	2022 影响因子
食品化学（*Food Chemistry*）	390	1	9.231
农业与食品化学学报（*Journal of Agricultural and Food Chemistry*）	233	1	5.895
食品与功能（*Food Function*）	162	2	6.317
LWT 食品科学与技术（*Lwt Food Science and Technology*）	153	2	6.056
功能性食品杂志（*Journal of Functional Foods*）	119	2	5.223
食品控制（*Food Control*）	115	1	6.652

续上表

出版物标题	记录数（篇）	JCR 分区	2022 影响因子
粮食与农业科学杂志（*Journal of the Science of Food and Agriculture*）	99	1	4.125
食品加工与保存杂志（*Journal of Food Processing and Preservation*）	82	3	2.609
国际食品研究（*Food Research International*）	81	1	7.425
食品科学杂志（*Journal of Food Science*）	76	2	3.693

由表 4 - 24 可知，*Food Chemistry* 是我国海洋院校食品科学技术学科研究成果的主要发表阵地，2002—2021 年累计在该期刊发文 390 篇。在 JCR 分区中属于 Q1 区，2022 年影响因子高达 9.23。其次是 *Journal of Agricultural and Food Chemistry*，我国海洋院校 2002—2021 年在该期刊累计发文 233 篇，是 JCR 分区 Q1 期刊，2022 年影响因子为 5.895。排在第三的是 *Food Function*，我国海洋院校在该期刊累计发文 162 篇，所收录的文章主要包括食物消化过程的化学和物理学、食物的物理性质/结构与营养与健康之间的关系。该期刊在 JCR 分区中属于 Q2 区，2022 年影响因子为 6.317。可见当前我国海洋院校食品科学技术学科的主要发表阵地研究成果层次较高，研究质量较好，在一定程度上从侧面反映出当前我国海洋院校食品科学技术学科建设情况较好。

4.8.4 活跃指数

为了形象地展示我国海洋院校过去 10 年（2012—2021）食品科学技术学科的研究活跃状况及存在的差距，计算出 2012—2020 年的活跃值，最后通过图表形式展示出来，如图 4 - 31 所示（部分海洋院校该学科存在发文量极低，略微的增长就会引起活跃指数剧烈的变动，同时存在部分年份断层的情况，故不予以计算）。

由图 4 - 31 可知，我国海洋院校食品科学技术学科近十年的活跃状况虽然有起有落，但总体上学科建设的活跃度还是较好的，这可能与各海洋院校不断加大自身学科建设力度，出台相关学科建设政策，引进高质量人才有关。例如，广东海洋大学在 2012 年的活跃指数为 0.34，经过多年发展，2021 年的活跃指数高达 2.07。这与它自身的学科建设政策是密不可分的，在《广东海洋大学"十三五"学科与专业建设规划》中提到实施"3 + 1 +

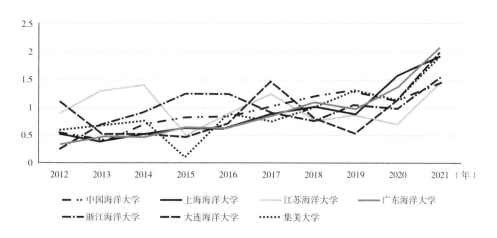

图 4 - 31　食品科学技术活跃指数

N"大海洋学科专业体系构建计划，推进学科专业集群式特色发展。通过完善大海洋学科体系和深化学科发展机制改革，所有二级学院都找到了与海洋相关的发展方向。在基础上制定了《广东海洋大学"十四五"学科与专业建设规划》，提出在"3 + 1 + N"大海洋学科体系的基础上进一步完善"4 + 2 + N"大海洋学科体系，为广东海洋大学进一步的发展奠定方向，这都为其食品科学技术学科的建设注入了不竭动力。

4.8.5　影响指数

文献的被引用情况是衡量文献质量水平和影响程度的重要量化指标，也是评价学术价值的有效标准。一般而言，文献被引量越高，表明文献的质量就越高，所蕴藏的原始创新成分就越多。本书计算出我国各海洋院校食品科学技术 2012—2019 年的影响指数，并通过图表形式展示出来，如图 4 - 32 所示（同样由于部分海洋院校该学科存在发文量极低，部分年份断层的情况，影响指数同样不予以计算）。

由图 4 - 32 可知，我国海洋院校食品科学技术学科的影响指数总体不断攀升，在一定程度上表明我国海洋院校食品科学技术学科研究成果的质量和影响力不断加大。以中国海洋大学为例，在 2012 年时，中国海洋大学食品科学技术学科的影响指数仅为 0.75，在 2019 年时已攀升至 1.43，超过了该学科的世界平均影响指数 1。这不仅仅与中国海洋大学自身建设情况有关，同样与中国海洋大学不断寻求高质量合作、产出高质量的研究成果有关。我国海洋院校与中国科学院在食品科学技术学科的合作成果质量最高，影响最大。109 篇合作成果中有 40 多篇为中国海洋大学与中国科学院合作，超过

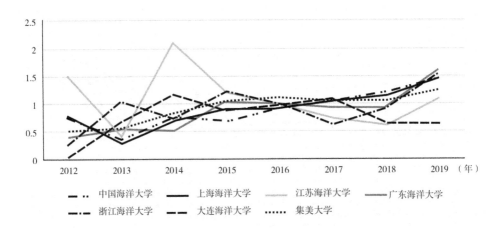

图 4 - 32　食品科学技术影响指数

了总数的 1/3，在一定程度上启示了我国其余海洋院校在关注自身学科建设情况的同时，同样可以寻求高质量的外部合作，为自身的学科建设注入新鲜血液，以进一步促进自身的学科建设水平。其中值得注意的是大连海洋大学和江苏海洋大学的影响指数极为不稳定。大连海洋大学由于自身在该学科涉足较少、发文量不多，因此细微的变动就会引起影响指数产生较大的变化。而江苏海洋大学由于自身的学校定位（由淮海工学院更名转设）转变导致学科建设的不稳定，还没有完全脱离定位转变带来的影响。

4.8.6　效率指数

　　研究成果的数量与质量之间是否匹配是当前我国海洋院校需要突破的重点，为形象地刻画出我国海洋院校在食品科学技术学科领域基础研究的匹配问题，在活跃指数和影响指数的基础上计算效率指数（2012—2019 年），如图 4 - 33 所示。

　　由图 4 - 33 可知，我国海洋院校食品科学技术学科的基础研究效率在整体上处于稳中有升的态势，大连海洋大学和江苏海洋大学的基础研究效率指数表现出一定的不稳定性，震荡幅度较大。由前文分析可知，江苏海洋大学由于自身的学校定位转变尚未稳定，大连海洋大学食品科学技术学科发文量较少，细微的变动均导致活跃指数和影响指数变动，从而导致效率指数波动幅度较大。整体来看，我国海洋院校食品科学技术领域基础研究效率的发展态势较好。除江苏海洋大学和大连海洋大学表现出一定的不稳定性外，其余海洋院校的效率指数总体都呈现出逐年攀升的态势，在 2018 年前后均超出了该学科的世界平均效率指数 1。表明我国海洋院校在食品科学技术领域内

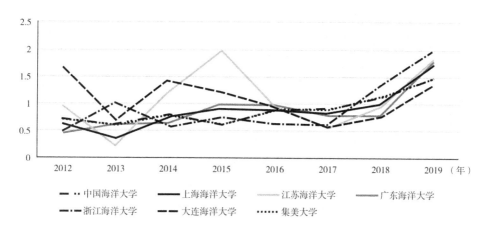

图 4 - 33　食品科学技术效率指数

的科研质量不断提高，在该学科领域的科研投入的回报率不断攀升。但长期以来我国海洋院校该学科效率指数低于世界平均水平，想要根本性地提高我国海洋院校食品科学技术领域基础研究的效率问题还需要提升研究成果质量水平。

4.8.7　研究小结

当前我国海洋院校食品科学技术学科发展态势较好，通过科学计量我们发现中国海洋大学和上海海洋大学是我国海洋院校该学科研究的前沿所在，所研究的议题和方向具备一定的引领性。同时中国海洋大学也是我国海洋院校中该学科"主力军"，这离不开它积极对外寻求该水平合作。我国海洋院校食品科学技术研究成果的载文期刊普遍质量较高，其中 *Food Chemistry* 是我国海洋院校食品科学技术研究成果的主要发表地。

通过竞争力指数分析发现，不论是活跃指数、影响指数还是效率指数，我国海洋院校该学科的发展态势虽然略有波动，但总体上还是呈现出上升的态势。其中大连海洋大学和江苏海洋大学波动最为明显，大连海洋大学在该学科领域涉足较少，极小的文献数量和引用量变动均会引起竞争力指数的剧烈变动，江苏海洋大学由于自身的高校转型尚未稳定而导致学科建设水平不稳定。总体来说，我国海洋院校食品科学技术学科的建设情况较好，具备较好的发展前景。

4.9　多学科化学

每个学科的知识都不是孤立的，都与其余学科有着错综复杂的联系。学科间的互相渗透，就是学科与学科之间知识的相互融合。化学是最重要的基础科学之一，在与物理学、生物学、自然地理学、天文学等学科的相互渗透中得到了迅速的发展，也推动了其他学科和技术的发展。我们对国内 12 所海洋院校 2002—2021 年期间多学科化学学科进行检索，共检索出多学科化学学科文献 2581 篇。

4.9.1　发文数量及时间分布

通过对 2581 篇多学科化学文献进行分析，如表 4-25 所示，以期通过这种方式明晰各海洋院校在该学科的发展规模以及发展趋势。

表 4-25　多学科化学发文数量分布

院校	篇数	占比（%）
中国海洋大学（Ocean University of China）	1217	47.15
大连海事大学（Dalian Maritime University）	299	11.58
上海海洋大学（Shanghai Ocean University）	218	8.45
江苏海洋大学（Jiangsu Ocean University）	182	7.05
集美大学（JiMei University）	169	6.55
广东海洋大学（Guangdong Ocean University）	140	5.42
浙江海洋大学（Zhejiang Ocean University）	107	4.15
上海海事大学（Shanghai Maritime University）	103	3.99
大连海洋大学（Dalian Ocean University）	77	2.98
北部湾大学（Beibu Gulf University）	46	1.78
三亚热带海洋学院（Hainan Tropical Ocean University）	18	0.7
广州航海学院（Guangzhou Maritime University）	5	0.19

由表 4-25 可知，中国海洋大学是我国海洋院校中多学科化学学科发表研究成果最多的院校。2002—2021 年累计被 WoS 核心合集收录 1217 篇文献，其中 11 篇高被引文献，研究层次较高，研究成果具备一定的创新性。

高被引文献中引用度最高的是 Peng J 等发表的 "*Grapene Quantum Dots Derived from Carbon Fibers*" 一文，是中国海洋大学多学科化学研究成果的突出代表。发文量排在第二位的是大连海事大学，2002—2021 年累计被 WoS 核心合集收录 299 篇文献，高被引文献 1 篇，该篇是由 Xu M Y 等发表的 "*High Power Density Tower-like Triboelectric Nanogenerator for Harvesting Arbitrary Directional Water Wave Energy*" 一文，该文提出了一种大规模的蓝色能源收集且提供了一种创新而有效的方法。上海海洋大学位列第三，2002—2021 年累计被 WoS 核心合集收录 218 篇，其中 3 篇被列为高被引文献，引用度最高的是 "Twisting Carbon Nanotube Fibers for Both Wire-Shaped Micro-Supercapacitor and Micro-Battery" 一文，该文主要介绍线型微超级电容器和微电池，是上海海洋大学多学科化学的突出成果。

　　对 12 所海洋院校被 WoS 核心合集所收录的 2581 篇多学科化学文献发文时间做出分析，以期把握我国海洋院校该学科的整体建设情况，如图 4 - 34 所示。

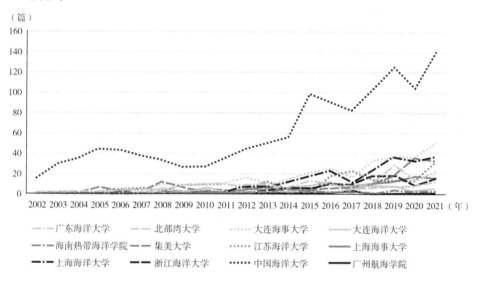

图 4 - 34　各海洋院校多学科化学发文数量分布（2002—2021 年）

　　如图 4 - 34 所示，整体看来我国海洋院校多学科化学建设态势较好，其中中国海洋大学和大连海事大学是我国海洋院校中率先开展多学科化学建设的院校，在该学科的研究积累也较为深厚，累计发文数最多。这是由于中国海洋大学是海洋院校中唯一的 985 建设高校，它的师资力量、科研设备、学术氛围与获得的资源是其他海洋院校无法媲美的。排在第二的大连海事大学的发文量虽然远不及中国海洋大学，但依旧远超其余海洋院校。这是由于大连海事大学凭借政策支持，在 1997 年入选"211"工程，并在 2022 年入选第二轮国家"双一流"建设高校。值得注意的是上海海洋大学和江苏海洋大学虽落后于中国海洋大学和大连海事大学，但它们在近年的发展过程中不断加强自身学科建设力度，引进师资，致力于打造高水平海洋大学，从多学科化学建设情况来看，学术成果较为丰硕，发展趋势较好。

4.9.2　合作机构分布

为了明晰我国海洋院校在多学科化学的发文合作情况，我们对 12 所海洋院校被 WoS 核心合集所收录的 2581 篇多学科化学文献的合作机构进行分析（剔除 12 所海洋院校内部合作文献），如表 4 – 26 所示。

表 4 – 26　多学科化学主要合作机构

所属机构	篇数	篇均被引（次）
中国科学院（Chinese Academy of Sciences）	292	24.15
青岛海洋科学与技术试点国家实验室（Qingdao Natl Lab Marine Sci Technol）	135	15.93
厦门大学（Xiamen University）	68	19.51
青岛理工大学（Qingdao University of Science Technology）	61	13.16
大连理工大学（Dalian University of Science Technology）	56	12.29
青岛生物能源研究所生物过程技术研究院（Qingdao Institute of Bioenergy Bioprocess Technology Cas）	52	21
中国教育部（Ministry of Education China）	51	15.78
青岛大学（Qingdao University）	48	18.54
上海交通大学（Shanghai Jiao Tong University）	43	23.58
中国科学院大学（University of Chinese Academy of Sciences Cas）	43	27.19

由表 4 – 26 可知，中国科学院是我国海洋院校多学科化学最主要的合作机构，2002 年至 2021 年累计合作发文 292 篇，篇均被引高达 24.15 次，这与中国科学院是我国自然科学最高研究机构、科学技术最高咨询机构、自然科学与高技术综合研究发展中心有关。中国科学院凝聚了大量海内外优秀的

科学家，组建了高水平的研究机构，造就了一大批高水平创新团队和青年人才，向社会输送了大批高素质创新创业人才。值得注意的是我国海洋院校与中国科学院大学合作发文 43 篇，在众多合作机构中并不突出，但其篇均被引高达 27.19 次，远超其余合作机构，排在众多合作机构首位。在一定程度上反映出与中国科学院大学合作研究成果质量高、影响大的特点。中国科学院大学隶属于中国科学院，拥有较多的科技资源，各海洋院校与其合作可以获得较多科研资源，从而提高科研绩效。对这 43 篇文献进行细分可知中国海洋大学是其中合作发文最多的院校，26 篇科研成果由中国海洋大学与中国科学院大学合作发表。可以看出中国海洋大学积极寻求对外合作来推进学科建设，具备一定的前瞻性和引领性。

4.9.3　期刊分布

我们通过对 12 所海洋院校被 WoS 核心合集所收录的 2581 篇多学科化学文献的载文期刊进行识别，如表 4 - 27 所示，以明晰我国海洋院校多学科化学的建设质量（由于美国化学学会论文摘要期刊不是 JCR 区期刊，故不列入表内）。

表 4 - 27　多学科化学主要合作机构

出版物标题	记录数	JCR 分区	2022 年影响因子
英国皇家化学学会预印刊（*Rsc Advances*）	276	Q2	4.036
巴塞尔应用科学（*Applied Sciences Basel*）	204	Q2	2.838
分子（*Molecules*）	182	Q2	4.927
国际分子科学杂志（*International Journal of Molecular Sciences*）	163	Q1	6.208
中国高等学校化学学报（*Chemical Journal of Chinese Universities Chinese*）	103	Q4	0.786
中文化学快报（*Chinese Chemical Letters*）	69	Q1	8.455
化学通讯（*Chemical Communications*）	66	Q2	6.065
美国化学学会欧米茄学报（*Acs Omega*）	65	Q2	4.132
纳米科学与纳米技术学报（*Journal of Nanoscience and Nanotechnology*）	63	Q4	0
海洋化学（*Marine Chemistry*）	57	Q1	3.994

由表 4-27 可知，*Rsc Advances* 是我国海洋院校多学科化学研究成果的主要发表阵地，2002—2021 年累计在该期刊发文 276 篇，Rsc Advances 作为英国皇家化学学会期刊，它主要收录化学研究的相关文章，涵盖分析、生物、化学生物学和药用、催化、能源、环境、食品、无机、材料、纳米科学、有机和物理等领域，JCR 分区为 Q2 区，2022 年的影响因子为 4.036；其次是 *Applied Sciences Basel*，我国海洋院校 2002—2021 年在该期刊累计发文 204 篇，该期刊研究领域包括工程技术化学、多学科化学综合、工程、多学科工程、材料科学等，提供有关应用自然科学各个方面的高级论坛，JCR 分区为 Q2 区，2022 年的影响因子为 2.838；排在第三的是 *Molecules*，我国海洋院校在该期刊累计发文 182 篇，该期刊的主要研究领域为有机化学、药物化学、天然产物、无机化学、材料科学、纳米科学、分析化学、超分子化学、理论化学等，JCR 分区为 Q2 区，2022 年的影响因子为 4.927。值得注意的是 *Chinese Chemical Letters* 虽然发表论文数较少，但其 JCR 分区处于 Q1 区，且 2022 年的影响因子高达 8.455，可见该期刊的研究质量较好。总体上我国海洋院校多学科化学的主要发表阵地研究成果层次较高，研究质量较好。在一定程度上从侧面反映出当前我国海洋院校多学科化学建设情况较好。

4.9.4　活跃指数

为形象地比较 12 所海洋院校在过去 10 年（2012—2021 年）多学科化学研究领域的活跃状况及存在的差距，本书将这 12 所院校的指数分别计算后，通过图表形式展示出来，如图 4-35 所示。

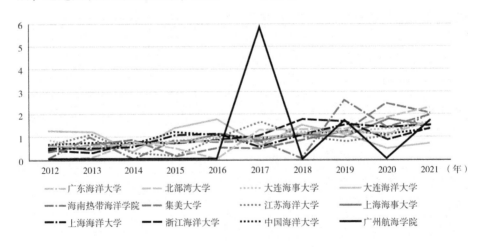

图 4-35　多学科化学活跃指数

　　由图 4 - 35 可知，我国 12 所海洋院校多学科化学的活跃指数整体上处于不断上升的态势，这与国家对多学科交叉融合发展的重视相关。科学技术的快速发展，使得传统学科的界限越来越模糊，以解决科学问题为中心的多学科合作，成为目前推动从基础研究到应用研究各个领域发展的主要模式。国家自然科学基金委员会交叉科学部的成立顺应了科学发展的趋势，必然会加速我国科学技术的发展。科学的发展不再是各个学科的研究成果被动地等待别的研究领域的应用，而是各个学科的研究成果主动地去寻找应用，主动地在以解决重大问题为中心的研究中找到自己的位置，多学科化学的发展便是很好的例子。学术界对化学生物学在发展的早期也是有不同的看法和争论的，随着多学科化学发展完善，化学家在生命科学研究中显示了独特的作用。现在大量的多学科化学学术期刊的出现和国际学术研讨会的召开说明了学术界对这一个新学科的广泛认同。利用化学的理论、方法和技术工具研究生命科学是对传统生物学研究方法的一个重要补充。多学科化学在以科学问题为中心的合作中形成了一种新的融合交叉，推动了一个新的研究领域的出现。这些都极大地促进了我国海洋院校多学科化学学科的发展。

4.9.5　影响指数

　　文献的被引用情况是衡量文献质量水平和影响程度的重要量化指标，也是评价学术价值的有效标准。本书计算出我国各海洋院校多学科化学 2012—2019 年的影响指数，最后通过图表形式展示出来，如图 4 - 36 所示。

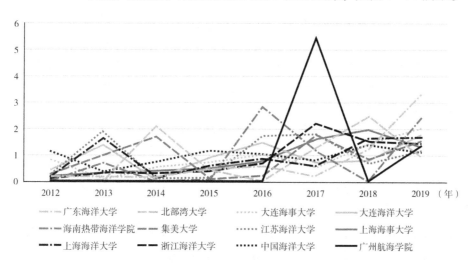

图 4 - 36　多学科化学影响指数

由图 4-36 可知,我国海洋院校多学科化学的影响指数虽然有起有落,但总体上还是处于上升状态,在一定程度上表明我国海洋院校多学科化学研究成果的质量和影响力不断加大。以上海海洋大学为例,2012 年其多学科化学的影响指数仅为 0.1168,在 2019 年时已攀升至 1.6966。这与上海海洋大学不断加强自身学科建设相关,在《上海海洋大学"十三五"事业发展规划》中提到强化学科建设顶层设计,推进学科科学协调发展。按照"围绕目标、明确任务、聚焦方向、创设载体、提升能力"的思路,进行特色化学学科体系的再确认、再细化、再规划、再落实,整合与优化资源配置,明确高峰高原背景下特色学科系统建设的线路图,形成学科全图概念下的学科体系。加强主干学科、相关学科、支撑学科等分层定位和精准建设,形成"学校有主干、主干有支撑、学院有主攻"的学科布局规划。此外,在《上海海洋大学"十四五"发展规划》中提出推进交叉融合,完善协调发展的多学科体系,这为多学科化学的发展注入了不竭动力。其中值得注意的是,集美大学和浙江海洋大学的影响指数极为不稳定,浙江海洋大学在该学科投入较少,发文量较少,因此细微的变动就会引起影响指数产生较大的变化。而集美大学由于自身定位转变导致学科建设的不稳定,集美大学由原集美财经高等专科学校、集美航海学院、厦门水产学院、福建体育学院和集美高等师范专科学校 5 所高等学校的基础上合并组建而成,在一定程度上还没有完全脱离定位转变带来的影响。

4.9.6 效率指数

研究质量和效率是当前我国海洋院校需要突破的重点,为形象地刻画出我国海洋院校在多学科化学领域基础研究的质量和效率,在活跃指数和影响指数的基础上计算效率指数(2012—2019 年),如图 4-37 所示。

由图 4-37 可知,我国海洋院校多学科化学的基础研究效率在 2012—2019 年期间虽然有起有落,但整体上处于上升的态势,而集美大学和浙江海洋大学的效率指数表现出一定的不稳定性,震荡幅度较大。由前文分析可知,集美大学自身的学校定位转变尚未稳定(在厦门水产学院基础上多院校合并而来),浙江海洋大学多学科化学发文量较少,细微的变动均导致活跃指数和影响指数变动,从而导致效率指数波动幅度较大。整体来看,我国海洋院校多学科化学领域基础研究效率的发展态势较好。除集美大学和浙江海洋大学表现出一定不稳定性外,其余海洋院校的效率指数总体都呈现出逐年攀升的态势,在 2016 年前后均超出了该学科的世界平均效率指数 1。表明我国海洋院校在多学科化学领域内的科研质量不断提高,在该学科领域的科研投入产生的回报率不断攀升。

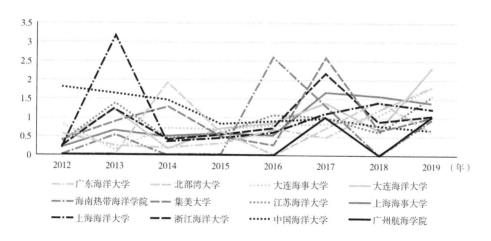

图 4 - 37　多学科化学效率指数

4.9.7　研究小结

综上，我国海洋院校多学科化学发展态势较好，通过科学计量我们发现中国海洋大学和上海海洋大学是我国海洋院校该学科研究的前沿所在，也是我国海洋院校中多学科化学高水平科研成果的主要产出地。同时，中国海洋大学也是我国海洋院校中在该学科发表论文较多的高校，这离不开它积极对外寻求该水平合作。我国海洋院校多学科化学研究成果的载文期刊普遍质量较高，其中 *Rsc Advances* 是我国海洋院校多学科化学研究成果的主要发表地。

通过竞争力指数分析发现，不论是活跃指数、影响指数还是效率指数均显示我国海洋院校多学科化学学科的发展态势虽然略有波动，但总体上呈现出上升的态势。其中集美大学和浙江海洋大学波动最为明显，浙江海洋大学在该学科研究成果较少，极小的文献数量和引用量变动均会引起竞争力指数的剧烈变动，集美大学可能是由于自身的高校转型尚未稳定而导致学科建设水平不稳定。总体来说我国海洋院校多学科化学学科的建设情况较好，具备较好的发展前景。

4.10　生物技术与应用微生物学

生物技术与应用微生物学是在分子、细胞水平上研究自然界常见微生物的生物学规律，即形态结构、营养需要、生长繁殖、遗传变异以及生态分布的分类进化等内容，并将其应用于医药卫生、工农业生产、环境污染治理和生物工程等领域的科学。随着微生物与人类的关系日益密切，生物技术与应用微生物学也更加凸显其重要性。我们对国内12所海洋院校生物技术与应用微生物学进行检索，共检索出生物技术与应用微生物学科文献2093篇。

4.10.1 发文数量与时间分布

我们通过对12所海洋院校被WoS核心合集所收录的2093篇生物技术与应用微生物学科文献分别从发文数量做出分析，如表4-28所示，以期通过这种方式明晰各海洋院校的该学科的发展规模以及发展趋势。

表4-28 生物技术与应用微生物学发文数量分布

院校	篇数	占比（%）
中国海洋大学（Ocean University of China）	1015	48.49
上海海洋大学（Shanghai Ocean University）	339	16.2
集美大学（JiMei University）	137	6.55
大连海洋大学（Dalian Ocean University）	122	5.83
江苏海洋大学（Jiangsu Ocean University）	119	5.69
广东海洋大学（Guangdong Ocean University）	107	5.11
浙江海洋大学（Zhejiang Ocean University）	100	4.78
上海海事大学（Shanghai Maritime University）	66	3.15
大连海事大学（Dalian Maritime University）	52	2.48
北部湾大学（Beibu Gulf University）	19	0.91
三亚热带海洋学院（Hainan Tropical Ocean University）	15	0.72
广州航海学院（Guangzhou Maritime University）	2	0.1

由表4-28可知，中国海洋大学是我国海洋院校中生物技术与应用微生物学科发表研究成果最多的院校。2002—2021年累计被WoS核心合集收录1015篇文献，其中3篇文献被列为高被引文献，研究层次较高，研究成果具备一定的创新性，这与中国海洋大学的办学层次有着较大的关系。高被引文献中引用度最高的是 Wang Z Y 等发表的 "*Investigating the Mechanisms of Biochar's Removal of Lead from Solution*" 一文，主要研究了不同热解温度下生物炭对 Pb^{2+} 的吸附与理化性质的关系。发文量排在第二位的是上海海洋大学，2002—2021年累计被WoS核心合集收录339篇文献，其中引用度最高

的是由 Su Y C 等发表的 "*Vibrio Parahaemolyticus*：*A Concern of Seafood Safety*" 一文，是上海海洋大学生物技术与应用微生物学学科的突出代表成果。集美大学位列第三，2002—2021 年累计被 WoS 核心合集收录 137 篇文献。

对 12 所海洋院校被 WoS 核心合集所收录的 2093 篇生物技术与应用微生物学文献的发文时间做出分析，以期对我国海洋院校该学科的整体建设情况有整体的了解，如图 4 − 38 所示。

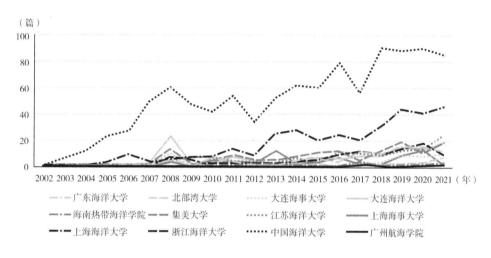

图 4 − 38　各海洋院校生物技术与应用微生物学发文数量分布

如图 4 − 38 所示，整体看来我国海洋院校生物技术与应用微生物学科发展波动较为明显，即使作为"排头兵"的中国海洋大学的学科建设历程也较为曲折。中国海洋大学和上海海洋大学是我国海洋院校中率先开展生物技术与应用微生物学科建设的院校，在该学科的研究积累也较为深厚，累计发文数最多。中国海洋大学的海洋生命学院源于 1930 年 5 月国立青岛大学时期创设的海边生物学学科，是我国最早从事海洋生物学教学与科研的单位之一。学院有着悠久的历史传统和丰厚的学科底蕴，是海洋大学历史最悠久、特色最突出的学科之一。历史的积累，为中国海洋大学生物技术应用微生物学的发展奠定了雄厚的基础。而排在第二的上海海洋大学的发文量虽然远不及中国海洋大学，但依旧远超过其余海洋院校。这是由于上海海洋大学的水产与生命学院是该校建设最早的学院之一，当前已经发展成为本科、硕士、博士、博士后流动站，水产养殖学、水生生物学、海洋生物学为主要特色的多层次多学科专业学院。师资力量雄厚，科研资金充足，在我国众多海洋院校中十分突出。值得注意的是集美大学和大连海洋大学，虽然落后于中国海

143

洋大学和上海海洋大学，但它们在近年的发展过程中不断加强自身学科建设力度，引进师资，致力于打造高水平海洋大学，在生物技术与应用微生物学学科发展趋势较好。

4.10.2 合作机构分布

为了明晰我国海洋院校在生物技术与应用生物学的发文具体合作情况，我们对 12 所海洋院校被 WoS 核心合集所收录的 2093 篇生物技术与应用微生物学文献的合作机构进行分析，如图表 4－29 所示。

表 4－29 生物技术与应用微生物学主要合作机构

所属机构	篇数	篇均被引（次）
中国科学院（Chinese Academy of Sciences）	240	18.47
青岛海洋科学与技术试点国家实验室（Qingdao Natl Lab Marine Sci Technol）	132	11.93
中国水产科学研究院（Chinese Academy of Fishery Sciences）	124	13.98
海洋大学研究所（Institute of Ocean University）	78	16.59
中国科学院大学（University of Chinese Academy of Sciences Cas）	60	19.18
黄海水产研究所（Yellow Sea Fisheries Research Institute Cafs）	57	13.46
厦门大学（Xiamen University）	49	8.84
中国农业农村部（Minist Agr）	45	9.07
上海交通大学（Shanghai Jiao Tong University）	38	22.24
中国教育部（Ministry of Education China）	41	13.9

由表 4－29 可知，中国科学院是我国海洋院校生物技术与应用微生物学最主要的合作机构，2002—2021 年累计合作发文 240 篇，篇均被引高达 18.47 次，这与中国科学院极高的科研层次息息相关，我国海洋院校与其合作频繁，希望以此带动自身科研水平的提高。值得注意的是我国海洋院校与上海交通大学合作发文 38 篇，在众多合作机构中并不突出，但其篇均被引高达 22.24 次，远超其余合作机构，居众多合作机构的首位。这可能是由于

上海交通大学是我国"985 工程""211 工程"的双一流大学，2016 年第四轮全国一级学科评估中，上海交通大学生命科学技术学院的生物学跻身第一方阵，2017 年生物学被列入"双一流"建设学科，在生物技术与应用微生物学领域处于国内领先地位。对这 38 篇文献进行细分可知上海海事大学是其中合作发文最多的机构，有 19 篇科研成果由上海海事大学与上海交通大学合作发表。其中最具代表性的是 Li B Q 等发表的 "*Identification of Lung-Cancer-Related Genes with the Shortest Path Approach in a Protein-Protein Interaction Network*" 一文，累计被引 79 次，从中可以看出上海海事大学积极寻求对外合作，寻求以一种更广阔的学术视野加强学科建设。

4.10.3　期刊分布

我们通过对 12 所海洋院校被 WoS 核心合集所收录的 2093 篇生物技术与应用微生物学学科文献的载文期刊进行识别，如表 4 - 30 所示，以明晰我国海洋院校生物技术与应用微生物学科的建设质量。

表 4 - 30　生物技术与应用微生物学主要发文期刊

出版物标题	记录数	JCR 分区	2022 年影响因子
应用生理学杂志（*Journal of Applied Phycology*）	193	1	3.404
生物资源技术（*Bioresource Technology*）	185	1	11.889
海洋生物技术（*Marine Biotechnology*）	142	1	3.727
生物医学中心基因组学（*Bmc Genomics*）	87	2	4.547
过程生物化学（*Process Biochemistry*）	74	2	4.885
应用微生物学和生物技术（*Applied Microbiology and Biotechnology*）	59	1	5.56
生物技术学报（*Journal of Biotechnology*）	59	2	3.595
国际生物医学研究（*Biomed Research International*）	57	3	3.246
藻类研究生物质生物燃料和生物制品（*Algal Research Biomass Biofuels and Bioproducts*）	48	2	5.276
非洲生物技术杂志（*African Journal of Biotechnology*）	43	4	0

由表 4 - 30 可知，*Journal of Applied Phycology* 是我国海洋院校生物技术

与应用微生物学科研究成果的主要发表阵地，2002—2021 年累计在该期刊发文 193 篇。该期刊主要发表藻类商业化领域的研究成果，覆盖范围包括基础研究和开发的技术以及实际应用等领域的藻类和蓝藻生物技术和基因工程，海水养殖、土壤肥力、毒性试验、有毒物质等和其他生物活性的化合物等。它的 JCR 分区为 Q1 区，2022 年的影响因子为 3.404。其次是 *Bioresource Technology*，我国海洋院校 2002—2021 年在该期刊累计发文 185 篇，该期刊主要刊发生物质、生物废物处理、生物能源、生物转化和生物资源系统分析等相关领域的研究，以及与转化或生产相关的技术，刊发研究成果关注的主题包括生物燃料、生物过程和生物产品、生物质和原料利用、环境保护、生物质的热化学转化等。它的 JCR 分区为 Q1 区，2022 年的影响因子高达 11.889，可见该期刊的研究质量较高。排在第三的是 *Marine Biotechnology*，我国海洋院校 2002—2021 年在该期刊累计发文 142 篇。该期刊发表分子生物学、基因组学、蛋白质组学、细胞生物学和生物化学等领域的论文，它的 JCR 分区为 Q1 区，2022 年的影响因子为 3.727。综上可见，当前我国海洋院校生物技术与应用微生物学的主要发表阵地研究成果层次较高，研究质量较好。在一定程度上反映出当前我国海洋院校生物技术与应用微生物学科建设情况较好。

4.10.4 活跃指数

为形象地比较 12 所海洋院校在过去十年（2012—2021 年）生物技术与应用微生物学研究领域的活跃状况及存在的差距，本书将这 12 所院校的指数分别计算后，通过图表形式展示出来，如图 4 - 39 所示（部分海洋院校该学科存在发文量极低，略微的增长就会引起活跃指数剧烈的变动，同时存在部分年份断层的情况，故不予以计算）。

由图 4 - 39 可知，我国海洋院校生物技术与应用微生物学学科近 10 年的活跃状况整体处于不断上升的态势，这与各海洋院校不断加大自身学科建设力度，出台相关学科建设政策，引进高质量人才有关。例如大连海洋大学在 2012 年的活跃指数是 0.3925，经过多年发展，2021 年的活跃指数高达 1.9297，这与它自身的学科建设政策是密不可分的，在《大连海洋大学"十三五"学科建设发展规划》中提到，为服务国家和地方经济社会发展需求，整合学科资源，对学科结构和布局进行调整和优化，建立相互关联、资源共享、优势互补的四大学科群，如"水产产业学科群""海洋领域学科群""高新技术学科群""人文社科学科群"。同时，将水产和海洋科学两大优势特色学科列为"深蓝学科"，提出打造"深蓝"，围绕水产和海洋科学两大优势特色学科，将生物学、食品科学与工程等学科列为"湛蓝学科"，

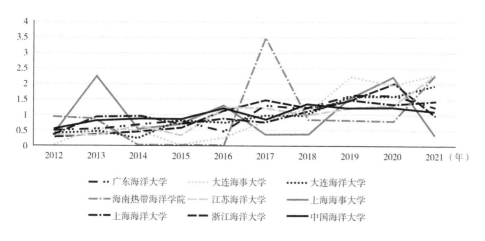

图 4 – 39　生物技术与应用微生物学活跃指数

优先支持，强化特色。将优势不明显、基础一般的学科列为"蔚蓝学科"，依托"深蓝学科"和"湛蓝学科"的建设优势，整合资源。其次夯实基础，培育"浅蓝"。这些政策的实施，为大连海洋大学进一步的发展奠定方向，为其生物技术与应用微生物学的建设注入了不竭动力。

4.10.5　影响指数

本书计算出我国各海洋院校生物技术与应用微生物学 2012—2019 年的影响指数，最后通过图表形式展示出来，如图 4 – 40 所示（部分海洋院校该学科存在发文量极低，略微的增长就会引起活跃指数剧烈的变动，同时存在部分年份断层的情况，故不予以计算）。

由图 4 – 40 可知，我国海洋院校生物技术与应用微生物学的影响指数虽然有起有落，但总体上还是处于上升状态，在一定程度上表明我国海洋院校生物技术与应用微生物学研究成果的质量和影响力不断加大。以广东海洋大学为例，2012 年其生物技术与应用微生物学学科的影响指数仅为 0.5833，在 2019 年时已攀升至 1.8849，超过了该学科的世界平均影响指数 1。这与广东海洋大学自身学科建设相关，在《广东海洋大学"3 +1 + N"大海洋学科体系建设总方案》中完善和发展"3 +1 + N"大海洋学科体系，聚焦发展水产、海洋科学、食品科学与工程、海洋工学、滨海农业、海洋社会科学六大学科群，发挥优势学科示范带动作用，辐射和引领其他学科向海发展，提升学校整体学科实力。制定了《广东海洋大学"十四五"学科与专业建设规划》，提出在"3 +1 + N"大海洋学科体系的基础上进一步完善"4 +2 +

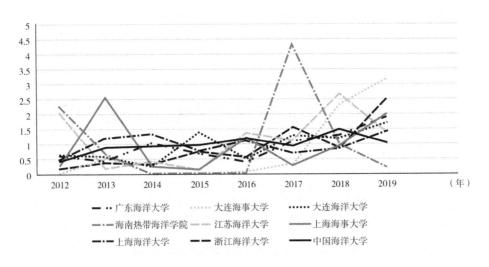

图4-40 生物技术与应用微生物学影响指数

N"大海洋学科体系,为广东海洋大学进一步的发展奠定方向。其中值得注意的是上海海事大学和江苏海洋大学的影响指数极为不稳定。这两种可能是由于自身的定位转变导致学科建设的不稳定,上海海事大学由上海海运学院更名而来,而江苏海洋大学由淮海学院更名而来,二者在一定程度上还没有完全脱离定位转变带来的影响。上海海事大学在该学科发文量较少,细微的变动就会引起影响指数产生较大的变化。

4.10.6 效率指数

本书为形象地刻画出我国海洋院校在生物技术与应用微生物学科领域基础研究的质量和效率,在活跃指数和影响指数的基础上计算效率指数(2012—2019 年),如图4-41所示(部分海洋院校该学科存在发文量极低,略微的增长就会引起活跃指数剧烈的变动,同时存在部分年份断层的情况,故不予以计算)。

由图4-41可知,我国海洋院校生物技术与应用微生物学学科的基础研究效率虽然有一定的浮动,但整体处于上升状态。其中,上海海事大学和江苏海洋大学的基础研究效率指数表现出较高的不稳定性,震动幅度较大。由前文的分析可知,上海海事大学一方面由于自身的学校定位转变尚未稳定,另一方面由于自身的发文量较少,细微的变动可导致活跃指数和影响指数变动,从而导致效率指数波动幅度较大;江苏海洋大学则是由于自身的学校定位尚未稳定,在一定程度上还没有完全脱离定位转变带来的影响。整体来

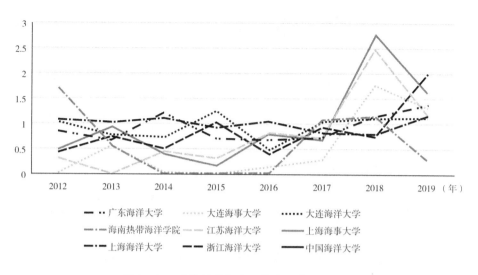

图 4 - 41　生物技术与应用微生物学效率指数

看，我国海洋院校生物技术与应用微生物学领域基础研究效率较好，在 2018 年前后均超出了该学科的世界平均效率指数 1，表明我国海洋院校在生物技术与应用微生物学领域内的科研质量不断提高，在该学科的科研投入产生的回报率不断攀升。但长期以来我国涉海该学科效率指数低于世界水平，想要根本性地提高我国海洋院校生物技术与应用生物学领域基础研究的效率问题还需要一个较长周期。

4.10.7　研究小结

当前我国海洋院校生物技术与应用微生物学学科发展态势较好，通过科学计量发现，中国海洋大学和上海海洋大学是我国海洋院校该学科研究的前沿所在。同时中国海洋大学也是我国海洋院校中该学科发表研究成果最多的高校。我国海洋院校生物技术与应用微生物学研究成果的载文期刊普遍质量较高，其中 *Journal of Applied Phycology* 是我国海洋院校生物技术与应用微生物学研究成果的主要发表地。

通过竞争力指数分析发现，不论是活跃指数、影响指数还是效率指数，我国海洋院校该学科的发展态势虽然有波动，但总体上还是呈现出上升的态势。其中，上海海事大学和江苏海洋大学波动最为明显，上海海事大学由于自身的学校定位转变导致学科建设不稳定及发文量较少和引用量变动引起竞争力指数的剧烈变动，江苏海洋大学由于自身的高校转型尚未稳定而导致学科建设水平不稳定。总体来说，我国海洋院校生物技术与应用微生物学科的建设情况较好，具备较好的发展前景。

第 5 章　我国海洋院校学术研究
发展态势研究

  21 世纪是"海洋强国"的世纪，我国拥有 1.8 万千米的大陆海岸线，充满广阔潜力的海洋战略利益，海洋经济是国民经济的重要组成部分和新的经济增长点，而海洋科技人才的培养将是重要支撑点。海洋院校是海洋科技人才培养的摇篮，完善海洋学科教育体系，是加强海洋科技人才培养的应有之义。近年来，我国海洋院校正在加速布局，仅在"十四五"期间明确提出要筹建"海洋大学"的省（区）就有广西、福建、山东等。

  海洋院校是指以海洋为主要研究对象和特色的高校，是未来海洋强国战略的主要参与者和建设者。认识好海洋、经略好海洋，对我国的经济发展、国土安全、地缘政治等都具有重大意义。以海洋、航海等涉海学科为特色的涉海高校，虽然当前数量不多，但学科特色和优势明显，发展潜力巨大。

  本章采用文献计量法和知识图谱法对我国 12 所海洋院校所发表文献的数据和获批专利数据的时间分布、学科分布、合作机构分布、作者分布、国际合作分布依次进行分析，以期掌握我国主要海洋院校的学科建设总体概况。同时，在文献的基础上进行专利数据的补充，进一步研究我国海洋院校的基础科学研究发展态势。其中，时间分布是指各海洋院校被 WoS 核心集收录的科技文献历年分布状况，明晰各个海洋院校发展历程。学科分布是指各个海洋院校的所发表研究成果涉及学科类别，通过对各个学科文献质量和专利数量进行分析，有助于把握各个海洋院校的学科建设概况和发展趋势。机构分布是指各个海洋院校在学科领域与哪些组织机构开展合作，明晰合作机构的类型和所属区域，国家或地区分布是指各海洋院校与哪些国家的科研机构或学者开展合作，以明晰各海洋院校在学科领域的国际合作概况。

5.1　中国海洋大学

  我们通过 WoS 核心合集对中国海洋大学进行检索，发现 2002—2021 年中国海洋大学累计被 WoS 核心合集收录 24781 篇文献，是我国海洋院校中被 WoS 核心合集收录文献最多的涉海高校。同时对中国海洋大学所申报的专利进行梳理，累计获批 6310 项专利。我们以这些文献数据和专利数据为基础对中国海洋大学基础科学研究发展态势展开研究。

中国海洋大学是我国海洋院校"排头兵",是一所以海洋和水产学科为特色、学科门类齐全的教育部直属重点综合性大学,是国家"985 工程"和"211 工程"重点建设的高校,2017 年 9 月入选国家"世界一流大学建设高校"(A 类)。中国海洋大学创建于 1924 年,历经私立青岛大学、国立青岛大学、国立山东大学、山东大学等办学时期,于 1959 年发展成为山东海洋学院,1960 年被国家确定为全国 13 所重点综合性大学之一,1988 年更名为青岛海洋大学,2002 年更名为中国海洋大学。

5.1.1　时间分布

我们对中国海洋大学 2002—2021 年累计被 WoS 核心合集收录 24781 篇文献按照时间进行划分,如图 5 - 1 所示,有助于把握中国海洋大学所发表研究成果的历年分布情况。

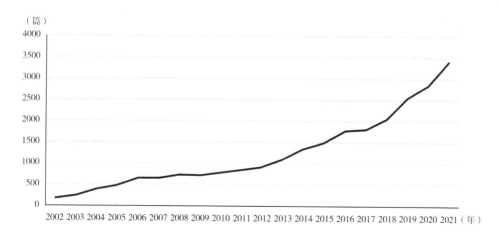

(篇)

图 5 - 1　中国海洋大学发文时间分布

由图 5 - 1 可知,中国海洋大学历年文献发表量逐渐上升,以 2006 年和 2012 年为时间节点可划分为快速增长期、平缓期和爆发期。

2002—2006 年为快速增长期,2002 年累计发文 172 篇,2004 年累计发文 378 篇,到了 2006 年年度累计发文数量增长至 639 篇,5 年时间,年发文量增长了 3 倍有余。2002 年,青岛海洋大学正式更名为中国海洋大学,以打造世界一流的高水平海洋院校为建设目标,为中国海洋大学的发展注入了新动力,以更高的建设标准、更高的学术标准和更高的科研标准要求自己。其中 Zhao G C 等 2005 年发表的 "*Late Archean to Paleoproterozoic Evolution of* the North China Craton：Key Issues Revisited" 一文累计被引 1961 次，是这一时期所发表的文献中的代表性成果。

2007—2012 年为平缓发展期。2007 年年度累计发文数量为 633 篇，2009 年度发文数量为 706 篇，2012 年度发文数量为 912 篇，这期间发文量没有突破性增长。2002—2021 年累计高被引文献发表 211 篇，2007—2012 年仅发表高被引文献 12 篇，占比仅为 5.68%。我们对这一时期的文献进行筛选，发现其中最具影响力的科研成果是 Chan C K 等发表的 "Air Pollution in Mega Cities in China" 一文，累计被引用次数高达 1780 次。

2013—2021 为爆发期，2013 年年度累计发文数为 1095 篇，2018 年年度发文量增长至 2056 篇，到了 2021 年，年发文数为 3394 篇，相较于 2013 年增长了 3 倍。这与国家提出海洋强国战略存在一定关系，党和国家将海洋开发、海洋科技创新、海洋研究提到一个前所未有的高度，不断向海发力，我国海洋院校的建设也向前迈了一大步，中国海洋大学作为我国海洋院校中的重要代表，其基础科学研究更是取得了跨越式的进步。中国海洋大学不仅实现了年发文数量的快速增长，具有影响力的科研成果也不断涌现，2013—2021 年高被引文献累计发表 199 篇，被引次数超过 100 次的文献有 284 篇。

专利是海洋高校基础科学研究发展态势的另一个重要方面。我们对中国海洋大学所申报的专利进行统计，历年专利申请量如图 5-2 所示。

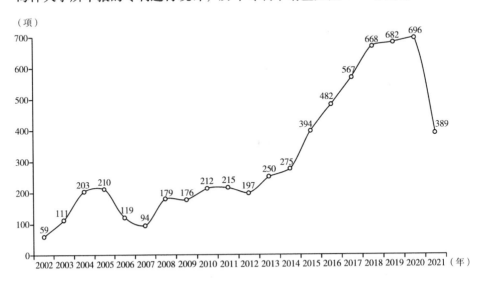

图 5-2 中国海洋大学专利分布

一般而言，专利申请量随时间的上升代表了该领域技术创新趋向活跃，技术发展较为迅速；专利申请量的持平和下降则代表该领域技术创新趋向平和，技术发展较为迟缓，或技术已经趋于落后并被其他技术所取代。由图 5 - 2 可知，中国海洋大学的专利申请量虽然波动趋势较为明显，但整体上逐步攀升，技术创新较为活跃，技术发展速度较快。这在极大程度上体现出中国海洋大学创新能力较强、创新精神较强，是中国海洋大学科研成就的重要体现。在 2021 年时年专利申请量有所下降，这可能归咎于专利获批存在 18 个月以上的滞后性。

5.1.2　学科分析

我们对中国海洋大学 2002—2021 年累计被 WoS 核心合集收录 24781 篇文献按照所属学科进行识别，如表 5 - 1 所示，有助于明晰中国海洋大学所涉足学科类别。

表 5 - 1　中国海洋大学学科分布

学科	篇数	占比（%）	篇均被引（次）
海洋学（Oceanography）	3411	13.765	11.3
环境科学（Environmental Sciences）	2345	9.463	21.3
海洋与淡水生物学（Marine Freshwater Biology）	2208	8.91	20
生物化学分子生物学（Biochemistry Molecular Biology）	1605	6.477	18.34
渔业（Fisheries）	1543	6.227	19.39
多学科地球科学（Geosciences Multidisciplinary）	1373	5.541	26.35
多学科化学（Chemistry Multidisciplinary）	1219	4.919	18.71
多学科材料科学（Materials Science Multidisciplinary）	1151	4.645	26.92
食品科学技术（Food Science Technology）	1062	4.286	20.27
生物技术应用微生物学（Biotechnology Applied Microbiology）	1015	4.096	21.76

由表 5 - 1 可知，海洋学、环境科学、海洋与淡水生物学等学科是中国海洋大学最为主要的建设学科。其中，海洋学以 3411 篇文献、篇均被引

11.3 次，位列中国海洋大学学科建设排行第一。我们对海洋学的科研成果做进一步分析，发现高被引文献数发表量为 0，在一定程度上反映出中国海洋大学在该学科建设中存在高水平科研成果产出稀缺的问题。我们对这 3411 篇文献进行梳理，其中最具代表性的是 Zhang J 和 Liu C L 发表的 "*Riverine Composition and Estuarine Geochemistry of Particulate Metals in China-Weathering Features，Anthropogenic Impact and Chemical Fluxes*" 一文，累计被引 743 次，是中国海洋大学海洋学学科的代表性研究成果。环境科学以总发文量 2345 篇、篇均被引 21.3 次，位居中国海洋大学学科建设第二位，篇均被引这一指标远远超过了排在第一位的海洋学。我们对环境科学领域的 2345 篇文献进一步细分发现，环境科学学科存在 24 篇高被引文献，极大地提高了中国海洋大学该学科的篇均被引次数。海洋淡水生物学则以 2208 篇文献、篇均被引 20 次位居第三，其中高被引文献 10 篇。整体看来中国海洋大学学科建设情况较好，而且文献产量较高，具有影响力的科研成果产出较多。

对中国海洋大学专利的技术分类大类进行梳理，以明晰中国海洋大学专利技术的主要涉及领域，如表 5 - 2 所示。

表 5 - 2　中国海洋大学主要申报专利类别

大类	IPC 释义	专利数量（项）
G01	G：物理 G01：测量；测试	1403
C12	C：化学；冶金 C12：生物化学；啤酒；烈性酒；果汁酒；醋；微生物学；酶学；突变或遗传工程	923
A61	A：人类生活必需品 A61：医学或兽医学；卫生学	620
A01	A：人类生活必需品 A01：农业；林业；畜牧业；狩猎；诱捕；捕鱼	612
G06	G：物理 G06：计算；推算或计数	573
A23	A：人类生活必需品 A23：其他类不包含的食品或食料；及其处理	508

续上表

大类	IPC 释义	专利数量（项）
C07	C：化学；冶金 C07：有机化学	492
B63	B：作业；运输 B63：船舶或其他水上船只；与船有关的设备	334
C02	C：化学；冶金 C02：水、废水、污水或污泥的处理	306
B01	B：作业；运输 B01：一般的物理或化学的方法或装置	255

　　由表 5 - 2 可知，理工类、农林类是中国海洋大学专利数量最多的专利类别。其中，理工类专利多为船舶运输、船舶作业等领域，这与中国海洋大学注重涉海学科建设相契合。同时，中国海洋大学作为一所农林类大学，它在农林业、畜牧业、渔业等领域研究成果也比较多，这也是中国海洋大学在农林类专利领域取得较为突出成绩的重要原因。此外，值得注意的是，中国海洋大学的主要学科建设与主要专利领域出现了较大的契合程度，例如食品科学技术学科与 C12 专利领域，多学科化学与 C12、C07、C02 等专利领域。可见中国海洋大学在相关学科领域的科研成果与利用匹配度较高，有助于推动各个学科成果的有效转化。

5.1.3　合作机构分布

　　我们对中国海洋大学 2002—2021 年累计被 WoS 核心合集收录 24781 篇文献按照所属机构进行识别，如表 5 - 3 所示。通过对中国海洋大学的主要合作研究机构进行识别，并对这些合作机构的特质和属性进行辨别，以分析与中国海洋大学合作的研究机构的特点。

表 5 - 3　中国海洋大学主要合作机构

所属机构	记录数（篇）	占比（%）	篇均被引（次）
青岛海洋科学与技术试点国家实验室 （Qingdao Natl Lab Marine Sci Technol）	3152	12.719	11.75
中国科学院（Chinese Academy of Sciences）	2639	10.649	23.81

续上表

所属机构	记录数（篇）	占比（%）	篇均被引（次）
国家海洋局（State Oceanic Administration）	1046	4.221	15.74
青岛大学（Qingdao University）	760	3.067	23.13
中国科学院海洋研究所（Institute of Oceanology Cas）	681	2.748	19.75
中国水产科学研究院（Chinese Academy of Fishery Sciences）	666	2.688	15.81
教育部（Ministry of Education China）	629	2.538	19.64
山东大学（Shandong University）	619	2.498	14.09
中国科学院大学（University of Chinese Academy of Sciences Cas）	520	2.098	21.75
黄海水产研究所（Yellow Sea Fisheries Research Institute Cafs）	484	1.953	16.83

　　如表5-3所示，青岛海洋科学与技术试点国家实验室是中国海洋大学的主要合作机构，与其合作发表3152篇文献，篇均被引11.75次，其中高被引文献23篇。这主要是由于中国海洋大学是该实验室的主要依托单位，中国海洋大学与青岛海洋科学与技术试点国家实验室进行密切合作，希望以自身的科研资源和科研底蕴带动其快速发展。中国科学院和国家海洋局是中国海洋大学合作密切程度第二和第三的机构。其中与中国科学院合作发文2639篇文献，篇均被引23.81次，合作产出科研成果质量较高，这与中国科学院是我国最高的学术科研机关有着必然的关系。与国家海洋局合作发表文献1046篇，篇均被引15.74次。在合作密切度前十的机构中，并未发现我国其他海洋院校的身影，在一定程度上反映出中国海洋大学应当进一步加强自身在国内海洋院校中的模范带头作用，加强与国内其余海洋院校的进一步合作，引领建设高水平海洋院校。

　　为了进一步明晰中国海洋大学的合作关系网络，我们通过WoS核心合集下载2002—2021年所收录的中国海洋大学文献的纯文本数据，并导入VOSviewer绘制合作关系网络图，将合作次数提高至15次，共计407个合作主体，如图5-3所示。

　　从图5-3可知，在中国海洋大学基础科学研究组织合作网络图中，合

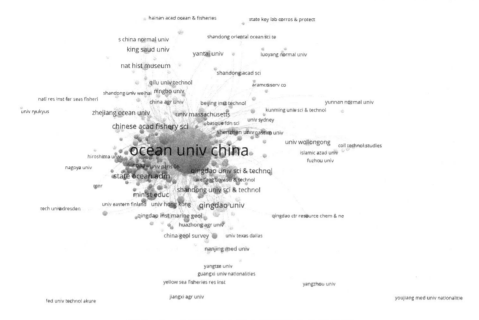

图 5 - 3　中国海洋大学主要机构合作网络图

作机构分布极广，表明中国海洋大学不断对外开展科研合作。除中国海洋大学外，青岛海洋科学与技术试点国家实验室处于组织合作网络图中的核心地位，具有最高的中介中心性，涉及的学科领域多元化，包括海洋学、海洋淡水生物学、多学科地球科学等。其次是中国科学院和国家海洋局，分别处于另外两个群落的核心。中国科学院及其下属科研院所的合作涉及的学科包括海洋学、环境科学、多学科材料科学等，与国家海洋局进行的科研合作主要涉足海洋学、环境科学、多学科地球科学等学科。整体来看，中国海洋大学对外合作的学科比较集中，对外合作网络初步形成以青岛海洋科学与技术试点国家实验室和中国科学院为核心的合作集群分布特征。

对中国海洋大学的专利主要申请人进行分析，中国海洋大学的专利主要合作机构如表 5 - 4 所示。

表 5 - 4　中国海洋大学主要专利申请人

申请人	专利数量（项）
中国海洋大学	6114
青岛海洋大学	172

续上表

申请人	专利数量（项）
青岛越洋水产科技有限公司	61
青岛海洋科学与技术国家实验室发展中心	52
青岛优佳生态农业开发有限公司	28
青岛森科特智能仪器有限公司	24
天津工业大学	20
中国海洋石油总公司	19
中国海洋大学生物工程开发有限公司	19
青岛海洋食品营养与健康创新研究院	14

由表5-4可知，中国海洋大学的专利量主要是由该校作为第一申请单位进行申报，属于中国海洋大学和更名前的青岛海洋大学的专利数量分别为6114项、172项，占中国海洋大学专利数量的比例超过95%。少量专利由中国海洋大学下属企业或青岛本地企业申报。在一定程度上反映出专利产权排外性和独占性，这与科技文献的"科学共同体"属性不同。当然，这在一定程度上也限制中国海洋大学在专利领域合作，仅以自身的科研资源进行专利研发。

5.1.4 作者分布

我们对中国海洋大学2002—2021年累计被WoS核心合集收录24781篇文献进行作者识别，如表5-5所示，对各高产作者进行高被引文献数、发表文献篇均被引次数进行识别。

表5-5 中国海洋大学活跃学者

作者	记录数（篇）	占比（%）	高被引文献数（篇）	篇均被引（次）
Liu Y	549	2.215	4	15.07
Xue C H	540	2.179	2	18.86
Wang J	506	2.042	7	20.96
Li Y	501	2.022	1	14.57
Li J	485	1.957	2	19.75

续上表

作者	记录数（篇）	占比（%）	高被引文献数（篇）	篇均被引（次）
Wang Y	484	1.953	2	20.12
Zhang J	472	1.905	1	28.17
Li Q	464	1.872	3	13.84
Mai K S	447	1.804	2	26.36
Wang X	388	1.566	8	23.38

由表 5－5 可知，Liu Y 是中国海洋大学基础科学研究产出最多的作者，2002—2021 年累计产出 549 篇文献，其中高被引文献 4 篇，篇均被引 15.07 次。除发文总量外，高被引文献数和篇均被引次数在中国海洋大学的高产作者中并不突出。尤其是篇均被引次数，在发文量前 10 的作者中，排在第八位，在一定程度上反映出 Liu Y 产出了一部分质量较低的科研成果。Xue C H 以 540 篇文献、2 篇高被引文献、篇均被引 18.86 次位居第二，其中 2005 年发表的 "*Determination of the Degree of Deacetylation of Chitin and Chitosan by X-ray Powder Diffraction*" 在他的众多成果中引用度最高，累计被引 287 次，是他的代表性成果。排在第三的是 Wang J，他在 2002—2021 年累计发文 506 篇，其中高被引文献 7 篇，篇均被引次数 20.96，在这些作者中较为突出，各项指标均位于前列。

为了进一步明晰中国海洋大学基础科学研究文献的作者合作关系网络，我们通过 WoS 核心合集下载 2002—2021 年所收录的中国海洋大学文献的纯文本数据，并导入 VOSviewer 绘制作者合作关系网络图，将合作次数阈值设定为 5 次，共计 5475 个活跃作者，如图 5－4 所示。

由图 5－4 可知，中国海洋大学基础科学研究文献作者合作关系网络较为密集，当前中国海洋大学的活跃科研工作者较多。但他们在整体上合作并不紧密，相互之间关联度不大，也在一定程度上反映出中国海洋大学所涉足学科方向较为宽泛。形成了以 Xue C H、Mai K S 等为代表的小的合作群落，群落之间的合作并不紧密，但内部联结十分紧密。可见，在中国海洋大学形成了一个个独立的科研群体，团队内部合作紧密，但是团队之间互动较少，甚至相互隔离。

通过对中国海洋大学专利发明人进行梳理，以明晰中国海洋大学在专利发明领域最活跃的科研工作者分布，如表 5－6 所示。

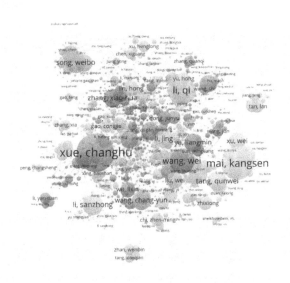

图5-4 中国海洋大学作者合作网络图

表5-6 中国海洋大学主要专利发明人

发明人	专利数量（项）
薛长湖	268
刘贵杰	152
魏志强	144
李兆杰	135
薛勇	127
王玉明	116
李琪	114
史宏达	114
毛相朝	108
管华诗	104

由表5-6可知，薛长湖、刘贵杰等是中国海洋大学专利申请量最多的科研工作者。其中薛长湖累计申请专利268项专利，是中国海洋大学专利申请量最多的学者。值得注意的是，薛长湖、李琪等学者不仅是中国海洋大学文献发表数量最多的学者之一，也是专利申请数量最多的科研工作者之一，

他们在科学成果有效转化等方面可能会具有优势。但是很多高论文产出学者并不是高专利申请量学者，这不利于知识转化与利用率，这也是中国海洋大学所面临重要挑战。

5.1.5　合作机构所属国家分布

我们对中国海洋大学 2002—2021 年累计被 WoS 核心合集收录 24781 篇文献的机构或学者所属国家进行识别，对中国海洋大学的主要合作机构或学者所属国家进行分析，通过它们联合发表的高被引文献数、文献篇均被引数等指标，如表5－7 所示，有助于了解中国科学院参与国际合作成效。

表 5－7　中国海洋大学主要合作国家

国家	记录数（篇）	占比（%）	高被引文献数（篇）	篇均被引（次）
美国（USA）	2830	11.42	95	31.84
澳大利亚（Australia）	739	2.982	54	41.06
日本（Japan）	712	2.873	25	31.59
英国（England）	688	2.776	19	28.78
加拿大（Canada）	467	1.885	7	24.43
德国（Germany）	457	1.844	14	28.62
韩国（South Korea）	393	1.586	11	34.01
沙特阿拉伯（Saudi Arabia）	374	1.509	10	20.52
法国（France）	238	0.96	14	42.08
巴基斯坦（Pakistan）	214	0.864	9	17.36

由表 5－7 可知，中国海洋大学合作最为频繁的组织机构所属国家普遍为发达国家和传统海洋研究强国，合作研究成果质量普遍较高，中国海洋大学的高被引文献很多来自国际合作。其中，美国是中国海洋大学合作最频繁的组织机构的来源国，2002—2021 年累计合作发表 2830 篇文献，其中高被引文献 95 篇，篇均被引次数为 31.84，不论是文献数还是高被引文献数，在中国海洋大学的众多合作组织机构所属国家中，排在第一。排在第二的是澳大利亚，中国海洋大学 2002—2021 年累计与澳大利亚组织机构合作发表

739 篇文献，其中高被引文献 54 篇，篇均被引次数为 41.06。中国海洋大学与澳大利亚组织机构共同合作发表的一篇高被引文献是 2021 年 Cai W J 等发表的 "*Changing El Nino-Southern Oscillation in a Warming Climate*" 一文。该文主要揭示了气候变暖中 ENSO 的知识，揭示了 ENSO 幅度的预计增加，以及与 ENSO 相关的降雨和海面温度变化，在地球学、环境科学、生态学等领域引发热议。日本组织机构以 712 篇合作文献、25 篇高倍引文献、篇均被引 31.59 次位居第三，中国海洋大学与其合作发表的高被引文献是 Eglinton T I 等于 2021 年发表的 "*Climate Control on Terrestrial Biospheric Carbon Turnover*" 一文，是中国海洋大学与日本近期科研合作产出的重要成果。

为了进一步明晰中国海洋大学基础研究文献的国际合作关系网络，我们通过 WoS 核心合集下载 2002—2021 年所收录的中国海洋大学文献的纯文本数据，并导入 VOSviewer 绘制国际合作关系网络图，为了将合作国际网络展示得更加具体，我们将合作次数阈值调至 1 次，如图 5 - 5 所示。

图 5 - 5 中国海洋大学主要合作国家网络图

从中国海洋大学基础科学研究主要合作研究国家的网络图来看，初步形成了以合作机构所属国家如美国、澳大利亚、日本为核心的合作群落关系。同时，我们对关系网络中的合作机构所属国家合作文献进一步分析，发现它们在合作领域和研究方向上存在一定的重合关系。如与主要合作机构所属国家美国、澳大利亚和日本共同涉足研究领域涉足海洋学、工程学和环境科学生态学等学科。值得关注的是，文献产出较多但排名在第三位之后的国家，如与英国、加拿大、德国、韩国、沙特阿拉伯、法国、巴基斯坦等共同涉足的研究领域较多。其中，英国、加拿大、德国三国聚集于环境科学、微生物学、多学科地球科学等领域；而与合作机构所属国家如韩国、沙特阿拉伯的主要合作领域则集中于微生物学和海洋学；与法国和巴基斯坦共同关注环境科学、生态学、海洋学、海洋与淡水生物学等相关研究主题。可见这些主要合作国家在部分合作领域存在交叉重叠，但是同时存在着各自独特的合作领域。

5.1.6 研究小结

中国海洋大学基础科学研究领域取得研究成果较多，以 2006 年和 2012 年为时间节点划分为三个发展阶段。由于自身建设层次较高，受到相关政策激励影响较大。海洋学、环境科学、海洋与淡水生物学等学科是中国海洋大学的主要建设学科，可见涉海学科依旧是中国海洋大学的主要学科建设方向。青岛海洋科学与技术试点国家实验室、中国科学院和国家海洋局是中国海洋大学的主要合作机构，合作科研成果数量较多，质量较好，但这些最主要的合作机构中没有我国其余海洋院校。中国海洋大学作为我国建设水平最高的海洋院校，应当进一步发挥学科"排头兵"角色和引领作用。通过机构合作网络图谱可知，当前中国海洋大学进行基础科学研究合作的机构所参与的研究领域比较集中，同时普遍存在着交叉关系，初步形成以青岛海洋科学与技术试点国家实验室和中国科学院为核心的合作集群。中国海洋大学活跃科研工作者当中，以 Liu Y、Xue C H、Wang J 等最为高产，研究成果质量较高。作者合作关系网络图显示中国海洋大学的科研工作者形成了一个个合作紧密群落，群落之间联系较少。美国、澳大利亚和日本是中国海洋大学最主要的合作机构所属国家，也是高被引文献的主要合作机构所属国家。这些合作机构所属国家普遍是发达国家和海洋强国。中国海洋大学与合作机构所属国家开展合作的学科虽然存在交叉重叠，同时存在独特的合作领域。

5.2 大连海事大学

我们通过 WoS 核心合集对大连海事大学进行检索，发现 2002—2021 年大连海事大学累计被 WoS 核心合集收录 7123 篇文献，是我国海洋院校中被 WoS 核心合集收录文献第二多的涉海高校。同时，我们对大连海事大学获批的专利数量进行检索，发现大连海事大学累计申请专利 5600 项，我们以文献数据和专利数据为基础对大连海事大学基础科学研究发展态势展开研究。

大连海事大学是交通运输部所属的全国重点大学，同时是国家"211 工程"重点建设高校、国家"双一流"建设高校，是交通运输部、教育部、国家海洋局、国家国防科技工业局、辽宁省人民政府、大连市人民政府共建高校。目前设有航海学院、轮机工程学院、船舶电气工程学院、信息科学技术学院、交通运输工程学院、航运经济与管理学院、船舶与海洋工程学院、环境科学与工程学院、人工智能学院、法学院、外国语学院、公共管理与人文艺术学院、马克思主义学院、理学院、国际联合学院、体育工作部、创新创业学院、继续教育学院（交通运输高级研修学院）、航海训练与工程实践中心、人文社科研究院（航运发展研究院）、留学生教育中心 21 个教学科研机构。学科建设较为齐全，海事特色较为突出。

5.2.1　时间分布

我们对大连海事大学 2002—2021 年累计被 WoS 核心合集收录 7123 篇文献按照时间进行划分，如图 5 - 6 所示，有助于把握大连海事大学所发表研究成果历年分布。

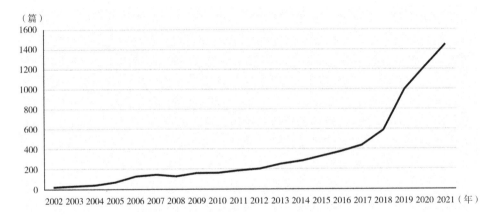

（篇）

2002 2003 2004 2005 2006 2007 2008 2009 2010 2011 2012 2013 2014 2015 2016 2017 2018 2019 2020 2021（年）

图 5 - 6　大连海事大学发文时间分布

由图 5 - 6 可知，大连海事大学历年文献发表量逐渐上升，以 2006 年和 2017 年为时间节点可划分为快速增长期、平缓期和爆发期。

2002—2006 年为快速增长期，2002 年累计发文 18 篇，2004 年累计发文 37 篇，到了 2006 年发文数量增长至 118 篇，实现了 6 倍的增长。这与 2000 年大连海运学校划归大连海事大学有一定的关联，这为大连海事大学的基础科学研究工作注入了新鲜血液和新的动力。我们对 2002—2006 年的文献进行梳理发现，多学科材料科学、计算机科学信息系统、电气与电子工程等理工类学科是大连海事大学这一时期的主要建设学科。

2007—2016 年为平稳发展期。2007 年累计发文数为 141 篇，2012 年发文数为 199 篇，2017 年的累计发文数为 379 篇，经过 10 年的发展，年发文量也不过增长不足 3 倍，发展速度相较于上一阶段较为缓慢。我们对

2007—2016 年间发表的文献进行梳理，多学科材料科学、计算机科学信息系统、电气与电子工程依旧是大连海事大学的主要建设学科，可见大连海事大学的学科建设具备一定的连贯性。

2017—2021 年为爆发增长期。2017 年年发文量为 434 篇，2019 年年发文量为 984 篇，到了 2021 年年发文量增长为 1446 篇。5 年间发文数量增长超过 1000 篇，相较于 2017 年增长 3 倍有余。这一时期是大连海事大学基础科学研究的主要发展时期，对这一时期的文献进行梳理分类发现大连海事大学的主要建设学科依旧是多学科材料科学、计算机科学信息系统、电气与电子工程等学科，大连海事大学在学科建设过程中秉持着一以贯之的建设理念，相关学科建设较为突出。

专利是海洋高校基础科学研究发展态势的另一个重要方面。我们对大连海事大学所申报专利进行统计，得到大连海事大学历年专利申请量如图 5 - 7 所示。

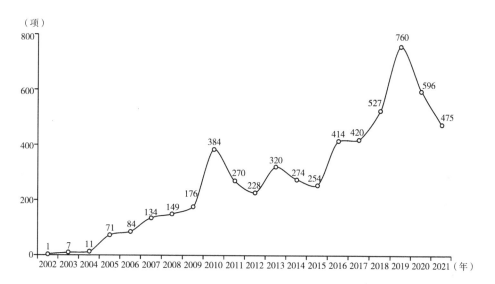

图 5 - 7　大连海事大学专利分布

由图 5 - 7 可知，大连海事大学在专利技术研究领域整体发展态势较好，历年专利申请量略有波折，逐年上升仍是主基调。2002 年，大连海事大学的年专利申请量仅为两项，发展至 2010 年年专利申请量上升至 384 项，此后大连海事大学在专利技术领域的发展态势略有浮动，这主要是由于专利申报存在较长的时滞，整体向好的态势并未改变。整体反映出大连海事大学在技术创新领域趋向活跃，技术发展较为迅速，科研活力逐年上升，在技术领域内的发展速度较快。

5.2.2　学科分布

我们对大连海事大学 2002—2021 年累计被 WoS 核心合集收录 7123 篇文献按照所属学科进行识别，如表 5 − 8 所示，以明晰大连海事大学科研成果在各学科分布状况。

表 5 − 8　大连海事大学主要学科分布

学科	记录数（篇）	占比（%）	篇均被引（次）
电气与电子工程（Engineering Electrical Electronic）	1270	17.83	21.68
多学科材料科学（Materials Science Multidisciplinary）	768	10.782	14.03
计算机科学信息系统（Computer Science Information Systems）	579	8.129	12.34
电信（Telecommunications）	546	7.665	9.48
计算机科学人工智能（Computer Science Artificial Intelligence）	545	7.651	30.47
环境科学（Environmental Sciences）	524	7.356	15.45
物理应用（Physics Applied）	518	7.272	13.75
自动化控制系统（Automation Control Systems）	446	6.261	38.7
土木工程（Engineering Civil）	427	5.995	15.93
物理化学（Chemistry Physical）	411	5.77	18.92

由表 5 − 8 可知，电气与电子工程、多学科材料科学、计算机科学信息系统等学科是大连海事大学的主要建设学科。其中以电气电子工程学科尤为突出，大连海事大学 2002—2021 年在该学科累计发文 1270 篇，篇均被引 21.68 次。我们对该学科文献进一步细分发现这 1270 篇文献中高被引文献有 49 篇，可见大连海事大学该学科不仅建设活跃度较高，而且具有影响力的科研成果产出也较多，学科部署较为合理，建设水平较高。

多学科材料科学以 768 篇文献位列第二，但是该学科发文的篇均被引仅为 14.03 次，在大连海事大学的学科排名中较为靠后，这与高水平科研成果产出较少有着密切的关系。我们对这 768 篇文献进行梳理发现，高被引文献仅有 3 篇，均为近 3 年发表，2019 年发表 1 篇，2021 年发表 2 篇不仅高被引文献数较少且发表时间较短，尚未完全发挥高被引文献的影响力。

计算机科学信息系统学科累计发表 579 篇文献排在第三，篇均被引为 12.34 次。对这 579 篇文献进行梳理发现，其中较多科研成果质量较低，被引次数为 1 次甚至时 0 次，另外在这 579 篇文献中高被引文献仅 11 篇，高水平科研成果产出也并不多，也就造成了大连海事大学计算机科学信息系统发表文献的篇均被引次数较低。Liu L 等于 2020 发表的 "*Integral Barrier Lyapunov Function-based Adaptive Control for Switched Nonlinear Systems*" 一文在这 11 篇高被引文献中较为突出，累计被引 259 次，是大连海事大学计算机科学信息系统学科的突出代表成果。

对大连海事大学专利的技术分类大类进行梳理，以明晰该校专利技术的主要涉及领域，如表 5-9 所示。

表 5-9　大连海事大学主要专利类别

大类	IPC 释义	专利数量（项）
G01	G：物理 G01：测量；测试	1026
G06	G：物理 G06：计算；推算或计数	962
B63	B：作业；运输 B63：船舶或其他水上船只；与船有关的设备	432
G05	G：物理 G05：控制；调节	397
H02	H：电学 H02：发电、变电或配电	345
H01	H：电学 H01：基本电气元件	291

续上表

大类	IPC 释义	专利数量（项）
B01	B：作业；运输 B01：一般的物理或化学的方法或装置	290
C02	C：化学；冶金 C02：水、废水、污水或污泥的处理	236
H04	H：电学 H04：电通信技术	224
G08	G：物理 G08：信号装置	182

由表 5－9 可知，理工类是大连海事大学专利数量最多的类别，多与船舶运输、电力等领域相关，与大连海事大学主打的海事特色相契合。此外，我们发现大连海事大学的主要学科建设与主要专利领域出现了较大的契合程度，例如大连海事大学最具有优势的工程电气与电子学科与该校所申报专利的主要领域 H01、H02、H04 相契合，应用物理与 G01、G06、G05 等专利领域相契合。大连海事大学发表论文数量最多的学科也是大连海事大学专利申请量最多的领域，极大程上体现出了大连海事大学的有效科学知识利用率，相关学科建设水平较为全面，不仅有理论知识，也有实际应用价值，在我国海洋院校中较为突出。

5.2.3 合作机构分布

我们对大连海事大学 2002—2021 年累计被 WoS 核心合集收录 7123 篇文献按照所属机构类型进行识别，如表 5－10 所示，对大连海事大学的主要合作研究机构的特质和属性进行辨别，以明晰大连海事大学的合作研究机构的特点。

表 5－10　大连海事大学主要合作机构

所属机构	记录数（篇）	占比（%）	篇均被引（次）
大连理工大学（Dalian University of Technology）	1021	14.334	14.71
中国科学院（Chinese Academy of Sciences）	430	6.037	31.88

续上表

所属机构	记录数（篇）	占比（%）	篇均被引（次）
哈尔滨工业大学（Harbin Institute of Technology）	191	2.681	20.41
大连民族大学（Dalian Minzu University）	142	1.994	20.69
宁波大学（Ningbo University）	140	1.965	14.01
上海交通大学（Shanghai Jiao Tong University）	118	1.657	50.16
澳门大学（University of Macau）	117	1.643	45.11
大连交通大学（Dalian Jiaotong University）	114	1.6	15.79
中国科学院大连化学物理研究所（Dalian Institute of Chemical Physics Cas）	96	1.348	13.6
东北大学（Northeastern University China）	93	1.306	21.12

　　由表 5-10 可知，大连理工大学、中国科学院、哈尔滨工业大学等是大连海事大学的主要合作机构。大连海事大学与大连理工大学 2002—2021 年累计合作发表 1021 篇文献，其中高被引文献 16 篇，篇均被引 14.71 次。这与大连理工大学的地理位置和建设水平有着极大的关系，极近的地理关系给它们的合作带来了先天条件，同时大连理工大学是国家"211 工程"和"985 工程"重点建设高校，也是世界一流大学 A 类建设高校，大连海事大学与其合作可获得较大的资源支持和人才支持，以产出更高水平的科研成果。大连海事大学与中国科学院以 2002—2021 年累计合作发文 430 篇、篇均被引 31.88 次位列第二。中国科学院是国家最高的学术机构，致力于科学前沿，大连海事大学与其合作产出了一批高水平的科研成果。大连海事大学和哈尔滨工业大学 2002—2021 年累计合作发表 191 篇文献，篇均被引 20.41次，排在第三。我们对大连海事大学和哈尔滨工业大学的合作文献进一步细分发现，均为工科类的合作研究成果。这与哈尔滨工业大学在理工类学科的地位有着密切的关系，在全国第四轮学科评估中，哈尔滨工业大学共有 17个学科位列 A 类，学科优秀率位列全国第六位，A 类学科数量位列全国第八位，工科 A 类数量位列全国第二位。值得注意的是，大连海事大学的主要合作机构似乎存在一定的地域限制，在 10 所主要合作研究机构中有 4 所位于大连本地，这一缺陷也有待大连海事大学在后一步的建设中进行完善。

　　为了进一步明晰大连海事大学的合作关系网络，我们下载 2002—2021

年 WoS 核心合集所收录的大连海事大学文献的纯文本数据，并导入 VOS-viewer 绘制合作关系网络图，将合作次数阈值提高至 15 次，共计 100 个合作主体，如图 5 - 8 所示。

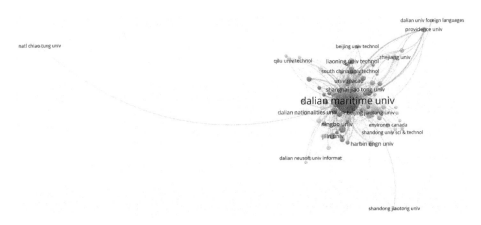

图 5 - 8　大连海事大学机构合作网络图

由图 5 - 8 可知，在大连海事大学的基础科学研究组织合作网络图中，机构分布极为集中，以大连海事大学为中心构成了大连海事大学基础科学研究组织合作网络图。除大连海事大学外，大连理工大学处于组织合作网络图中的核心地位，具有最高的中介中心性，双方合作的学科领域较为宽泛，包括电气与电子工程、多学科材料科学、计算机科学信息系统等。其次是中国科学院和哈尔滨工业大学，分别处于另外两个群落的核心地位。大连海事大学与中国科学院和哈尔滨工业大学的合作科研活动时集中于化学物理学、多学科材料科学、环境科学、物理应用等学科。与其他研究机构之间存在相互交错叠加特点，即研究学科方面有共同关注，各合作研究机构的研究侧重点也较为相似。整体来看，在与大连海事大学进行基础科学研究合作的机构所参与的研究学科比较集中，普遍存在着交叉关系，初步形成以大连理工大学和中国科学院为核心的合作集群分布特征。

对大连海事大学获批的专利主要申请人进行分析，对大连海事大学的专利主要申请机构及合作机构进行梳理分析，如表 5 - 11 所示。

表 5 - 11　大连海事大学主要专利申请人

申请人	专利数量（项）
大连海事大学	5579
中铁建大桥工程局集团第一工程有限公司	20
辽宁普天数码股份有限公司	19
大连懋源技术有限公司	19
中铁大连地铁五号线有限公司	12
苏州七季环科织物有限公司	11
鹏城实验室	11
吉林省交通规划设计院	10
大连医科大学附属第二医院	10
锦州市现场心理、现场物证鉴定研究学会	9

由表 5 - 11 可知，大连海事大学的专利获批主要是由大连海事大学自身作为第一申请单位，隶属于大连海事大学的专利数为 5579 项，占大连海事大学专利数量的 99%。在余下的申请机构中，多为与吉林、辽宁本地企业合作申报，例如与中铁建大桥工程局集团第一工程有限公司合作申请专利 20 项，与大连懋源技术有限公司合作申报 19 项。值得注意的是，在主要的申请人中，苏州七季环科织物有限公司和锦州市现场心理、现场物证鉴定研究学会均属于江苏省，在一定程度上反映大连海事大学在专利技术研究领域具有跨地域性。

5.2.4　作者分布

我们对大连海事大学 2002—2021 年累计被 WoS 核心合集收录 7123 篇文献进行作者识别，对各高产作者进行高被引文献数、发表文献篇均被引数进行识别，如表 5 - 12 所示。

表 5 - 12　大连海事大学活跃学者

作者	记录数（篇）	占比（%）	高被引文献数（篇）	篇均被引（次）
Chen B J	296	4.156	0	19.87
Wang X Y	238	3.341	13	18.17
Li Y	182	2.555	0	14.64

续上表

作者	记录数（篇）	占比（%）	高被引文献数（篇）	篇均被引（次）
Sun J C	163	2.288	2	19.13
Chen C L P	145	2.036	23	42.12
Liu Y	145	2.036	1	9.96
Wang N	141	1.98	11	32.52
Li TS	140	1.965	15	48.42
Wang D	137	1.923	9	38.9
Li X P	133	1.867	0	23.63

由表 5 - 12 可知，Chen B J 是大连海事大学基础科学研究产出最多的作者，2002—2021 年累计被收录 296 篇文献，其中高被引文 0 篇，篇均被引 19.87 次。除发文总量较多外，高被引文献数和篇均被引次数等指标在大连海事大学的众多高产作者中并不突出，尤其是高被引文献。作为大连海事大学科研成果产出最多的学者，他的高被引文献数为 0，在一定程度上反映出该校高水平科研成果的产出较为稀缺。我们对这 296 篇文献进行梳理发现，多学科材料科学、应用物理等学科是他的主要研究方向，均为大连海事大学的主要建设学科。Chen B J 为大连海事大学的基础科学研究建设起到了极大的促进作用。

Wang X Y 以 238 篇文献、13 篇高被引文献、篇均被引 18.17 次位居第二。Wang X Y 有 13 篇高被引文献，在一定程度上拉高了他所发表研究成果篇均被引次数。即使如此，他的科研成果篇均被引次数仅为 18.17，在活跃度前十的作者中排在第八位，可见 Wang X Y 的科研成果产出质量并不均衡。我们对这 238 篇文献进行梳理发现，电气与电子工程、计算机科学信息系统、多学科物理等学科是他的主要研究领域，他在 2019 年发表的 "*Fast Image Encryption Algorithm Based on Parallel Computing System*" 一文累计被引 219 次，在他所发表的文献中最高，是他的代表性科研成果。

Li Y 以 182 篇文献、0 篇高被引文献、篇均被引 14.64 次排在第三。除发文总量较多外，高被引文献数和篇均被引次数等指标在大连海事大学的众多高产作者中并不突出。与 Chen B J 一样，高被引文献数为 0，缺乏具有影响力的研究成果。他的篇均被引次数为 14.64 次，体现出在一定程度上他更加注重科研成果的"量"，而忽视了"质"。Li Y 所发表的文献中引用次数超过 100 的仅有 "*The Evaluation of Transportation Energy Efficiency：An Application of Three-stage Virtual Frontier DEA*" 一篇文献。

　　为了进一步明晰大连海事大学基础研究文献的作者合作关系网络，我们通过 WoS 核心合集下载 2002—2021 年所收录的大连海事大学文献的纯文本数据，并导入 VOSviewer 绘制作者合作关系网络图，将合作次数阈值设定为 5 次，共计 1409 个活跃作者，如图 5 - 9 所示

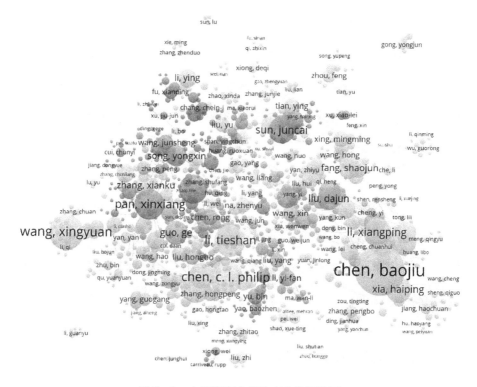

图 5 - 9　大连海事大学作者合作网络图

　　由图 5 - 9 可知，大连海事大学基础科学研究文献作者合作关系网络分布较广，反映出大连海事大学的活跃科研工作者较多。但他们的合作并不紧密，相互之间联结度不大。初步形成了以 Chen B J、Wang X Y 等为代表的一个个极小的群落，群落之间的合作并不紧密，但在群落内部的点的联结十分紧密。可见，在大连海事大学的科研人员中，形成了一个个独立的科研群体，他们相互之间合作较少，但是内部合作频繁。

　　通过对大连海事大学专利发明人进行梳理，以明晰大连海事大学在专利

发明领域最活跃的科研工作者分布，如表 5 - 13 所示。

表 5 - 13　大连海事大学专利主要发明人

发明人	专利数量（项）
潘新祥	257
孙玉清	221
房少军	183
弓永军	167
姜谙男	160
王丹	152
徐敏义	152
陈海泉	143
王钟葆	140
朱益民	139

由表 5 - 13 可知，潘新祥、孙玉清等学者是大连海事大学专利申请量最多的科研工作者。其中潘新祥 2002—2021 年累计申请专利 257 项，是大连海事大学专利申请量最多的学者。同时值得注意的是，大连海事大学的文献高产学者们与专利申请最多的学者们几乎没有重叠，在一定程度上表明大连海事大学在科学研究领域中文献领域和专利领域相互区别。

5.2.5　合作机构所属国家分布

我们对大连海事大学 2002—2021 年累计被 WoS 核心合集收录 7123 篇文献的所属国家进行识别，对大连海事大学通过国际合作所发表的高被引文献数、发表文献篇均被引数等指标进行研究，如表5 - 14 所示，以明晰大连海事大学参与国际合作的特点及所取得成绩。

表 5 - 14　大连海事大学主要合作国家

国家	记录数（篇）	占比（%）	高被引文献数（篇）	篇均被引（次）
美国（USA）	566	7.946	11	21.48
加拿大（Canada）	225	3.159	3	36.88
英国（England）	166	2.33	4	34.58

续上表

国家	记录数（篇）	占比（%）	高被引文献数（篇）	篇均被引（次）
新加坡（Singapore）	151	2.12	5	57.01
澳大利亚（Australia）	150	2.106	10	60.87
日本（Japan）	100	1.404	1	40.71
瑞典（Sweden）	61	0.856	2	82.08
法国（France）	53	0.744	2	96.3
韩国（South Korea）	52	0.73	3	90.42
荷兰（Netherlands）	45	0.503	3	98.91

由表 5 - 14 可知，大连海事大学的合作机构所属国家普遍为发达国家和传统海洋研究强国，合作研究成果质量极高，除个别国家外，其余合作机构所属国家产出科研成果篇均被引次数普遍高于 20，甚至部分国家组织机构合作成果高达 90，这与大连海事大学的高被引文献多为与合作机构所属国家合作发表存在一定关系。美国是大连海事大学的主要合作机构所属国家，大连海事大学与其合作发表 566 篇文献，其中高被引文献 11 篇，篇均被引次数为 21.48 次。虽然发文总量和高被引文献数均为众多合作机构所属国家中的首位，但篇均被引次数却相对靠后，可见在这 566 篇产出文献中，存在一些水平较低的科研成果，在一定程度上拉低了整体平均引用次数。

加拿大组织机构以 255 篇合作文献、3 篇高被引文献、篇均被引 36.88 次位列第二。加拿大组织机构总体文献产出低于美国组织机构较多，高被引文献数也仅有美国组织机构的 1/3，但篇均被引次数却远高于组织机构。从侧面反映出大连海事大学与加拿大组织机构合作产出的科研成果的平均水平高于与美国组织机构合作产出的科研成果。

大连海事大学与英国组织机构合作发表 166 文献位列第三，其中高被引文献 4 篇，篇均被引次数为 34.58。同样在合作文献数和高被引文献数等指标低于美国的情况下，篇均被引次数这一指标却高于美国，可见大连海事大学与英国组织机构合作产出的科研成果研究质量较高。

同时值得注意的是瑞典、法国、韩国等国家,大连海事大学与这些国家组织机构合作产出的科研成果普遍较高,篇均被引次数分别为 82.08、96.3、90.42。大连海事大学可进一步推进与瑞典等国家组织机构的合作以持续产出高质量科研成果,同时可将与瑞典等国组织机构的合作经验推广至其他合作机构所属国家,以提高整体对外合作质量。

为了进一步明晰大连海事大学基础研究文献的国家合作关系网络,我们通过 WoS 核心合集下载 2002—2021 年所收录的大连海事大学文献的纯文本数据,并导入 VOSviewer 绘制国家合作关系网络图,为了将合作机构所属国家网络展示得更加具体,我们将合作次数阈值调至 1 次,如图 5 - 10 所示。

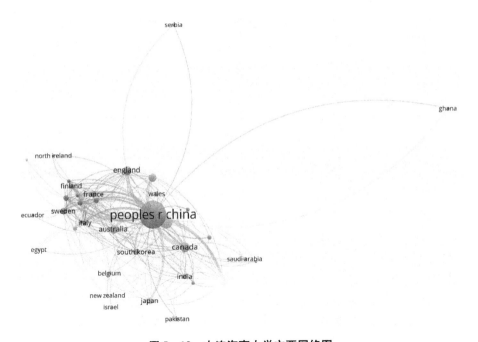

图 5 - 10   大连海事大学主要网络图

从大连海事大学基础科学研究主要合作机构所属国家的网络图来看,美国组织机构是大连海事大学对外合作的主要对象。初步形成了以美国、加拿大、英国、新加坡等国家为核心的群落关系。对关系网络中的国家进一步研究发现,它们在合作领域和研究方向上存在一定的重合关系。如主要合作机构所属国家美国、加拿大和英国较为关注电气与电子工程、电信学和环境科学生态学等相关研究领域;新加坡和澳大利亚组织机构则更关注电气与电子工程、自动化控制系统、计算机科学信息系统等领域;大连海事大学与日本组织机构的主要合作领域则集中于电气与电子工程、影像科学摄影技术、遥感等学科领域；与瑞典、法国和韩国等国组织机构共同关注多学科材料科学、电化学、能源燃料等相关研究主题。可见这些主要合作国家虽然在部分合作领域存在交叉重叠，但还是存在着各自独特的合作领域。

5.2.6　研究小结

大连海事大学基础科学研究成果在我国海洋院校中较为突出，整体发展历程以 2006 年和 2017 年为时间节点划分为三个发展阶段。电气与电子工程、多学科材料科学、计算机科学信息系统等学科是大连海事大学的主要建设学科。大连理工大学、中国科学院和哈尔滨工业大学是大连海事大学的主要合作机构，合作成果数量较多，质量较好，同时主要合作机构中存在较大的地域限制。通过机构合作网络分析可知，当前大连海事大学进行基础科学研究合作的机构所参与的研究领域和方向比较集中，普遍存在着交错叠加关系，初步形成以大连理工大学和中国科学院为核心的合作集群分布特征。大连海事大学活跃科研工作者较多，其中以 Chen B J、Wang X Y、Li Y 等最为高产，但他们的科研成果产出质量并不均衡。通过作者合作关系网络分析，我们发现大连海事大学的科研工作者形成了一个个较小的合作群落，群落与群落之间联系较少，但群落内部联系较为紧密。美国、加拿大和英国是大连海事大学最主要的合作机构所属国家，也是高被引文献的主要合作国家。这些合作机构所属国家普遍是发达国家和海洋强国。大连海事大学与各国组织机构的合作领域虽然存在部分交叉，但还是普遍存在独特的合作学科领域。同时，值得关注的是瑞典、法国和韩国，大连海事大学与这些国家组织机构合作研究成果质量极高。

5.3　上海海洋大学

我们通过 WoS 核心合集对我国海洋院校进行检索，发现 2002—2021 年上海海洋大学累计被 WoS 核心合集收录 6768 篇文献，是我国海洋院校中排名第三的高校。同时，对上海海洋大学所申报的专利进行梳理，发现上海海洋大学累计申请 3993 项专利。我们以这些文献数据和专利数据为基础对上海海洋大学基础科学研究发展态势展开研究。

上海海洋大学是多科性应用研究型大学，是上海市人民政府与国家海洋局、农业农村部共建高校。2017 年 9 月入选国家"世界一流学科建设高校"。学校现有 4 个一级学科博士学位授权点、13 个一级学科硕士学位授权点、1 个二级学科硕士学位授权点、7 个专业学位硕士学位授权点、3 个博士后科研流动站。拥有国家一流建设学科 1 个、国家重点学科 1 个、上海高校高峰高原学科 3 个、上海高校一流学科 3 个、省部级重点学科 9 个。植物与动物科学、农业科学、环境与生态 3 个学科进入 ESI 国际学科排名全球前 1%，水产学科在全国第四轮学科评估中获 A + 评级。拥有国家工程技术研究中心 1 个、国家工程实验室 1 个、科技部国际联合研究中心 1 个、国家大学科技园 1 个、教育部等省部级重点实验室及平台 30 多个。在我国海洋院校中建设水平较高，海洋特色突出。

5.3.1　时间分布

我们对上海海洋大学 2002—2021 年累计被 WoS 核心合集收录 6768 篇文献按照时间进行划分，如图 5 - 11 所示，研究上海海洋大学的历年发展情况。

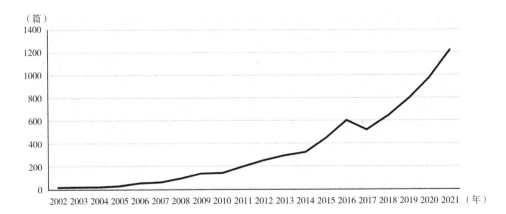

图 5 - 11　上海海洋大学发文时间分布

由图 5 - 11 可知，上海海洋大学历年文献发表量虽然略有波动，但整体呈上升趋势，以 2010 年为时间节点可划分为平缓期和爆发期。

2002—2010 年为平缓发展期。上海海洋大学在 2002 年被 WoS 核心合集收录文献 7 篇，2006 年 50 篇，2010 年 140 篇。这一时期上海海洋大学基础科学研究发展较为平缓，高水平科研成果产出较少，并无高被引文献产出，以 Su Y C 等 2007 年发表的 "*Vibrio Parahaemolyticus：A Concern of Seafood Safety*" 一文引用次数最多，累计被引 499 次，在生物技术应用微生物领域引起了较多关注。

2011—2021 年为爆发期，这一时期整体发文量较多，是上海海洋大学基础科学研究的主要发展时期。2011 被 WoS 核心合集收录 198 篇文献，

2016 年 601 篇，2021 年增至 1210 篇。同时这一时期也产出了一部分高质量的科研成果，其中高被引文献产出 40 篇。其中 Liew K M 等于 2015 年发表的 "*Mechanical Analysis of Functionally Graded Carbon Nanotube Reinforced Composites：A Review*" 一文具备一定的代表性，累计被引 471 次。

专利是反映海洋高校基础科学研究发展态势的重要指标。我们对上海海洋大学所申报的专利进行统计，得到历年专利申请量如图 5 - 12 所示。

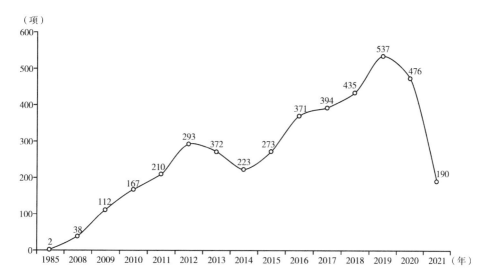

图 5 - 12　上海海洋大学专利获批时间分布

整体看来，上海海洋大学的年专利申请量虽然波动趋势较为明显，但整体而言逐步攀升，技术创新较为活跃，技术发展较为迅速。在极大程度上体现出上海海洋大学创新能力较强，创新精神较强。值得注意的是，自 2019 年以后，上海海洋大学的专利申请量逐年下降，2019 年为 537 项，2020 年为 476 项，到了 2021 年下降至 190 项。这主要是由于专利申报到公开存在一个 18 个月以上的滞后期，导致了上海海洋大学 2020 年、2021 年的年专利申请量下降。

5.3.2　学科分布

我们对上海海洋大学 2002—2021 年累计被 WoS 核心合集收录 6768 篇文献按照所属学科进行识别，如表 5 - 15 所示，以明晰上海海洋大学学科建设的主要学科领域。

表 5 - 15   上海海洋大学主要学科

学科	记录数（篇）	占比（%）	篇均被引（次）
渔业（Fisheries）	1280	18.918	11.76
海洋与淡水生物学（Marine Freshwater Biology）	1055	15.593	13.76
生物化学分子生物学（Biochemistry Molecular Biology）	660	9.755	12.17
食品科学技术（Food Science Technology）	611	9.03	17.68
遗传学（Genetics Heredity）	600	8.868	8.58
环境科学（Environmental Sciences）	582	8.602	15.9
海洋学（Oceanography）	451	6.666	11.94
兽医学（Veterinary Sciences）	387	5.72	13.83
免疫学（Immunology）	362	5.35	14.95
生物技术应用微生物学（Biotechnology Applied Microbiology）	339	5.01	17.4

由表 5 - 15 可知，渔业、海洋与淡水生物学、生物化学与分子生物学等学科是上海海洋大学的主要建设学科。其中以渔业学科尤为突出，2002—2021 年该学科累计发文 1280 篇，篇均被引 11.76 次。其中高被引文献 4 篇，在一定程度上反映上海海洋大学在渔业学科的高水平科研成果的产出不高。我们对这 1280 篇文献进行梳理发现 A. I. Arkhipkin 等于 2015 年发表的"World Squid Fisheries"一文在 1280 篇文献中具备一定的代表性。该文概述了全球鱿鱼渔业，并对世界范围内商业鱿鱼物种的已开发种群的主要生态和生物学特征，以及渔业管理的关键方面进行了梳理。

排在第二位的是海洋与淡水生物学学科，上海海洋大学该学科总体研究成果数量比较多。2002—2021 年该学科累计被 WoS 核心合集收录 1055 篇文献，篇均被引 13.76 次。其中高被引文献仅有 3 篇。

生物化学与分子生物学累计发表 660 篇文献排在第三，篇均被引 12.17次。我们对这 660 篇文献进行梳理发现，其中高被引文献数为 0 篇，同时也出现了众多 0 被引的文献。从侧面反映出上海海洋大学生物化学与分子生物学领域具有影响力的高质量科研成果较为稀缺。

对上海海洋大学获批专利的技术分类大类进行梳理，以明晰上海海洋大学专利技术的主要涉及领域，如表 5 - 16 所示。

表 5 - 16　上海海洋大学主要申报专利类别

大类	IPC 释义	专利数量（项）
A01	A：人类生活必需品 A01：农业；林业；畜牧业；狩猎；诱捕；捕鱼	883
G01	G：物理 G01：测量；测试	596
C12	C：化学；冶金 C12：生物化学；啤酒；烈性酒；果汁酒；醋；微生物学；酶学；突变或遗传工程	387
A23	A：人类生活必需品 A23：其他类不包含的食品或食料；及其处理	352
G06	G：物理 G06：计算；推算或计数	282
B63	B：作业；运输 B63：船舶或其他水上船只；与船有关的设备	273
C02	C：化学；冶金 C02：水、废水、污水或污泥的处理	237
F03	F：机械工程；照明；加热；武器；爆破 F03：液力机械或液力发动机；风力、弹力或重力发动机；其他类目中不包括的产生机械动力或反推力的发动机	176
A61	A：人类生活必需品 A61：医学或兽医学；卫生学	169
F25	F：机械工程；照明；加热；武器；爆破 F25：制冷或冷却；加热和制冷的联合系统；热泵系统；冰的制造或储存；气体的液化或固化	125

表 5 - 16 可知，A01、G01、C12 等是上海海洋大学获批专利数量最多

的专利类别。其中，A01 的农业、林业、畜牧业、狩猎、诱捕、捕鱼等领域申请专利 883 项，位居第一，与上海海洋大学的农林类大学定位较为贴近。在 G01 领域申请专利 596 项，主要涉及物理测量与测试。这两个类别是上海海洋大学专利数量最主要的申报类别，远远超过了其他的专利类别。同时发现，上海海洋大学的主要专利申请类别与主要建设学科高度重合，例如渔业与 A01、食品科学技术与 C12、兽医学与 A61 等。可见上海海洋大学在学科知识建设上同样注重各个学科科研成果的落地与实际应用。

5.3.3 合作机构分布

我们对上海海洋大学 2002—2021 年累计被 WoS 核心合集收录 6768 篇文献按照所属机构进行识别，如表 5-17 所示，对上海海洋大学的主要合作研究机构进行识别，研究与上海海洋大学合作的组织的机构特质与属性。

表 5-17　上海海洋大学主要合作机构

所属机构	记录数（篇）	占比（%）	篇均被引（次）
中国水产科学研究院（Chinese Academy of Fishery Sciences）	1218	18.002	10.71
中国科学院（Chinese Academy of Sciences）	512	7.567	21.51
农业农村部（Ministry of Agriculture and Rural Affairs）	378	5.587	10.8
黄海水产研究所（Yellow Sea Fisheries Research Institute Cafs）	346	5.114	11.68
青岛海洋科学与技术试点国家实验室（Qingdao Natl Lab Marine Sci Technol）	327	4.833	8.6
同济大学（Tongji University）	287	4.242	18.51
南海水产研究所（South China Sea Fisheries Research Institute Cafs）	261	3.858	9.16
上海交通大学（Shanghai Jiao Tong University）	259	3.828	13.32
上海工程技术研究中心（Shanghai Engineering and Technology Research Centre）	236	3.488	11.53

续上表

所属机构	记录数（篇）	占比（%）	篇均被引（次）
东海水产研究所（East China Sea Fisheries Research Institute Cafs）	203	3	9.91

由表 5－17 可知，中国水产科学院、中国科学院、农业农村部等是上海海洋大学的主要合作机构。上海海洋大学与中国水产科学院 2002—2021 年累计合作发表 1218 篇文献，合作科研成果较多。其中高被引文献 3 篇，篇均被引 10.71 次。这与中国水产科学院在渔业科学领域的定位有着极大的关系，中国水产科学院作为全国渔业重大基础应用研究和渔业高新技术产业开发研究领域的"排头兵"，在渔业领域发挥着引领作用，在解决我国渔业及渔业经济建设中方向性、基础性、关键性、全局性的重大科技问题，以及科技兴渔、培养高层次渔业科学领域的科研人才、开展国内外渔业科技交流与合作等方面起着关键的枢纽作用。上海海洋大学与中国水产科学院合作多为渔业学科领域内的合作。上海海洋大学与中国水产科学院在渔业科学领域的合作可在渔业科学研究领域获得较大的资源和人才支持，以产出更高水平的科研成果。上海海洋大学与中国科学院以 2002—2021 年累计合作发文 512 篇、篇均被引 21.51 次位列第二，但篇均被引次数在众多合作机构中位列第一，在一定程度上反映出上海海洋大学与中国科学院合作产出的科研成果平均质量高于其余合作机构。这与中国科学院是国家最高学术机构，致力于科学前沿存在着密切的关系，上海海洋大学与其合作产出了一批水平较高的科研成果。上海海洋大学和农业部（现为农业农村部）2002—2021 年累计合作发表 378 篇文献，篇均被引 10.8 次，排在第三。上海海洋大学是国家海洋局、国家农业农村部共建的农林类高校，所建设的学科也多为农林类学科，上海海洋大学与国家农业农村部合作密切，可以在相关农业学科得到较好的支持，同时在相关农林类学科建设方面也能够得到更好的指导。

为了进一步明晰上海海洋大学的合作关系网络，我们通过 WoS 核心合集下载 2002—2021 年所收录的上海海洋大学文献的纯文本数据，并导入 VOSviewer 绘制合作关系网络图，将合作次数提高至 15 次，共计 129 个合作主体，如图 5－13 所示。

从图 5－13 得知，在上海海洋大学的基础科学研究组织合作网络图中除上海海洋大学外，中国水产科学院处于组织合作网络图中的核心地位，具有

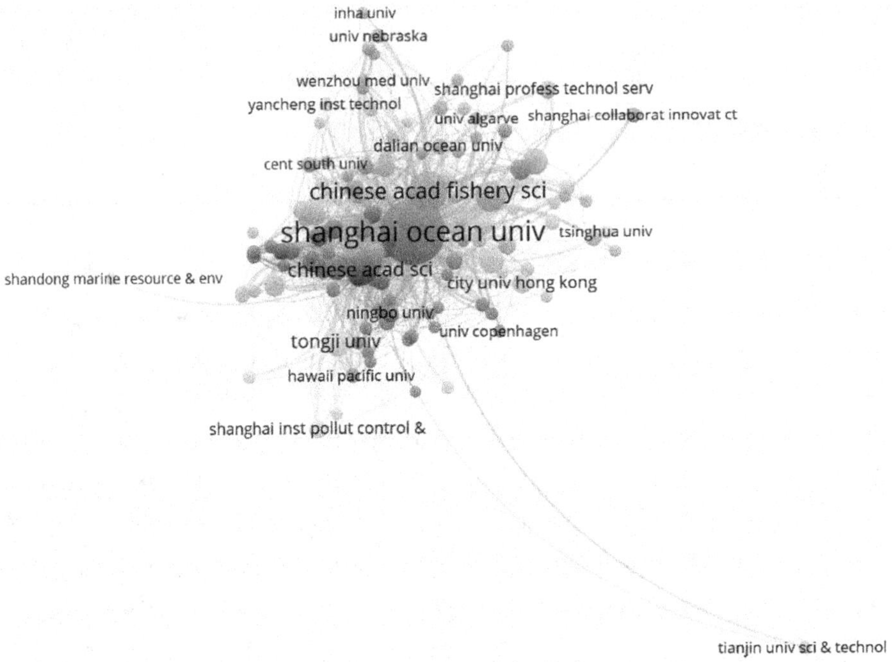

图5-13 上海海洋大学合作网络图

最高的中介中心性。其次是中国科学院和国家农业农村部，分别处于另外两个群落的核心地位。上海海洋大学与上述机构合作所关注的学科领域较为统一，主要包括渔业、海洋与淡水生物学、遗传学等学科领域，可见上海海洋大学的众多合作机构之间存在明显交错重叠痕迹，即研究学科方面有共同关注，各研究机构的研究侧重点也较为相同。整体来看，在与上海海洋大学进行基础科学研究合作的机构所参与的研究学科比较集中，普遍存在着交叉关系，初步形成以中国水产科学院、中国科学院和国家农业农村部为核心的合作集群分布特征。

对上海海洋大学的专利主要申请机构及合作机构进行梳理分析。具体结果如表5-18所示。

表5-18 上海海洋大学主要专利申请人

申请人	专利数量（项）
上海海洋大学	3990

续上表

申请人	专利数量（项）
宁波捷胜海洋开发有限公司	20
中铁集装箱运输有限责任公司	20
新疆奔腾生物技术有限公司	20
山东东方海洋科技股份有限公司	20
上海水生环境工程有限公司	14
中国水产科学研究院东海水产研究所	12
上海朗力照明有限公司	11
江苏科技大学	10
中国水产科学研究院黄海水产研究所	9

由表 5 - 18 可知，上海海洋大学的专利申请主要是以自身作为第一申请单位进行申请，隶属于上海海洋大学的专利数量为 3990 项，占总量的比例超过 99%。对其他的申请人进行分析发现，少量专利由上海本地企业申报。例如上海水生环境工程有限公司申请专利 14 项、上海朗力照明有限公司申请专利 11 项。同时发现在这些专利申请人上海海洋大学最主要的科研合作机构出现了重合。中国水产科学院是上海海洋大学科研合作最活跃的机构之一，同时也是上海海洋大学专利领域合作最多的机构之一。上海海洋大学与中国水产科学研究院东海水产研究所合作申请专利 12 项，与中国水产科学研究院黄海水产研究所合作申请专利 9 项。在一定程度上反映出上海海洋大学在开展对外合作时，在合作科研成果落地、合作科研知识的有效利用等方面也取得了一定成绩。

5.3.4　作者分布

我们对上海海洋大学 2002—2021 年累计被 WoS 核心合集收录 6766 篇文献进行作者识别，对各高产作者发表文献数、篇均被引数进行识别，如表 5 - 19 所示。由于上海海洋大学高被引文献数量较少，在高产学者中也存在一些学者并无高被引文献产出，因此上海海洋大学的作者分布不进行高被引文献数分析。

表 5 - 19　上海海洋大学活跃学者

作者	记录数（篇）	占比（%）	篇均被引（次）
Li J L	250	3.695	14.17
Xie J	214	3.163	12.26
Liu Y	186	2.749	18.28
Zhang Y	180	2.66	13.28
Chen X J	170	2.513	11.42
Wang X C	165	2.439	16.19
Wang J	160	2.365	12.86
Chen Y	152	2.247	13.55
Zhao Y	151	2.232	15.38
Wang Y	149	2.202	16.86

由表 5 - 19 可知，Li J L 是上海海洋大学基础科学研究产出最多的作者，2002—2021 年累计被 WoS 核心合集收录 250 篇文献，篇均被引 14.17次，高被引文献 0 篇。我们对 Li J L 的 250 篇文献进行梳理发现渔业、海洋与淡水生物学、遗传学、免疫学、兽医学等领域是他的主要研究方向。

Xie J 2002—2021 年累计被 WoS 核心合集收录 214 篇文献，篇均被引12.26 次，排在第二，高被引文献同样为 0 篇。我们对 Xie J 所产出的 214篇文献所涉及的领域进行梳理发现，食品科学技术、应用化学、多学科化学、生物化学与分子生物学等是其主要研究领域。其中 2004 年发表的 *"Practical Applications of Vacuum Impregnation in Fruit and Vegetable Processing"*一文在食品科学技术学科领域内反响最大。

Liu Y 2002—2021 年累计被 WoS 核心合集收录 186 篇文献，篇均被引次数 18.28 次，位居第三。我们对 Liu Y 所发表的 186 篇文献梳理发现，其中高被引文献 1 篇，被引次数超过 100 次的文献 3 篇。这些质量较高的科研成果，提高了整体的平均引用次数。我们对这 186 篇文献所涉及的领域进行梳理发现，食品科学技术、应用化学、海洋与淡水生物学、渔业等学科领域是Liu Y 的主要研究方向。

为了进一步明晰上海海洋大学基础研究文献的作者合作关系网络，我们通过 WoS 核心合集下载 2002—2021 年所收录的上海海洋大学文献的纯文本数据，并导入 VOSviewer 绘制作者合作关系网络图，将合作次数设定为5次，共计 1681 个活跃作者，如图 5 - 14 所示。

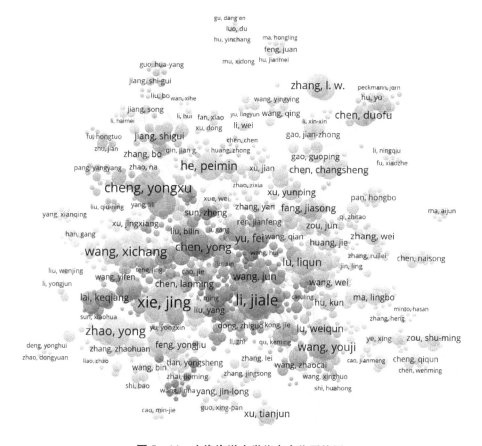

图 5 - 14　上海海洋大学作者合作网络图

由图 5 - 14 可知，上海海洋大学基础科学研究文献作者合作关系网络较广，且密度较高，嵌入在合作网络中的活跃科研工作者较多。但他们在整体上合作并不紧密，相互之间联结度不大，形成了较多的合作群落。其中又以 Li J L、Wang Y J 等为代表的合作群落最为突出，群落之间的合作并不紧密，但在群落内部的点的联结十分紧密。可见，在上海海洋大学的科研人员中，已经形成了相对固定的科研合作团队，不过团队之间合作较少，甚至存在相互隔离现象。

通过对上海海洋大学专利发明人进行梳理，以明晰上海海洋大学在专利领域最活跃的科研工作者分布，如表 5 - 20 所示。

表5-20　上海海洋大学主要专利发明人

发明人	专利数量（项）
谢晶	397
王金锋	326
王世明	206
陈新军	171
何培民	138
孔祥洪	116
张丽珍	116
胡庆松	109
黄冬梅	89
李家乐	86

由表5-20可知，谢晶、王金峰等学者是上海海洋大学专利申请量最多的科研工作者。其中谢晶累计申请专利397项专利，是上海海洋大学专利申请量最多的学者。同时值得注意的是，谢晶、王金峰、王世明等学者不仅是上海海洋大学文献发表数量最多的学者之一，也是专利申请数量最多的科研工作者之一，在科学知识有效转化等方面具有优势。上海海洋大学在专利与文献领域的重叠交叉度较高，科学知识的有效利用率较高。

5.3.5　合作机构所属国家分布

我们对上海海洋大学2002—2021年累计被WoS核心合集收录6766篇文献的合作机构所属国家进行识别，对上海海洋大学的主要合作机构所属国家进行分析，对各合作机构所属国家进行高被引文献数、发表文献篇均被引数等指标进行评估，如表5-21所示，以分析与各合作国家组织机构的合作质量问题。

表5-21　上海海洋大学主要合作机构所属国家

国家	记录数（篇）	占比（%）	高被引文献数（篇）	篇均被引（次）
美国（USA）	885	13.08	6	21.31
日本（Japan）	208	3.074	4	14.45
德国（Germany）	158	2.335	2	22.08

续上表

国家	记录数（篇）	占比（%）	高被引文献数（篇）	篇均被引（次）
澳大利亚（Australia）	142	2.099	6	25.94
加拿大（Canada）	92	1.36	2	29.07
英国（England）	84	1.242	3	25.9
沙特阿拉伯（Saudi Arabia）	60	0.887	1	18.85
新加坡（Singapore）	60	0.887	1	23.87
韩国（South Korea）	55	0.813	1	14.42
苏格兰（Scotland）	50	0.739	3	35.8

　　由表 5 – 21 可知，与上海海洋大学合作最为频繁的组织机构所属国家大多为发达国家和传统海洋研究强国，合作成果质量较高，除日本、韩国、沙特阿拉伯外，其余合作机构所属国家产出科研成果篇均被引次数均高于 20，这与上海海洋大学的多数高被引文献产出均为与这些组织机构所属国家合作有着密切的关系。其中美国合作组织机构是上海海洋大学合作最频繁的组织机构所属国家，2002—2021 年上海海洋大学累计与其合作产出文献 885 篇，其中高被引文献 6 篇，篇均被引次数为 21.31。合作文献数和高被引文献数等较为突出，但篇均被引次数并不理想，可见上海海洋大学与美国合作组织机构产出的科研成果的平均质量在众多合作机构所属国家中并不突出。

　　日本合作组织机构以 208 篇合作文献、4 篇高被引文献、篇均被引次数14.45 次位居第二。相比于美国，上海海洋大学与日本合作组织机构产出的文献数量少很多，仅为与美国合作组织机构产出文献数的 1/4，但高被引文献数却为美国合作组织机构的 2/3，可见上海海洋大学与日本合作组织机构合作的高被引文献产出率是高于美国的。同时值得注意的是，上海海洋大学与日本合作产出文献的篇均被引次数为 14.45，在合作最频繁的 10 个国家中排在倒数第二，从侧面反映出存在部分质量较低的合作成果。综上可以看出上海海洋大学与日本合作产出的科研成果质量两极分化较为严重。

　　上海海洋大学与德国合作组织机构合作发表 158 篇文献，位居第三。其中高被引文献 2 篇，篇均被引次数 22.08。环境科学、海洋与淡水生物学、多学科地球科学、微生物学等学科是上海海洋大学与德国合作组织机构的主要合作领域。其中 Gong C W 等 2016 年发表的 "*Novel Virophages Discovered in a Freshwater Lake in China*" 一文在微生物学领域内被众多学者所熟知，是上海海洋大学与德国合作组织机构科研合作的突出成果。

在上海海洋大学众多合作机构所属国家中，值得注意的是澳大利亚、加拿大和苏格兰合作组织机构，上海海洋大学与它们合作产出的文献数量虽然不高，但在高被引文献产出数、篇均被引次数、高被引文献产出率等指标在合作国家中位居前列。

为了进一步明晰上海海洋大学基础研究文献的国家合作关系网络，我们通过 WoS 核心合集下载 2002—2021 年所收录的上海海洋大学被收录文献的纯文本数据，并导入 VOSviewer 绘制国家合作关系网络图，为了将合作机构所属国家网络展示得更加具体，我们将合作次数阈值调至 1 次，如图 5 - 15 所示。

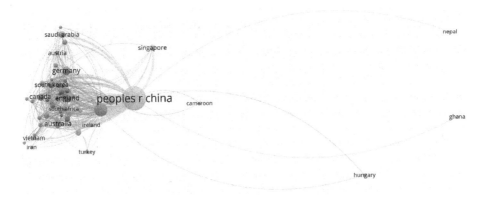

图 5 - 15　上海海洋大学主要合作机构所属国家网络图

从上海海洋大学基础科学研究主要合作机构所属国家的网络图来看，美国合作组织机构是上海海洋大学对外合作的主要对象，具有最高的中介中心性。并且初步形成了以美国、日本、德国、澳大利亚等国家为核心的群落关系。同时我们对关系网络中的合作机构所属国家合作文献进一步研究，发现它们在合作领域和研究方向上在存在一定的重合关系的同时也存在着各自的独特研究领域。如主要合作机构所属国家美国、日本关注海洋与淡水生物学、渔业、海洋学、食品科学技术等学科领域较多；德国则更关注环境科学、食品科学技术、多学科地球科学、材料科学等领域；上海海洋大学与澳大利亚合作组织机构和加拿大合作组织机构的主要合作领域则集中于渔业、海洋与淡水生物学、环境科学、海洋学等；与英国合作组织机构、沙特阿拉伯合作组织机构和韩国合作组织机构共同关注微生物学、食品科学技术、遗传学等相关研究主题。虽然上海海洋大学与这些主要合作国家在部分合作领域存在交错重叠，但是它们之间也存在独特的合作领域。

5.3.6 研究小结

上海海洋大学基础科学研究成果在我国海洋院校中排在前列，以 2010 年为时间节点划分两个发展阶段。渔业、海洋与淡水生物学、生物化学与分子生物学等学科是上海海洋大学的主要建设学科，涉海农林类学科是上海海洋大学的主要学科建设方向。中国水产科学院、中国科学院和中国农业农村部是上海海洋大学的主要合作机构，合作成果数量较多、质量较好。通过机构合作网络分析可知，与上海海洋大学合作进行基础科学研究的组织机构所参与的研究领域和方向比较集中，普遍存在着交错关系，初步形成以中国水产科学院和中国科学院为核心的合作集群分布特征。上海海洋大学活跃科研工作者较多，其中以 Li J L、Xie J、Liu Y 等最为高产，但他们的科研成果质量并不均衡。同时上海海洋大学的高被引文献产出较少，这与它自身的高水平海洋大学定位、双一流建设并不匹配。通过作者合作关系网络分析，发现上海海洋大学的科研工作者形成了较多的合作群落，群落之间联系较少，但群落内部联系较为紧密。美国、日本和德国是上海海洋大学最主要的合作机构所属国家，也是高被引文献的主要合作机构所属国家。这些合作机构所属国家普遍是发达国家和海洋强国。上海海洋大学与各合作机构所属国家的合作领域虽然存在重合，但还是普遍存在独特的合作学科领域。同时值得关注的是澳大利亚合作组织机构、加拿大合作组织机构和苏格兰合作组织机构，上海海洋大学与它们合作产出的文献数量虽然不多，但它们分别在高被引文献产出数、篇均被引次数、高被引文献产出率等指标下在合作国家中位居前列。

5.4 上海海事大学

我们通过 WoS 核心合集对上海海事大学进行检索，发现 2002—2021 年上海海事大学累计被 WoS 核心合集收录 4699 篇文献，是我国海洋院校中被 WoS 核心合集收录文献第四多的涉海高校。同时对上海海事大学所申报的专利数据进行梳理，发现上海海事大学累计申报专利 5577 项。我们以这些文献数据和专利数据为基础对上海海事大学基础科学研究发展态势展开研究。

上海海事大学是一所历史悠久的高等航海教育高校，它的前身是 1909 年清朝邮传部上海高等实业学堂（南洋公学），1912 年成立吴淞商船学校，

1933年更名为吴淞商船专科学校，1959年交通部在沪组建上海海运学院，2004年经教育部批准更名为上海海事大学。

上海海事大学是一所具有工学、管理学、经济学、法学、文学、理学和艺术学等学科门类的多科性大学，航运、物流、海洋是它的主要建设特色。目前设有商船学院、交通运输学院、经济管理学院、物流工程学院、法学院、信息工程学院、外国语学院、海洋科学与工程学院、文理学院、徐悲鸿艺术学院、马克思主义学院、物流科学与工程研究院、上海高级国际航运学院、体育教学部等二级办学部门。

上海海事大学在教学过程中十分重视对外合作。学校与境外100多所姐妹院校建立了校际交流与合作关系，开展教师交流、合作办学、合作科研、学生交换等活动。与联合国国际海事组织、波罗的海国际航运公会、挪威船级社等国际知名航运组织和机构建立了密切联系。2010年开设"国际班"，邀请美国、韩国、波兰、俄罗斯、德国等国家航海院校的学生来校学习"航海技术""航运管理"等专业。

5.4.1　时间分布

我们对上海海事大学2002—2021年累计被WoS核心合集收录4699篇文献按照时间进行划分，如图5-16所示，有助于了解上海海事大学在2002—2021年期间论文发表情况。

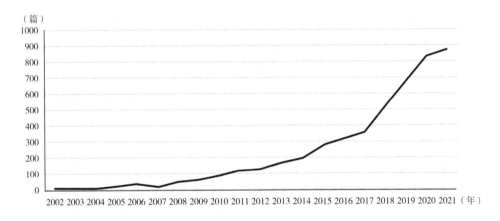

图5-16　上海海事大学发文时间分布

由图5-16可知，上海海事大学历年文献发表量虽然略有波动，但整体呈上升趋势，以2007年和2017年为时间节点可划分为平缓期、发展期和爆发期。

2002—2007 年为平缓发展期。上海海事大学在 2002 年被 WoS 核心合集收录文献 2 篇，发展至 2006 年被 WoS 核心合集收录 34 篇，但在 2007 年上海海事大学被 WoS 核心合集收录文献数跌至 16 篇。可见上海海事大学在这一时期基础科学研究发展较为缓慢，同时发展趋势也较为不稳定。计算机科学人工智能、计算机科学理论方法、应用数学等学科领域是上海海事大学这一时期的主要研究领域。其中以 Hu S P 等发表的 "*Formal Safety Assessment Based on Relative Risks Model in Ship Navigation*" 一文最有代表性，该文主要涉及工程学、运筹学与管理科学等领域。

2008—2016 年为发展期，2008 年被 WoS 核心合集收录文献 44 篇，2012 年为 124 篇，2016 年增长至 313 篇。这一时期上海海事大学基础科学研究发展较为迅速，基础科学研究文献发表量显著增长。电气与电子工程、多学科材料科学、应用数学等学科是这一时期的主要研究领域。相较于上一发展时期，上海海事大学的主要研究方向发生了较大的转变。我们对这一时期的 9 篇高被引文献进行梳理发现，它们主要研究方向与上海海事大学这一时期的主要研究方向一致，各学科建设状况较好。

2017—2021 年为爆发期，这一时期上海海事大学的基础科学研究文献得到了爆发式的增长。2017 年被 WoS 核心合集收录 355 篇文献，2020 年为 830 篇，实现了跨越式的增长，但 2021 年的增长速度有所放缓，为 873 篇，与 2020 年基本持平。但值得注意的是这一时期的高被引文献也得到了较大的增长，2017—2021 年高被引文献发表 70 多篇，电气与电子工程、多学科材料科学、计算机科学信息系统等学科是这一时期上海海事大学基础科学研究的主要建设方向。可见上海海事大学这一发展时期研究方向在上两个发展时期的基础上做了进一步的丰富，具有影响力的研究成果也不断涌现。

我们对上海海事大学所申报的专利进行统计，得到历年专利申请量如图 5 - 17 所示。

由图 5 - 17 可知，上海海事大学在专利领域的发展态势可以划分为发展期和振荡期。其中 2003—2011 年为发展期。2003 年上海海事大学的专利申请量仅为 1 项，发展至 2007 年已增长至 111 项，在 2011 更是达到顶峰，年专利申请量为 865 项，是上海海事大学至今专利申请量最多的一年。2012—2021 年为振荡发展期，在 2012 年年专利申请量下降至 414 项，2014 年更是低至 180 项。此后上海海事大学的年专利申请量起伏较为明显，并未呈现出较为稳定的发展趋势。

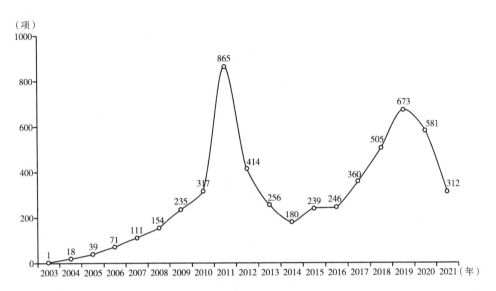

图 5 – 17　上海海事大学专利分布

5.4.2　学科分布

我们对上海海事大学 2002—2021 年累计被 WoS 核心合集收录 4699 篇文献按照所属学科进行识别，如表 5 – 22 所示，有助于明晰上海海事大学所涉足学科领域。

表 5 – 22　上海海事大学主要学科

学科	记录数（篇）	占比（%）	篇均被引（次）
电气与电子工程（Engineering Electrical Electronic）	628	13.365	16.6
多学科材料科学（Materials Science Multidisciplinary）	426	9.066	16.83
计算机科学信息系统（Computer Science Information Systems）	330	7.023	10.85
环境科学（Environmental Sciences）	313	6.661	16.09
Computer Science Artificial Intelligence（计算机科学人工智能）	295	6.278	19.87

续上表

学科	记录数（篇）	占比（%）	篇均被引（次）
电信（Telecommunications）	291	6.193	11.67
土木工程（Engineering Civil）	282	6.001	12.59
应用物理（Physics Applied）	270	5.746	14.03
能源燃料（Energy Fuels）	265	5.639	20.24
Engineering Multidisciplinary（多学科工程）	229	4.873	11.72

由表 5-22 可知，电气与电子工程、多学科材料科学、计算机科学信息系统等学科是上海海事大学的主要建设学科。总体看来，上海海事大学的学科建设以理工类学科为主要建设方向，其中以电气与电子工程学科领域尤为突出，2002—2021 年在该学科累计发文 628 篇，篇均被引 16.6 次。对这 628 篇文献进一步分类梳理发现其中有高被引文献 14 篇，是上海海事大学高被引文献数最多的学科。在 14 篇高被引文献中，值得注意的是 Qi G Y 等于 2021 年发表的 "*Lightweight Fe3C@ Fe/C Nanocomposites Derived from Wasted Cornstalks with High-efficiency Microwave Absorption and Ultrathin Thickness*" 一文，该文献不仅是高被引论文，同样也是热点论文，在电气与电子工程、材料科学等领域引发了热烈的讨论。

排在第二位的是多学科材料科学，该学科 2002—2021 年累计被 WoS 核心合集收录 426 篇文献，其中高被引文献 11 篇，篇均被引次数为 16.83 次。上海海事大学多学科材料科学的建设情况较好，高被引文献产出率一度超过了电气与电子工程等学科。

计算机科学信息系统是上海海事大学学科建设活跃度第三的学科，2002—2021 年计算机科学信息系统累计被 WoS 核心合集收录 330 篇文献，其中高被引文献 9 篇，篇均被引次数为 10.85。

通过对上海海事大学专利的技术分类大类进行梳理，与上海海事大学的主要建设学科领域进行对照，以明晰上海海事大学专利技术的主要涉及领域，同时验证学科领域与专利领域是否一致，如表 5-23 所示。

表 5 - 23　上海海事大学主要申报专利类别

大类	IPC 释义	专利数量（项）
G06	G：物理 G06：计算；推算或计数	889
G01	G：物理 G01：测量；测试	624
H04	H：电学 H04：电通信技术	374
B63	B：作业；运输 B63：船舶或其他水上船只；与船有关的设备	338
H02	H：电学 H02：发电、变电或配电	319
G05	G：物理 G05：控制；调节	251
B66	B：作业；运输 B66：卷扬；提升；牵引	223
G08	G：物理 G08：信号装置	175
A47	A：人类生活必需品 A47：家具；家庭用的物品或设备；咖啡磨；香料磨；一般吸尘器	157
F24	F：机械工程；照明；加热；武器；爆破 F24：供热；炉灶；通风	135

　　由表 5 - 23 可知，G06、G01、H04 等专利领域是上海海事大学专利数量最多的专利类别。进一步分析发现，它们均为理工类别。这些专利领域与船舶运输、船舶作业等众多海事领域息息相关，与上海海事大学的主要海事特色相契合。此外，值得注意的是上海海事大学的主要学科建设与主要专利领域出现了较大的契合程度，例如电气与电子工程学科与 H04 专利领域，应用物理与 G01、G05、G06、G08 等专利领域。可见上海海事大学对于各个学科领域的科学知识与利用匹配度较高，极力推动各个自身学科知识的有

效转化，进一步提升科研价值。

5.4.3　合作机构分布

我们对上海海事大学 2002—2021 年累计被 WoS 核心合集收录 4699 篇文献按照所属机构进行识别，如表 5-24 所示，对上海海事大学的主要合作研究机构进行识别，并对这些合作机构的特质和属性进行辨别，以明晰上海海事大学的合作研究机构的特点。

表 5-24　上海海事大学主要合作机构

所属机构	记录数（篇）	占比（%）	篇均被引（次）
上海交通大学（Shanghai Jiao Tong University）	368	7.831	11.94
中国科学院（Chinese Academy of Sciences）	319	6.789	18.46
同济大学（Tongji University）	209	4.448	13.18
上海大学（Shanghai University）	196	4.171	21.61
西布列塔尼大学（Universite De Bretagne Occidentale）	125	2.66	22.13
复旦大学（Fudan University）	121	2.575	14.23
华东师范大学（East China Normal University）	118	2.511	10.81
中国科学院上海生命科学研究院（Shanghai Institutes for Biological Sciences Cas）	116	2.469	27.86
国家科学研究中心（Centre National De La Recherche Scientifique Cnrs）	82	1.745	20.87
山东大学（Shandong University）	81	1.724	43.31

由表 5-24 可知，上海交通大学、中国科学院、同济大学等是上海海事大学的主要合作机构。整体看来上海海事大学与上海本地高校和研究机构合作较多，这与这些机构的研究水平较高有着密切的关系，但也反映出上海海事大学的主要合作机构受到地域限制较为严重。其中上海交通大学是上海海事大学最主要的合作对象，上海海事大学与上海交通大学 2002—2021 年累计合作发表 368 篇文献，合作科研成果较多，在众多合作机构中位列第一。这与上海交通大学的高水平建设存在较大关系。但上海海事大学与上海交通

大学合作的文献篇均被引次数仅为 11.94，在众多合作机构中极为靠后，合作成果质量较差，这 368 篇文献中高被引文献 0 篇，可见上海海事大学与上海交通大学合作产出的科研成果的平均质量低于其余合作机构。

上海海事大学与中国科学院以 2002—2021 年累计合作发文 319 篇、篇均被引 18.46 次位列第二，值得注意的是排在第 8 位的上海生命科学院是中国科学院的下属研究所，上海海事大学与其合作产出 116 篇文献，篇均被引次数为 27.86，在众多合作研究机构中位居第二。这与中国科学院是国家最高学术机构，存在着密切的关系，上海海事大学与其合作产出了一批水平较高的科研成果。

上海海事大学和同济大学 2002—2021 年累计合作发表 209 篇文献，篇均被引 13.18 次，排在第三。上海海事大学与同济大学的合作现状与上海交通大学较为相似，整体合作产出科研成果质量不高。虽然同济大学是我国高水平建设高校，但是双方合作成果篇均被引次数仅为 13.18 次，在最活跃的 10 所合作机构中倒数第三，在这 209 篇文献中，高被引文献仅为 2 篇。

为了进一步明晰上海海事大学的合作关系网络，我们通过 WoS 核心合集下载 2002—2021 年所收录的上海海事大学文献的纯文本数据，并导入 VOSviewer 绘制合作关系网络图，将合作次数设定为 5 次，共计 331 个合作主体，如图 5 – 18 所示。

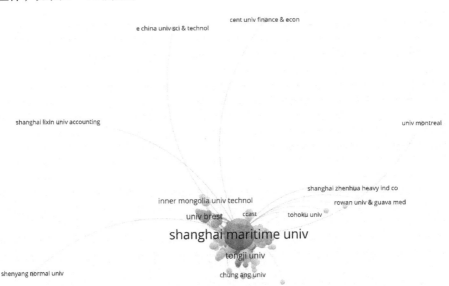

图 5 – 18　上海海事大学机构合作网络图

从图 5 - 18 得知，在上海海事大学的基础科学研究组织合作网络图中，上海交通大学处于组织合作网络图中的核心地位，具有最高的中介中心性。其次是中国科学院和同济大学，分别处于另外两个群落的核心地位。上海海事大学与上述机构合作的学科领域较为统一，关注的领域主要包括电气与电子工程、多学科材料科学、计算机科学信息系统、环境科学等领域。整体来看，上海海事大学与其他机构合作涉及的学科比较集中，且普遍存在着相互交错重叠关系，初步形成以上海交通大学、中国科学院和同济大学为核心的合作集群分布特征。

对上海海事大学的专利研发主要申请人和主要合作者进行梳理分析，如表 5 - 25 所示。

表 5 - 25　上海海事大学主要专利申请人

申请人	专利数量（项）
上海海事大学	4536
天津港（集团）有限公司	24
国网江苏省电力有限公司	24
国网江苏省电力有限公司经济技术研究院	24
上海振华重工（集团）股份有限公司	20
中航鼎衡造船有限公司	20
天津港中煤华能煤码头有限公司	19
河海大学	17
上海国际港务（集团）股份有限公司	17
国家电网有限公司	17

由表 5 - 25 可知，上海海事大学的专利申请量主要是由自身作为第一申请单位进行申请，少量专利由上海本地或外地企业进行申报，例如天津港（集团）有限公司与上海海事大学合作申报专利 24 项、国网江苏省电力有限公司与上海海事大学合作申报专利 24 项、上海振华重工（集团）股份有限公司与上海海事大学合作申请专利 20 项。

5.4.4　作者分布

我们对上海海事大学 2002—2021 年累计被 WoS 核心合集收录 4699 篇文献进行作者识别，如表 5 - 26 所示，对各高产作者发表文献数、高被引文献数、篇均被引次数等指标进行识。

表 5 - 26 上海海事大学活跃学者

作者	记录数（篇）	占比（%）	高被引文献数（篇）	篇均被引（次）
Chen L	188	4.001	4	22.27
Fan R H	146	3.107	17	35.83
Yin Y S	120	2.554	2	21.18
Huang T	114	2.426	1	24.71
Cai YD	112	2.383	1	27.34
Benbouzid M	106	2.256	3	19.59
Zhou R G	94	2	0	8.7
Liu Y	91	1.937	7	27.13
Zhang X L	89	1.894	2	11.82
Wang J	84	1.788	2	17.01

由表 5 - 26 可知，Chen L 是上海海事大学基础科学研究产出最多的作者，2002—2021 年累计被 WoS 核心合集收录 188 篇文献，篇均被引 22.27次，其中高被引文献为 4 篇。我们对 Chen L 的 188 篇文献进行梳理发现生物化学与分子生物学、生物化学研究方法、生物技术应用与微生物学等领域是他的主要研究方向。他主要研究方向与上海海事大学的主要学科建设方向并不一致，在一定程度上促进了上海海事大学的多学科发展。Chen L 所发表的 4 篇高被引文献中，以 2020 年发表的 *"Prediction of Drug Side Effects with a Refined Negative Sample Selection Strategy"* 一文最具影响力，该论文主要设计了一种新颖的负样本选择策略来获取高质量的负样本。这种策略在化学 - 化学相互作用网络上应用了带重启的随机游走（random walk with restart，RWR）算法来选择药物和副作用，使得药物不太可能产生相应的副作用。通过使用固定特征提取方案和不同机器学习算法的多次测试，具有选定负样本的模型产生了高性能。

Fan R H 2002—2021 年累计被 WoS 核心合集收录 146 篇文献，篇均被引 35.83 次，排在第二，其中高被引文献为 17 篇，是上海海事大学高被引文献产出最多的学者。Fan R H 所有产出文献的篇均被引次数在众多高产作者中位居第一。我们对 Fan R H 的 146 篇文献所涉及的领域进行梳理发现，多学科材料科学、应用物理、化学物理、电气与电子工程等是其主要研究领域。这些研究领域与上海海事大学的主要学科建设方向出现了小范围的重合，在一定程度上推动了上海海事大学主要建设学科的基础科学研究进展。

　　Yin Y S 2002—2021 年累计被 WoS 核心合集收录 120 篇文献，篇均被引次数 21.18 次，位居第三，其中高被引文献 2 篇。我们对这 120 篇文献所涉及的领域进行梳理发现，多学科材料科学、应用物理、化学物理等领域是 Yin Y S 的主要涉及领域，与上海海事大学的主要建设学科较大程度上一致。

　　为了进一步明晰上海海事大学基础研究文献的作者合作关系网络，我们通过 WoS 核心合集下载 2002—2021 年所收录的上海海事大学文献的纯文本数据，并导入 VOSviewer 绘制作者合作关系网络图，将合作次数阈值设定为 5 次，共计 842 个活跃作者，如图 5 - 19 所示。

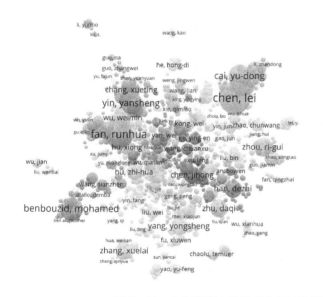

图 5 - 19　上海海事大学学者合作网络图

　　由图 5 - 19 可知，上海海事大学基础科学研究文献作者合作关系网络较为密集，嵌入在合作网络中的活跃科研工作者较多。但他们在整体上合作并不紧密，相互之间联结关系强度不大。观察图 5 - 19 可知，上海海事大学形成了较多的合作群落，其中以 Chen L、Fan R H、Yin Y S 等为代表合作群落最为突出，群落之间的合作并不紧密，但在群落内部的点的联结十分紧密。可见，在上海海事大学的科研人员中，已经形成了相对固定的科研合作团队。

通过对上海海事大学专利发明人进行梳理，以明晰上海海事大学在专利发明领域最活跃的科研工作者分布，如表 5 - 27 所示。

表 5 - 27　上海海事大学主要专利发明人

发明人	专利数量（项）
季明浩	205
胡雄	203
叶善培	163
沈剑	161
董丽华	138
顾邦平	133
徐为民	125
褚建新	123
韩德志	122
唐刚	118

由表 5 - 27 可知，季明浩、胡雄、叶善培等学者是上海海事大学专利申请量最多的科研工作者。其中季明浩累计申请专利 205 项专利，是上海海事大学专利申请量最多的学者。胡雄累计申请专利 203 项，位居第二。叶善培累计申请专利 163 项，位居第三。值得注意的是，上海海事大学的文献高产学者们与专利高申请量学者们几乎没有重叠。从侧面表现出，上海海事大学在论文领域和专利领域是两套较为独立的科研系统，相互之间交叉较少。

5.4.5　合作机构所属国家分布

我们对上海海事大学 2002—2021 年累计被 WoS 核心合集收录 4699 篇文献的所属国家进行识别，如表 5 - 28 所示，对上海海事大学通过国际合作发表的高被引文献数、篇均被引数等指标进行分析，有助于了解该校参与国际合作成效。

表 5 - 28　上海海事大学主要合作机构所属国家

国家	记录数（篇）	占比（%）	高被引文献数（篇）	篇均被引（次）
美国（USA）	490	10.428	20	24.47
法国（France）	205	4.363	5	18.57
英国（England）	141	3.001	8	26.34
加拿大（Canada）	134	2.852	2	20.83
新加坡（Singapore）	108	2.298	5	19.4
澳大利亚（Australia）	105	2.235	2	14.94
日本（Japan）	105	2.235	4	17.53
丹麦（Denmark）	103	2.192	12	33.92
韩国（South Korea）	87	1.851	1	10.79
葡萄牙（Portugal）	53	0.921	0	17.25

表 5 - 28 可知，上海海事大学合作最频繁的合作机构所属国家大多为发达国家和传统海洋研究强国，但同时也发现上海海事大学与这些合作机构所属国家产出的科研成果质量参差不齐。其中美国是上海海事大学合作最频繁的合作机构所属国家，也是上海海事大学最主要的高被引文献合作机构所属国家，2002—2021 年上海海事大学累计与其合作产出文献 490 篇，其中高被引文献 20 篇，篇均被引次数为 24.47。我们对这 490 篇文献进一步梳理发现，被引次数超过 100 次的文献多达 23 篇，可见上海海事大学与美国合作组织机构产出科研成果整体质量较高。其中以 Sun K 等发表的 "*Flexible Polydimethylsiloxane/Multi-walled Carbon Nanotubes Membranous Metacomposites with Negative Permittivity*" 一文影响最大。

上海海事大学 2002—2021 年累计与法国合作组织机构发表 205 篇文献，其中高被引文献 5 篇，篇均被引次数 18.57，位列第二。其中被引次数超过 100 次的文献有 9 篇，整体研究质量相对较好。其中 Zia M F 等发表的 "*Microgrids energy Management Systems：A Critical Review on Methods，Solutions，and Prospects*" 一文在能源与燃料工程领域内受到较多学者关注。该文主要对微电网能源管理系统的决策策略及其解决方法进行了比较和批判性分析。

上海海事大学 2002—2021 年累计与英国合作组织机构发表 141 篇文献，其中高被引文献 8 篇，篇均被引次数 26.34，位列第三。相较于美国和法国，上海海事大学与英国合作组织机构产出的文献不多，但高被引文献产出率在众多合作机构所属国家中排名极为靠前，篇均被引次数在主要合作机构所属国家中位居第二。这与上海海事大学与英国合作产出的文献平均质量较高存在较大关系，在这 141 篇文献中高被引文献有 8 篇。Wu J 等发表的 "*A Visual Interaction Consensus Model for Social Network Group Decision Making with Trust Propagation*" 一文被引 228 次，在上海海事大学与英国合作产出的文献中被引次数最多。

在与上海海事大学合作的众多合作机构所属国家中，值得注意的是丹麦，上海海事大学与丹麦合作组织机构发表文献 103 篇，其中高被引文献 12 篇，高被引文献产出率超过 10%。在一定程度上反映上海海事大学与丹麦合作组织机构产出的科研成果质量整体上远远超过其余合作机构所属国家。

为了进一步明晰上海海事大学基础研究文献的合作机构所属国家关系网络，我们通过 WoS 核心合集下载 2002—2021 年所收录的上海海事大学文献的纯文本数据，并导入 VOSviewer 绘制合作机构所属国家关系网络图，为了将合作机构所属国家网络展示得更加具体，我们将合作次数阈值调至 1 次，如图 5-20 所示。

从上海海事大学基础科学研究主要合作机构所属国家的网络图来看，美国是上海海事大学对外合作机构所属国家中的主要合作对象，除中国外具有最高的中介中心性。上海海事大学的对外合作网络已经初步形成了以美国、法国、英国、加拿大、丹麦等国家为核心的群落关系。主要合作机构所属国家美国在电气与电子工程、交通科学技术、多学科材料科学、土木工程、运输科学等学科领域与上海海事大学合作较多，并在这些领域产出了一部分高被引文献。而上海海事大学与法国合作组织机构则更关注电气与电子工程、能源燃料、计算机科学信息系统、海洋工程等领域；上海海事大学与英国合作组织机构主要合作领域则集中于电气与电子工程、运筹学管理科学、环境科学、绿色可持续技术等学科领域。虽然这些主要合作机构所属国家虽然在部分合作领域存在交叉重叠，但也存在较大的不同，上海海事大学与各合作机构所属国家也存在独特的合作领域。

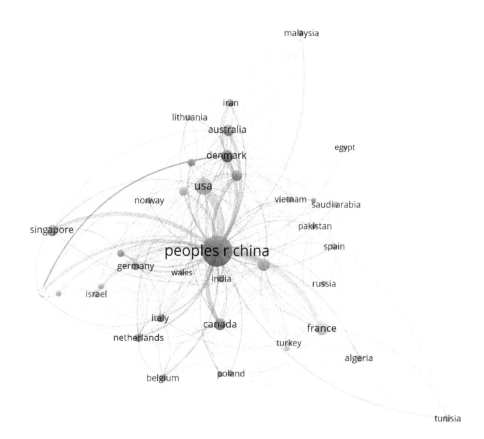

图 5 - 20　上海海事大学国家合作网络图

5.4.6　研究小结

上海海事大学基础科学研究在我国海洋院校中较为突出，以 2007 年和 2017 年为时间节点可划分为平缓期、发展期和爆发期。理工类学科是上海海事大学的主要学科建设方向。电气与电子工程、多学科材料科学、计算机科学信息系统等学科是上海海事大学的主要建设学科，上海交通大学、中国科学院、同济大学是上海海事大学的主要合作机构，合作成果数量较多、质量较好。通过机构合作网络分析可知，当前与上海海事大学进行基础科学研究合作的机构所参与的研究领域和方向比较集中，普遍存在着交叉关系，初步形成以上海交通大学、中国科学院、同济大学、复旦大学为核心的合作集群分布特征。上海海事大学活跃科研工作者较多，其中以 Chen L、Fan R H、Yin Y S 等学者最为高产。同时上海海事大学的高被引文献产出较多，尤其是相对于处于同一城市的上海海洋大学而言所发表研究成果更具有影响力。通过作者合作关系网络图，我们发现上海海事大学的科研工作者形成了较多的合作群落，群落之间合作并不紧密，但各个群落内部联系较为紧密。美国、法国和英国是上海海事大学最主要的合作机构所属国家，也是高被引文献的主要合作机构所属国家，值得注意的是上海海事大学与丹麦合作组织机构的高被引文献产出率最高。这些合作机构所属国家普遍是发达国家和海洋强国。

5.5　广东海洋大学

我们通过 WoS 核心合集对广东海洋大学进行检索，发现 2002—2021 年广东海洋大学累计被 WoS 核心合集收录 3651 篇文献，在我国众多海洋院校中位列第五。同时对广东海洋大学所申报的专利进行梳理，广东海洋大学累计申报专利申请 4131 项。我们以这些文献数据和专利数据为基础对广东海洋大学基础科学研究发展态势展开研究。

广东海洋大学是广东省人民政府和自然资源部共建的省属重点建设大学，是多学科协调发展的综合性海洋大学，是教育部本科教学水平评估优秀院校，是广东省高水平大学重点学科建设高校。水产、海洋科学、食品科学与工程、船舶与海洋工程、作物学等专业学科是广东省高水平大学重点建设学科，海洋特色突出。

在长期的办学过程中广东海洋大学不断加强顶层设计，始终坚持"四个服务"，以高水平高质量发展为目标、以学科为基础、以人才为关键、以绩效为杠杆、以改革为动力的基本原则。坚持促进学科交叉融合，进一步优化细化学科布局，促进理、工、农、经、管、法、文、教、艺协同发展，强化大海洋学科特色，着力打造若干国内先进的高峰学科，逐步构建相互支撑、协同发展、具备一定影响力的新型学科体系，不断强化优势特色。聚焦国家和广东省重大海洋战略需求，统筹兼顾学校学科发展现实基础与建设高水平海洋大学的愿景，进一步强化水产、海洋科学、食品科学与工程三大涉海学科优势，重点培育船舶与海洋工程学科特色，鼓励滨海农业和社会科学向海发展，努力打造适应海洋事业进步和服务海洋经济发展的大海洋学科群，不断增强大海洋学科话语权，掌握大海洋学科发展主动权，持续凝练重点方向。按照扶特助强创优的原则，围绕加快建设海洋强国战略目标，瞄准国际海洋科学前沿，对接国家和广东重大海洋战略需求，服务地方经济社会发展，根据现有基础和条件，凝练重点方向和重点领域，聚焦产业需要重点解决的重大关键技术问题和现实问题，开展协同攻关，力争取得重大突破，做出高水平高质量的科技成果，推动学科群的整体提升。推进交叉融合，突破学科界限，打破行政壁垒，完善以问题和需求为中心的科研管理模式，建立以重大项目为纽带的人才流动机制，健全以多学科交叉融合为导向的资源配置机制，构建以多团队联合攻关为载体的协同合作模式，推动涉海学科与其他学科交叉融合，培育新的学科增长点，不断增强学科核心竞争力与可持续发展能力。广东海洋大学是我国海洋院校中建设水平较高的院校。

5.5.1　时间分布

我们对广东海洋大学 2002—2021 年累计被 WoS 核心合集收录的 3651 篇文献按照时间进行划分，如图 5 – 21 所示，以研究广东海洋大学发展情况。

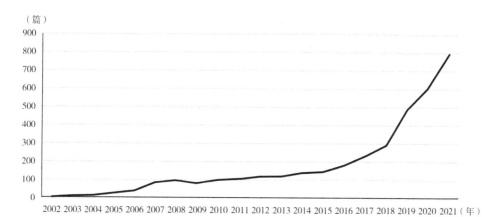

（篇）

2002 2003 2004 2005 2006 2007 2008 2009 2010 2011 2012 2013 2014 2015 2016 2017 2018 2019 2020 2021（年）

图 5 – 21　广东海洋大学发文时间分布

由图 5 – 21 可知，广东海洋大学文献发表量虽然略有波动，但整体表现出上升的趋势，以 2006 年和 2015 年为时间节点可划分为平缓期、发展期和爆发期。

2002—2006 年为广东海洋大学平缓发展期。广东海洋大学在 2002 年被 WoS 核心合集收录文献 2 篇，发展至 2004 年被收录 12 篇，2007 年被收录 37 篇。这一时期广东海洋大学的基础科学研究发展"相对"速度较快，但"绝对"发展速度较为缓慢，对这一时期所发表的文献所涉及的学科领域进一步细分发现，高分子科学、多学科材料科学、渔业、多学科化学等是广东海洋大学这一时期的主要研究领域。其中 2004 年 Zhou Q C 等发表的"*Apparent Digestibility of Selected Feed Ingredients for Juvenile Cobia Rachycentron*

Canadum"一文引用度最高，在渔业学科领域具备一定的影响力。

2007—2016 年为发展期，2007 年广东海洋大学被 WoS 核心合集收录文献 83 篇，2011 年被收录文献 104 篇，到了 2016 年增长至 181 篇。相较于上一时期，这一时期广东海洋大学的基础科学研究"绝对"发展速度有所增加。对这一时期所发表的文献所涉及的学科进行梳理发现，渔业、海洋与淡水生物学、晶体学、生物化学和分子生物学是这一时期的主要研究领域。相较于上一时期，这一时期的主要研究领域有所改变，广东海洋大学在这一时期有 1 篇高被引论文，是 A. V. Kalueff 等于 2016 年发表的 "*Neurobiology of Rodent Self-grooming and Its Value for Translational Neuroscience*" 一文。

2017—2021 年为爆发期，这一时期广东海洋大学的基础科学研究成果得到了爆发式的增长。2017 年被 WoS 核心合集收录 229 篇文献，2019 年被收录 487 篇文献，实现了跨越式的增长，2021 年的增长速度不见下降，被收录 794 篇文献，实现了"绝对"发展速度和"相对"发展速度并重。这一时期累计发文 2406 篇，是广东海洋大学基础科学研究的主要发展时期，其中高被引文献 23 篇、热点论文 1 篇，同样是广东海洋大学高水平科研成果产出的主要时期。

我们对广东海洋大学所申报的专利进行统计，得到历年专利申请量如图 5-22 所示。

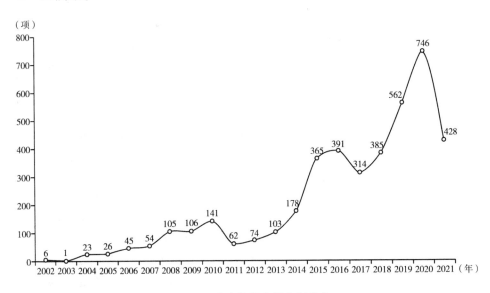

图 5-22　广东海洋大学专利分布

　　由图 5 - 22 可知，整体来看，广东海洋大学的年专利获批量虽然波动趋势较为明显，但整体而言逐步攀升，技术创新较为活跃，技术发展较为迅速。2002 年广东海洋大学的年专利申请量为 6 项，2010 年专利申请量上升至 141 项，在 2016 年更是增长至 391 项，在 2020 年达到年专利申请数量的顶峰，为 746 项。总体上体现出广东海洋大学创新能力较强、创新精神较强，在专利领域的科研发展态势较好，是广东海洋大学科研成果的重要体现。

5.5.2　学科分布

　　我们对广东海洋大学 2002—2021 年累计被 WoS 核心合集收录 3651 篇文献按照所属学科进行识别，如表 5 - 29 所示，以明晰广东海洋大学科研成果的主要学科布局。

表 5 - 29　广东海洋大学主要学科

学科	记录数（篇）	占比（%）	篇均被引（次）
渔业（Fisheries）	565	15.475	12.01
海洋与淡水生物学（Marine Freshwater Biology）	422	11.55	13.08
环境科学（Environmental Sciences）	297	8.135	7.83
兽医学（Veterinary Sciences）	283	7.751	11.97
食品科学技术（Food Science Technology）	218	5.971	9.44
生物化学分子生物学（Biochemistry Molecular Biology）	216	5.916	14.35
免疫学（Immunology）	206	5.642	14.56
海洋学（Oceanography）	179	4.903	6.59
多学科化学（Chemistry Multidisciplinary）	140	3.835	9.13
Agriculture Dairy Animal Science（农业 乳品 动物科学）	117	3.205	7.87

　　由表 5 - 29 可知，渔业、海洋与淡水生物学、环境科学等学科是广东海

洋大学的主要建设学科。总体看来广东海洋大学的学科建设以涉海农林类学科为主要建设方向，其中以渔业学科尤为突出，2002—2021 年在该学科累计发文 656 篇，篇均被引 12.01 次。对这 656 篇文献进一步分类梳理发现其中高被引文献有 6 篇，是广东海洋大学高被引文献数较多的学科之一，可见广东海洋大学渔业学同时兼顾研究成果的"质"和"量"，实现双向并行。

排在第二位的是海洋与淡水生物学学科，2002—2021 年累计被 WoS 核心合集收录 422 篇文献，其中高被引文献 7 篇，篇均被引次数为 13.08。广东海洋大学海洋与淡水生物学学科的建设和活跃度较好，高被引文献产出率较高，高被引文献产出率一度超过了文献产出最多的渔业学科。

环境科学是广东海洋大学学科建设活跃度第三的学科，2002—2021 年环境科学学科累计被 WoS 核心合集收录 297 篇文献，其中高被引文献 1 篇，篇均被引次数为 7.83。从高被引文献数和篇均被引数等指标可以看出具有影响力的科研成果产出偏少，整体发文平均质量较低。唯一一篇高被引文献是 E. Angulo 等于 2021 年发表的"*Non-English Languages Enrich Scientific Knowledge：The Example of Economic Costs of Biological Invasions*"一文。

通过对广东海洋大学专利的技术分类大类进行梳理，以明晰广东海洋大学专利技术的主要涉及领域，对照广东海洋大学的主要建设学科领域与主要专利领域，以明晰广东海洋大学各个学科的科研成果转化情况，如表 5 – 30 所示。

表 5 – 30　广东海洋大学主要申报专利类别

大类	IPC 释义	专利数量（项）
A01	A：人类生活必需品 A01：农业；林业；畜牧业；狩猎；诱捕；捕鱼	764
A23	A：人类生活必需品 A23：其他类不包含的食品或食料；及其处理	487
G01	G：物理 G01：测量；测试	436
A61	A：人类生活必需品 A61：医学或兽医学；卫生学	340

续上表

大类	IPC 释义	专利数量（项）
C12	C：化学；冶金 C12：生物化学；啤酒；烈性酒；果汁酒；醋；微生物学；酶学；突变或遗传工程	289
B63	B：作业；运输 B63：船舶或其他水上船只；与船有关的设备	252
C02	C：化学；冶金 C02：水、废水、污水或污泥的处理	142
G06	G：物理 G06：计算；推算或计数	134
B01	B：作业；运输 B01：一般的物理或化学的方法或装置	129
A47	A：人类生活必需品 A47：家具；家庭用的物品或设备；咖啡磨；香料磨；一般吸尘器	109

由表 5-30 可知，A01、A23、A61、G01 等专利分类别是广东海洋大学专利数量最多的专利类别。其中 A01 是广东海洋大学最多的专列类别，累计申请专利 764 项，主要涉及农业、林业、畜牧业、狩猎、诱捕、捕鱼等领域。A23 是第二多的类别，累计申请专利 487 项，主要涉及其他类不包含的食品或食料及其处理。广东海洋大学是一所农林类大学，在农林牧渔等领域拥有较好研究基础，这也是广东海洋大学在农林类专利较为突出的重要原因。此外，值得注意的是，广东海洋大学的主要学科建设与主要专利领域出现了较大的契合程度，例如食品科学技术学科与 A23、C12 专利类别，多学科化学与 C12、C02 等专利类别。可见广东海洋大学在这些学科的上游科学研究环节和下游专利应用存在较好衔接，这有利于推动各个学科知识的有效转化。

5.5.3　合作机构分布

我们对广东海洋大学 2002—2021 年累计被 WoS 核心合集收录 3651 篇文献按照所属机构进行识别，如表 5-31 所示，对广东海洋大学的主要合作研究机构的特质和属性进行辨别，以明晰与广东海洋大学合作的组织机构特点。

表 5 - 31　广东海洋大学主要合作机构

所属机构	记录数 （篇）	占比 （%）	篇均被引 （次）
中国科学院（Chinese Academy of Sciences）	398	10.901	15.54
中山大学（Sun Yat Sen University）	168	4.601	21.44
广东省病原体生物学流行病学重点实验室（Guang-dong Prov Key Lab Pathogen Biol Epidemiol）	134	3.67	11.97
中国科学院大学（University of Chinese Academy of Sciences Cas）	121	3.314	19.17
华南农业大学（South China Agricultural University）	113	3.095	18.46
中科院南海海洋研究所（South China Sea Institute of Oceanology Cas）	106	2.903	16.84
农业农村部（Ministry of Agriculture and Rural Affairs）	100	2.739	8.66
阿夸特动画普雷西斯营养高效饲料工程（Aquat Anim Precis Nutr High Efficiency Feed Eng）	94	2.575	7.14
中国水产科学研究院（Chinese Academy of Fishery Sciences）	81	2.219	12.56
青岛海洋科学与技术试点国家实验室（Qingdao Natl Lab Marine Sci Technol）	74	2.027	8.81

表 5 - 31 可知，中国科学院、中山大学、广东省病原体生物学流行病学重点实验室等机构是广东海洋大学的主要合作机构。整体来看广东海洋大学与广东省内高校和研究机构合作较多，地理位置为广东海洋大学与它们之间的合作创造了先天条件，在一定程度上反映出广东海洋大学在选择科研合作对象时具备一定的地理局限性。广东海洋大学与中国科学院 2002—2021 年累计合作发表 398 篇文献，合作科研成果数量较多，在众多合作机构中位列第一。这与中国科学院具有较为深厚的科研水平有着密切的联系。中国科学院是我国科学技术方面的最高学术机构和全国自然科学与高新技术的综合研究与发展中心。广东海洋大学积极寻求与中国科学院进行合作，产出高被引文献 4 篇，被引次数超过 100 次的文献 9 篇。

广东海洋大学与中山大学以 2002—2021 年累计合作发文 168 篇、篇均被引 21.44 次位列第二。中山大学具备较高的办学层次和科研水平，具有人文社科和理医工多学科的厚实基础，不断追求学术创新，以国际视野开放办学，现已形成了"综合性、研究型、开放式"的特色。以"面向世界科技前沿、面向经济主战场、面向国家重大需求"为基本导向。广东海洋大学与中山大学合作产出了较多水平较高的科研成果，Kang X H 等 2007 年发表的 "*A sensitive Nonenzymatic Glucose Sensor in Alkaline Media with A Copper Nanocluster/multiwall Carbon Nano Tube-modified Glassy Carbon Electrode*" 一文累计被引 526 次，在生物化学与分子生物学等领域具有一定影响力。

广东海洋大学和广东省水产经济动物病原生物学及流行病学重点实验室 2002—2021 年累计合作发表 134 篇文献，篇均被引 11.97 次，排在第三。该实验室主要依托于广东海洋大学，主要研究方向包括水产经济动物病原生物学及其致病机理、水产经济动物主要疾病的流行病学及水产动物免疫学诊断监测技术。广东海洋大学与其合作较为频繁。其中以 Kuebutornye 等 2019 年发表的 "*A Review on the Application of Bacillus as Probiotics in Aquaculture*" 一文最为突出，在渔业、海洋与淡水生物学、兽医学等领域受到较多关注。

为了进一步明晰广东海洋大学的合作关系网络，我们通过 WoS 核心合集下载 2002—2021 年广东海洋大学文献的纯文本数据，并导入 VOSviewer 绘制合作关系网络图，将合作次数阈值设定为 10 次，并在网络中共计 131 个合作主体，如图 5 - 23 所示。

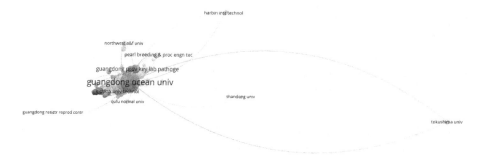

图 5 - 23　广东海洋大学主要机构合作网络图

由图 5 - 23 可知，在广东海洋大学的基础科学研究组织合作网络图中，除广东海洋大学外，中国科学院处于组织合作网络图中的核心地位，具有最高的中介中心性。其次是中山大学和广东省病原体生物学流行病学重点实验室，分别处于另外两个群落的核心地位。广东海洋大学与上述机构合作的学科领域具有较大的重合性，渔业、海洋学、海洋与淡水生物学等领域是主要合作领域。广东海洋大学与中国科学院合作中对多学科地球科学领域较为关注；而与中山大学合作中兽医学、免疫学等领域较为突出；与广东省病原体生物学流行病学重点实验室合作中较为关注微生物学。整体来看，在与广东海洋大学进行基础科学研究合作的机构所参与的研究学科比较集中，且普遍存在着交叉关系，初步形成以中国科学院、中山大学和广东省病原体生物学流行病学重点实验室为核心的合作集群分布特征。

对广东海洋大学的专利研发主要申请人和主要合作者进行梳理分析，以明晰广东海洋大学的学术科研工作者与专利工作者是否存在契合交叠关系，如表5－32所示。

表5－32　广东海洋大学主要专利申请人

申请人	专利数量（项）
广东海洋大学	3348
广东海洋大学深圳研究院	203
广东海洋大学寸金学院	116
南方海洋科学与工程广东省实验室（湛江）	104
湛江海洋大学	72
廉江市台兴海洋生物科技有限公司	29
中国热带农业科学院南亚热带作物研究所	22
中山大学	22
深圳义海生物科技有限公司	21
湛江海茂水产生物科技有限公司	19

由表5－32可知，广东海洋大学的专利主要是由广东海洋大学及其下属研究机构作为第一申请单位，其中广东海洋大学和湛江海洋大学（广东海洋大学前身）的专利数量分别为3348项、72项，超过了广东海洋大学专利数量的95%，在一定程度上反映出广东海洋大学寻求专利所有权和专利保护的积极性。少量专利由广东省内其余高校和其余研究机构与广东海洋大学合作申报。例如，南方海洋科学与工程广东省实验室与广东海洋大学合作申报专利104项、廉江市台兴海洋生物科技有限公司与广东海洋大学合作申报29项专利。

5.5.4　作者分布

我们对广东海洋大学 2002—2021 年累计被 WoS 核心合集收录 3651 篇文献进行作者识别，如表 5 - 33 所示，对各高产作者发表文献数、高被引文献数、篇均被引数等指标进行识别。

表 5 - 33　广东海洋大学活跃学者

作者	记录数（篇）	占比（%）	高被引论文（篇）	篇均被引（次）
Tan B P	162	4.437	1	14.55
Chi S Y	150	4.108	1	13.01
Yang Q H	141	3.862	1	12.99
Dong X H	140	3.835	1	11.36
Jian JC	140	3.835	1	13.45
Zhang S	136	3.725	1	8.39
Liu H Y	132	3.615	1	11.08
Lu YS	125	3.424	1	12.9
Li S D	114	3.122	0	18.72
Song W D	114	3.122	0	4.5

由表 5 - 33 可知，Tan B P 是广东海洋大学基础科学研究产出最多的作者，2002—2021 年累计被 WoS 核心合集收录 162 篇文献，篇均被引 14.55 次，其中高被引文献为 1 篇。我们对 Tan B P 的 162 篇文献进行梳理，发现渔业、海洋与淡水生物学、免疫学、兽医学等学科领域是他的主要研究方向。他的主要研究方向与广东海洋大学的主要学科建设方向一致，在一定程度上促进了广东海洋大学的学科发展。在 Tan B P 所发表的众多文献中，2019 年发表的 "*Dietary Supplementation of Probiotic Bacillus Coagulans ATCC 7050, Improves the Growth Performance, Intestinal Morphology, Microflora, Immune Response, and Disease Confrontation of Pacific White Shrimp, Litopenaeus Vannamei*" 一文最具代表性，在渔业、免疫学、海洋与淡水生物学等领域较为突出。

Chi S Y 2002—2021 年累计被 WoS 核心合集收录 150 篇文献，篇均被引 13.01 次，高被引文献 1 篇，位居第二。我们对 Chi S Y 所产出的 150 篇文献所涉及的领域进行梳理发现，渔业、海洋与淡水生物学、免疫学、兽医学等是 Chi S Y 的主要研究领域。同样是广东海洋大学的主要学科建设方向,在一定程度上推动了广东海洋大学主要建设学科的基础科学研究进展。

Yang Q H 2002—2021 年累计被 WoS 核心合集收录 141 篇文献,篇均被引次数 12. 99 次,位居第三。我们对 Yang Q H 所发表的 141 篇文献梳理发现,其中高被引文献 1 篇。Yang Q H 的主要研究方向与 Chi S Y 大致相同,渔业、海洋与淡水生物学、免疫学、兽医学等是 Yang Q H 的主要涉及领域。

值得注意的是,在广东海洋大学的这些高产作者中,他们的高被引文献产出量多为 1 篇,甚至是 0 篇,在一定程度上反映出广东海洋大学的这些高产作者的科研成果质量和学术影响力依然存在较大提升空间。

为了进一步明晰广东海洋大学基础研究文献的作者合作关系网络,我们通过 WoS 核心合集下载 2002—2021 年所收录的广东海洋大学文献的纯文本数据,并导入 VOSviewer 绘制作者合作关系网络图,将合作次数阈值设定为 5 次,共计 861 个活跃作者,如图 5 - 24 所示。

图 5 - 24 广东海洋大学作者合作网络图

由图 5 - 24 可知,广东海洋大学基础科学研究文献作者合作关系网络聚集极为紧密,集中在一个较小的区域范围内。嵌入在合作网络的活跃科研工作者较多，他们在整体上合作较为紧密，相互之间联结度较大，也在一定程度上反映出广东海洋大学的研究方向和学科较为固定。观察图 5 - 24 可知，广东海洋大学形成了较多的合作群落，其中以 Tan B P、Chi S Y、Yang Q H 等为代表的合作群落最为突出，群落之间的合作相对其余海洋院校而言较为紧密。可见，在广东海洋大学的科研人员中，已经形成了相对固定的科研合作团队，同时团队与团队之间存在一定互动。

对广东海洋大学专利发明人进行梳理，以明晰广东海洋大学在专利发明领域最活跃的科研工作者分布，对照广东海洋大学在文献科研领域的活跃学者和专利科研领域最为活跃的学者是否存在着契合重叠关系，如表 5 - 34 所示。

表 5 - 34　广东海洋大学主要专利发明人

发明人	专利数量（项）
洪鹏志	254
李思东	179
黄技	170
刘唤明	116
孙省利	107
周春霞	107
师文庆	101
章超桦	101
孙成波	99
宋文东	96

由表 5 - 34 可知，洪鹏志、李思东、黄技等学者是广东海洋大学专利申请量最为活跃的科研工作者。其中，洪鹏志累计获批专利 254 项，是广东海洋大学专利获批量最多的学者。李思东累计获批专利 179 项，位居第二。黄技累计获批专利 163 项，位居第三。广东海洋大学在论文领域的高产学者们与专利领域的高申请学者们出现了重叠，例如刘焕明、宋思东等学者不仅论文高产，专利申请量同样位列广东海洋大学众多学者中前列。在一定程度上反映出广东海洋大学的高产学者们的成果转化率较高。

5.5.5 合作机构所属国家分布

我们对广东海洋大学 2002—2021 年累计被 WoS 核心合集收录 3651 篇文献的所属国家进行识别，对广东海洋大学的主要合作机构所属国家进行分析，如表 5 - 35 所示。分析广东海洋大学参与国际合作所发表高被引文献数、发表文献篇均被引数等指标，明晰该校参与国际合作所取得成绩状况。

表 5 - 35　广东海洋大学主要合作机构所属国家

国家	记录数（篇）	占比（%）	高被引文献数（篇）	篇均被引（次）
美国（USA）	253	6. 93	7	27. 76
日本（Japan）	81	2. 219	1	10. 49
韩国（South Korea）	80	2. 191	5	11. 53
新西兰 （New Zealand）	67	1. 835	0	9. 03
澳大利亚 （Australia）	64	1. 753	0	22. 77
加拿大（Canada）	63	1. 726	1	27. 9
俄罗斯（Russia）	50	1. 369	3	33. 86
英国（England）	44	1. 205	0	18. 8
德国（Germany）	31	0. 849	1	9. 48
泰国（Thailand）	34	0. 709	0	7. 79

由表 5 - 35 可知，广东海洋大学合作最频繁的合作机构所属国家大多为发达国家和传统海洋研究强国，但同时也发现该校与这些合作机构所属国家产出的科研成果质量参差不齐。其中美国合作组织机构是广东海洋大学合作最频繁的合作机构所属国家，2002—2021 年广东海洋大学累计与其合作产出文献 253 篇，遥遥领先其余合作机构所属国家。其中高被引文献 7 篇，篇均被引次数为 27. 76，在众多合作机构所属国家中极为突出，各项计量指标均位居前列。我们对这 253 篇文献进一步梳理发现，被引次数超过 100 次的文献多达 12 篇，可见广东海洋大学与美国合作组织机构产出了一批整体质量较高的科研成果，提高了广东海洋大学与美国合作组织机构产出的科研成果的平均质量。其中以 Kang X H 等发表的 "*Glucose Oxidase-graphene-chi-*

tosan Modified Electrode for Direct Electrochemistry and Glucose Sensing" 一文影响最大，累计被引 971 次。

广东海洋大学 2002—2021 年累计与日本合作组织机构发表 81 篇文献，其中高被引文献 1 篇，篇均被引次数为 10.49，位列第二。通过高被引文献数、篇均被引次数等指标可看出广东海洋大学与日本合作组织机构产出的科研成果平均质量不高。被引次数最高的是 Jin X L 等于 2017 年发表的 "*Determination of Hemicellulose, Cellulose and Lignin Content Using Visible and Near Infrared Spectroscopy in Miscanthus Sinensis*" 一文，仅被引 56 次。

广东海洋大学 2002—2021 年累计与韩国合作组织机构发表 80 篇文献，其中高被引文献 5 篇，篇均被引次数为 11.53，位列第三。相较于美国和日本，广东海洋大学与韩国合作组织机构产出的文献不多，但高被引文献产出率却是这些合作机构所属国家中最高的。值得注意的是在整体文献合作发表量不多，高被引文献产出率较高的背景下，篇均被引次数仅为 11.53，在众多合作国家中较为靠后。在一定程度上反映出广东海洋大学与韩国合作产出的科研成果质量呈现两极分化的态势，存在一批层次较低的合作成果。

为了进一步明晰广东海洋大学基础研究文献的合作机构所属国家关系网络，我们通过 WoS 核心合集下载 2002—2021 年所收录的广东海洋大学文献的纯文本数据，并导入 VOSviewer 绘制合作机构所属国家关系网络图，为了将合作机构所属国家网络展示得更加具体，我们将合作次数调至 5 次，共有 37 个合作机构所属国家，如图 5 - 25 所示。

图 5 - 25　广东海洋大学主要合作机构所属国家网络图

从广东海洋大学基础科学研究主要合作机构所属国家的网络图来看，美国是广东海洋大学对外合作机构所属国家中最主要的合作对象，也是高被引文献产出最主要的合作机构所属国家，除我国外具有最高的中介中心性。目前看来，广东海洋大学的对外合作网络已经初步形成了以美国、日本、韩国、新西兰、澳大利亚、加拿大等合作机构所属国家为核心的群落关系。同时我们对关系网络中的合作机构所属国家合作文献进一步分析发现，它们在合作领域和研究方向上在存在一定的重合关系的同时也存在着各自的独特研究领域。如主要合作机构所属国家美国在神经科学、海洋学、环境科学、海洋与淡水生物学、气象大气科学等领域与广东海洋大学合作较多，并产出了一部分高被引文献。而广东海洋大学与日本合作组织机构则更关注环境科学、食品科学技术、海洋与淡水生物学、农业奶牛动物科学等领域；广东海洋大学与合作机构所属国家韩国的合作领域则集中于农业奶牛动物科学、食品科学技术、兽医学、生物化学与分子生物学、多学科化学等领域。作为国内建设较好的农林类海洋院校，广东海洋大学的主要对外合作均为涉海农林类学科，与自身的建设方向较为符合。

5.5.6 研究小结

广东海洋大学基础科学研究在我国海洋院校中较为突出，以 2006 年和 2015 年为时间节点可划分为平缓期、发展期和爆发期。渔业、海洋与淡水生物学、环境科学等学科是广东海洋大学的主要建设学科，农林类涉海学科是广东海洋大学的主要学科建设方向。中国科学院、中山大学、广东省病原体生物学流行病学重点实验室是广东海洋大学的主要合作机构，合作成果数量较多。通过机构合作网络分析可知，当前广东海洋大学进行基础科学研究合作的机构所参与的研究领域和方向比较集中，涉海学科是它们的主要合作方向，普遍存在着交叉合作关系，初步形成以中国科学院、中山大学、广东省水产经济动物病原生物学及流行病学重点实验室等为核心的合作集群分布特征。广东海洋大学活跃科研工作者较多，Tan B P、Chi S Y、Yang Q H 等学者最为突出。通过作者合作关系网络图我们发现广东海洋大学的科研工作者分布十分密集，形成了许多合作群落，群落之间存在较为密切的合作关系，联系较为紧密。美国、日本和韩国是广东海洋大学最主要的合作机构所属国家，也是高被引文献的主要合作机构所属国家，值得注意的是韩国是广东海洋大学众多对外合作机构所属国家中高被引文献产出率最高的合作机构所属国家。这些合作机构所属国家普遍是发达国家和海洋强国。

5.6　集美大学

我们通过 WoS 核心合集对集美大学进行检索，发现 2002—2021 年集美大学累计被 WoS 核心合集收录 3387 篇文献，在我国众多海洋院校中位列第六。同时集美大学累计申请 2430 项专利，在我国海洋院校中建设较为突出，我们以这些文献数据和专利数据为基础对集美大学基础科学研究发展态势展开研究。

集美大学是福建省"双一流"建设高校、省重点建设高校，是交通运输部、自然资源部、福建省与厦门市共建高校，大陆唯一获交通运输部海事局批准具有开展台湾船员适任培训资格的院校。

集美大学学科门类较为齐全，涵盖经济学、法学、教育学、文学、理学、工学、农学、管理学、艺术学等 9 个学科门类。植物学与动物学、工程学两个学科进入 ESI 全球前 1%。现有一级学科博士学位授权点 4 个、一级学科硕士学位授权点 15 个、硕士专业学位授权点 18 个。拥有福建省一级重点学科 8 个（其中特色重点学科 2 个）、水产学科博士后科研流动站 1 个。船舶与海洋工程学科群、水产与食品工程学科群入选福建省高峰学科，航运与港口物流学科群、区域经济与管理学科群、闽台体育文化学科群、数理学科群入选福建省高原学科。它在我国海洋院校中建设水平较高，海洋特色较为突出。

5.6.1　时间分布

我们对集美大学 2002—2021 年累计被 WoS 核心合集收录的 3387 篇文献按照时间进行划分，如图 5 - 26 所示，研究集美大学发展情况。

由图 5 - 26 可知，集美大学文献发表量虽然波动较为明显，但整体呈上升的趋势，以 2017 年为时间节点将集美大学的发展时期分为平缓发展期和爆发期。

2002—2017 年为集美大学基础科学研究的平缓发展期。集美大学在 2002 年被 WoS 核心合集收录文献 6 篇，发展至 2005 年被收录 43 篇，2008 年被收录 109 篇。2009 年、2010 年、2011 年虽然波动较为明显，但在后续的发展中较为稳定，2017 年集美大学被 WoS 核心合集收录 206 篇文献。对这一时期所发表的文献所涉及的学科领域进一步细分发现，渔业、应用数学、海洋与淡水生物学、食品科学技术、数学等学科是集美大学这一时期的主要研究领域。其中以 2017 年 Cai X M 等发表的高被引论文 "*A Critical Analysis of the Alpha，Beta and Gamma Phases in Poly（Vinylidene Fluoride）U-*

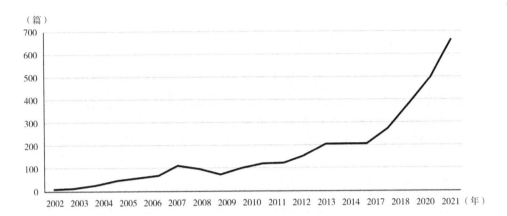

图 5 - 26　集美大学发文时间分布

sing FTIR" 在化学等理工类学科领域具备一定的影响力。

2017—2021 年是集美大学基础科学研究的爆发期。这一时期集美大学的基础科学研究文献得到了爆发式的增长，2017 年被 WoS 核心合集收录 206 篇文献，2019 年被收录 380 篇文献，实现了跨越式的增长，2021 年被收录 661 篇文献。我们对这一时期的基础科学研究文献进一步梳理发现，这一发展阶段同样是集美大学高质量研究成果的涌现期，WoS 核心合集累计收录集美大学高被引文献 21 篇，均为 2017—2021 年发表，以 Cai X M 等于 2017 年发表的 "*A Critical Analysis of the Alpha，Beta and Gamma Phases in Poly（Vinylidene Fluoride）Using FTIR*" 一文最为突出，累计被引 522 次，是集美大学这一时期具有影响力科研成果产出的重要代表，在化学领域受到较多学者关注。

我们对集美大学所获批的专利进行统计，得到历年专利获批量如图 5 - 27 所示。

由图 5 - 27 可知，整体看来，集美大学的年专利申请量整体发展态势较为稳定，年专利申请量逐渐攀升，技术创新较为活跃，技术发展较为迅速。2002 年，集美大学的年专利申请量为 2 项，发展至 2012 年，上升至 185 项，随后虽然略有波动，但整体向好的趋势并未改变，在 2018 年更是增长至 268 项，在 2020 年达到顶峰为 383 项。总体上，在极大程度上体现出集美大学创新能力较强，创新精神较强，在专利领域的发展态势较好，是集美大学科研成果的重要体现。

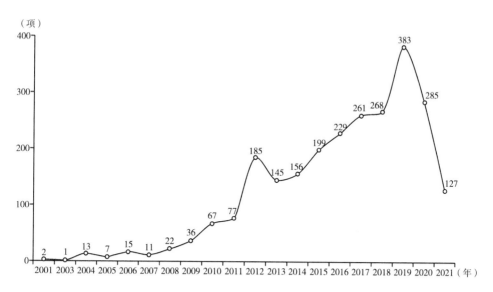

图 5 - 27　集美大学专利时间分布

5.6.2　学科分布

我们对集美大学 2002—2021 年累计被 WoS 核心合集收录 3387 篇文献按照所属学科进行识别，如表 5 - 36 所示，以明晰集美大学所涉足学科领域。

表 5 - 36　集美大学主要学科

学科	记录数（篇）	占比（%）	篇均被引（次）
渔业（Fisheries）	332	9.802	17.45
食品科学技术（Food Science Technology）	292	8.621	14.87
海洋与淡水生物学（Marine Freshwater Biology）	269	7.942	17.73
多学科材料科学（Materials Science Multidisciplinary）	246	7.263	10.4
生物化学分子生物学（Biochemistry Molecular Biology）	228	6.732	11.29

续上表

学科	记录数（篇）	占比（%）	篇均被引（次）
应用化学（Chemistry Applied）	213	6.289	16.83
应用数学（Mathematics Applied）	213	6.289	14.31
电气与电子工程（Engineering Electrical Electronic）	209	6.171	7.32
数学（Mathematics）	197	5.816	9.89
应用物理（Physics Applied）	177	5.226	7.53

由表 5 - 36 可知，渔业、食品科学技术、海洋与淡水生物学、多学科材料科学等学科是集美大学的主要建设学科。总体来看集美大学的学科建设以涉海农林类、理工类学科为主要建设方向，其中以渔业学科尤为突出，2002—2021 年在该学科累计发文 332 篇，篇均被引 17.45 次。我们对这 332 篇文献进一步梳理发现，其中高被引文献 8 篇，是集美大学众多建设学科中最多的学科。

排在第二位的是食品科学技术，2002—2021 年累计被 WoS 核心合集收录 292 篇文献，其中高被引文献 1 篇，篇均被引次数为 14.87。集美大学海洋与淡水生物学学科的建设情况较好，学科建设活跃度较好。但整体上集美大学食品科学技术学科缺乏高水平科研成果产出，高被引文献产出率偏低。

海洋与淡水生物学是集美大学学科建设活跃度第三的学科，2002—2021 年累计被 WoS 核心合集收录 269 篇文献，其中高被引文献 3 篇，篇均被引次数为 17.73。该学科的科研成果平均质量最为突出，这与集美大学作为传统"海洋院校"的定位密不可分，而海洋与淡水生物学是涉海学科中的重要代表，该学科在集美大学的学科建设过程中极为突出。Sun Y Z 等 2010 年发表的 "*Probiotic Applications of Two Dominant Gut Bacillus Strains with Antagonistic Activity Improved the Growth Performance and Immune Responses of Grouper Epinephelus Coioides*" 累计被引 297 次，是该学科科研成果的突出代表。

通过对集美大学专利的技术分类大类进行梳理，以明晰集美大学专利技术的主要涉及领域，对照集美大学的主要建设学科领域与主要专利领域，以明晰集美大学各个学科的科研成果的利用情况，如表 5 - 37 所示。

表 5 - 37　集美大学主要专利申报类别

大类	IPC 释义	专利数量（项）
C12	C：化学；冶金 C12：生物化学；啤酒；烈性酒；果汁酒；醋；微生物学；酶学；突变或遗传工程	398
A23	A：人类生活必需品 A23：其他类不包含的食品或食料；及其处理	360
G01	G：物理 G01：测量；测试	215
A61	A：人类生活必需品 A61：医学或兽医学；卫生学	180
G06	G：物理 G06：计算；推算或计数	180
C07	C：化学；冶金 C07：有机化学	158
A01	A：人类生活必需品 A01：农业；林业；畜牧业；狩猎；诱捕；捕鱼	147
C02	C：化学；冶金 C02：水、废水、污水或污泥的处理	134
H02	H：电学 H02：发电、变电或配电	115
C08	C：化学；冶金 C08：有机高分子化合物；其制备或化学加工；以其为基料的组合物	109

　　由表 5 - 37 可知，C12、A23、G01、G61 等是集美大学专利数量较多的专利类别。其中 C12 专利领域申请专利数最多，累计申请专利 398 项，主要涉及生物化学、啤酒、烈性酒、果汁、醋、微生物学、酶学、突变或遗传工程等领域。A23 是第二多的类别，累计申请专利 360 项，主要涉及其他类不包含的食品或食料及其处理。集美大学是一所农林类大学，在农林牧渔等领域具有较好研究积累，这也是集美大学在农林类专利领域较为突出的重要原因。值得注意的是，集美大学的主要学科建设与主要专利领域出现了较大的契合程度，例如食品科学技术学科与 A23、C12 专利领域，应用化学学科与

C07、C02、C08 等专利领域，这有助于推动各个学科知识有效转化成经济效益。

5.6.3　合作机构分布

我们对集美大学 2002—2021 年累计被 WoS 核心合集收录 3387 篇文献按照所属机构进行识别，如表 5 - 38 所示，对集美大学的主要合作研究机构的特质和属性进行辨别，以明晰那些与集美大学合作的研究机构特点。

表 5 - 38　集美大学主要合作机构

所属机构	记录数（篇）	占比（%）	篇均被引（次）
厦门大学（Xiamen University）	667	19.693	15.16
中国科学院（Chinese Academy of Sciences）	245	7.234	15.05
福州大学（Fuzhou University）	121	3.572	20.46
福建省食品微生物酶工程省重点实验室（Fujian Prov Key Lab Food Microbiol Enzyme Engn）	101	2.982	13.68
福建农林学院（Fujian Agriculture Forestry University）	78	2.303	7.45
华侨大学（Huaqiao University）	73	2.155	17.59
厦门理工学院（Xiamen University of Technology）	71	2.096	4.96
高雄大学（Gaoxiong University）	67	1.978	5.13
中科院城市环境研究所（Institute of Urban Environment Cas）	66	1.949	17.62
中国科学院大学（University of Chinese Academy of Sciences Cas）	65	1.919	16.42

由表 5 - 38 可知，厦门、中国科学院、福州大学、福建省食品微生物与酶工程重点实验室等是集美大学的主要合作机构。整体来看集美大学与福建省内高校和研究机构合作较多，毗邻的地理位置为集美大学与它们之间的合作创造了地理条件，除中国科学院及其下属机构和国立高雄大学外，其余主要合作机构均为福建省内高校和研究机构，很大程度上反映出集美大学在选择科研合作对象时具备一定的地理局限性。集美大学与厦门大学 2002—2021 年累计合作发表 667 篇文献，合作科研成果数量遥遥领先其余合作机构，在众多合作机构中位列第一，这与厦门大学的高水平建设密不可分。是

由教育部直属、中央直管副部级建制的综合性研究型全国重点大学，是重点
建设高校。同处厦门的地理位置，为集美大学和厦门大学的合作提供了
便利。

集美大学与中国科学院 2002—2021 年累计合作发文 245 篇，篇均被引
15.05 次，位列第二。中国科学院是我国的最高学术机构，集美大学积极寻
求与中国科学院进行科研合作，以带动自身科研水平的提高。其中以 Huang
L 等于 2006 年合作发表的 "*Abnormal Synchronization in Complex Clustered Net-
works*" 引用度最高，是集美大学与中国科学院合作科研成果的代表性研究
成果。

集美大学和福州大学 2002—2021 年累计合作发表 121 篇文献，排在第
三。值得注意的是集美大学和福州大学合作产出的科研成果的篇均被引次数
为 20.46 次，在所有的合作机构中位列第一，在一定程度上反映出集美大学
与福州大学合作产出的科研成果的平均质量在众多合作机构中最高，集美大
学与福州大学科研合作已经形成了一套较为高效的科研合作策略。

为了进一步明晰集美大学的合作关系网络，我们通过 WoS 核心合集下
载 2002—2021 年所收录的集美大学文献的纯文本数据，并导入 VOSviewer
绘制合作关系网络图，将合作次数设定为 5 次，共计 211 个合作主体，如图
5-28 所示。

由图 5-28 可知，在集美大学的基础科学研究组织合作网络图中，除集
美大学外，厦门大学处于核心地位，具有最高的中介中心性。其次是中国科
学院和福州大学，分别处于另外两个群落的核心地位。集美大学与上述机构
合作所关注的学科领域具有较大的领域交叉性，环境科学、多学科材料科
学、海洋与淡水生物学、渔业等领域是这些机构的主要合作领域。虽然众多
合作机构之间存在明显交叉痕迹，即集美大学与这些合作机构在研究学科方
面有共同关注，各合作研究机构的研究侧重点也较为相同，同时集美大学与
各机构之间也存在着一些独特的合作领域。集美大学与厦门大学合作中对多
学科化学、物理化学学、物理应用等领域较为关注；与中国科学院合作中能
源燃料、免疫学、兽医学等领域较为突出；与福州大学进行科研合作中较为
关注生物技术应用与微生物学、电气与电子工程、数学跨学科应用等学科。
整体来看，集美大学基础科学研究组织合作网络图较为分散，但合作的基础
科学学科较为集中，且普遍存在着交叉关系，初步形成以厦门大学、中国科
学院和福州大学为核心的合作集群分布特征。

对集美大学的专利研发主要申请人和主要合作者进行梳理分析，如表
5-39 所示。

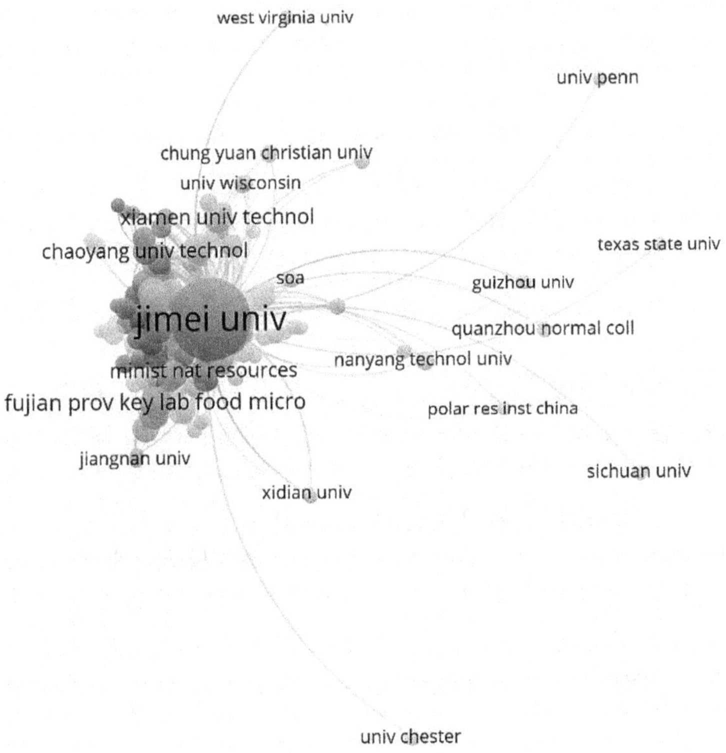

图 5 - 28　集美大学主要合作机构网络图

表 5 - 39　集美大学主要专利申请人

申请人	专利数量（项）
集美大学	1901
集美大学诚毅学院	125
厦门大学	44
福建省绿麒食品胶体有限公司	30
厦门立林科技有限公司	26
厦门市产品质量监督检验院	20
中国水产科学研究院南海水产研究所	19
福建省水产研究所（福建水产病害防治中心）	19

续上表

申请人	专利数量（项）
绿新（福建）食品有限公司	19
交通运输部东海航海保障中心上海航标处	18

由表 5 - 39 可知，集美大学的专利申请量主要是由自身作为第一申请单位进行申请，属于集美大学的专利数量为 1901，占集美大学专利数量的近 80%，其他专利为集美大学与其余研究机构或企业合作申报。与其他海洋院校相比，集美大学的合作申请专利更多，自身申请专利占比较少，从侧面反映出集美大学在专利对外合作相较于其余海洋院校更加开放。借助更多研究机构的科研资源推进专利研发，从而促使自身专利所涉及领域多元化。

5.6.4　作者分布

我们对集美大学 2002—2021 年累计被 WoS 核心合集收录 3387 篇文献进行作者识别，如表 5 - 40 所示，对各高产作者发表文献数、高被引文献数、篇均被引数等指标进行识别。

表 5 - 40　集美大学活跃学者

作者	记录数（篇）	占比（%）	高被引论文数（篇）	篇均被引（次）
Cao M J	171	5.049	0	14.85
Liu G M	161	4.753	0	15.94
Wang Z Y	124	3.661	0	13.78
Wang Y L	120	3.543	0	11.8
Ni H	100	2.952	0	11.72
Huang Z Y	99	2.923	0	18.6
Zhang Z P	97	2.864	0	12.65
Su W J	89	2.628	0	19.7
Yan Q P	89	2.628	1	15.48
Wang L	86	2.539	3	13.64

由表 5 - 40 可知，Cao M J、Liu G M、Wang Z Y 等学者是集美大学科研领域最为活跃的作者。值得注意的是，集美大学的高产科研工作者们大多均

不是该校高被引文献的产出者。在集美大学众多活跃作者中，Cao M J 是最活跃的作者，2002—2021 年累计被 WoS 核心合集收录 171 篇文献，篇均被引 14.85 次。我们对 Cao M J 发表的 171 篇文献进行梳理发现，食品科学技术、多学科化学、多学科农业、生物化学与分子生物学等学科是他的主要研究方向。2013 年发表的 "*Accessing the Reproducibility and Specificity of Pepsin and Other Aspartic Proteases*" 一文在其众多科研成果中被引次数最高，具有一定的代表性，该文主要涉及生物化学与分子生物学、生物物理学等领域。

Liu G M 2002—2021 年累计被 WoS 核心合集收录 161 篇文献，篇均被引 15.94 次，在集美大学众多活跃作者中位居第二。我们对 Liu G M 所产出的 161 篇文献所涉及的领域进行梳理发现，食品科学技术、应用化学、多学科农业、生物化学与分子生物学等学科领域是其主要研究领域。我们发现 Liu G M 与 Cao M J 的主要研究领域出现了较大的重合，同时发现 Liu G M 所产出的 161 篇文献中有 128 篇是与 Cao M J 合作发表，在一定程度上反映出集美大学的高产作者间的交叉合作较为频繁。

Wang Z Y 2002—2021 年累计被 WoS 核心合集收录 124 篇文献，篇均被引次数 13.78 次，位居第三。我们对 Wang Z Y 所发表的 124 篇文献梳理发现，Wang Z Y 的主要研究学科领域与 Cao M J 和 Liu G M 等高产作者较不相同，海洋与淡水生物学、渔业、兽医学、免疫学等学科是 Wang Z Y 的主要研究领域，与集美大学的主要建设学科较为一致。

为了进一步明晰集美大学基础研究文献的作者合作关系网络，我们通过 WoS 核心合集下载 2002—2021 年所收录的集美大学文献的纯文本数据，并导入 VOSviewer 绘制作者合作关系网络图，将合作次数设定为 5 次，共计 675 个活跃作者，如图 5-29 所示。

由图 5-29 可知，集美大学基础科学研究文献作者合作关系网络较为分散，分布范围较广。在一定程度上反映出当前集美大学的活跃科研工作者较多，涉及研究领域较为宽泛。观察图 5-29 可知，集美大学形成了较多的合作群落，其中以 Cao M J、Liu G M、Wang Z Y 等为代表的合作群落最为突出，群落内部合作相对较为频繁，联结较为紧密。但群落间的联结较少，这表明在集美大学的基础科学研究工作中，已经形成了相对固定的科研合作团队，但团队间合作较少。

通过对集美大学专利发明人进行梳理，以明晰集美大学在专利发明领域最活跃的科研工作者分布，如表 5-41 所示。

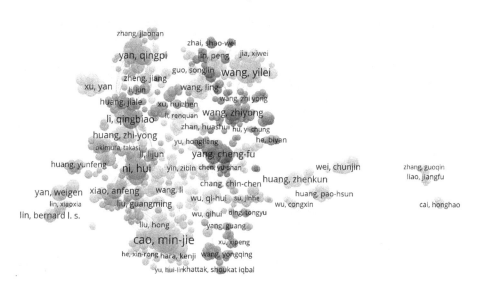

图 5 - 29 集美大学作者合作网络图

表 5 - 41 集美大学专利主要发明人

发明人	专利数量（项）
肖安风	210
倪辉	206
刘光明	172
杨远帆	149
蔡慧农	148
曹敏杰	141
何宏舟	138
李利君	136
杜希萍	126
姜泽东	120
合计	1546

由表 5 - 41 可知，肖安风、倪辉、刘光明等学者是集美大学专利申请最

为活跃的科研工作者。其中肖安风累计申请专利 210 项，是最多的学者。倪辉累计申请专利 206 项，位居第二。刘光明累计申请专利 172 项，位居第三。同时发现集美大学在论文领域的高产学者们与专利领域的高申请学者们出现了重叠，例如肖安风、倪辉等不仅是集美大学高文献产出者，同样也是集美大学专利领域的高申请者，将自身的科研成果有效利用，在一定程度上反映出集美大学的高产学者们的成果转化率较高。

5.6.5 合作机构所属国家分布

我们对集美大学 2002—2021 年累计被 WoS 核心合集收录 3387 篇文献的合作机构所属国家进行识别，对集美大学的主要合作机构所属国家进行分析，如表 5-42 所示。

表 5-42 集美大学主要合作国家

国家	记录数（篇）	占比（%）	高被引文献数（篇）	篇均被引（次）
美国（USA）	251	7.411	1	19.18
日本（Japan）	93	2.746	1	21.47
澳大利亚（Australia）	52	1.535	1	27.02
英国（England）	39	1.151	1	14.95
加拿大（Canada）	37	1.092	0	17.14
新加坡（Singapore）	28	0.827	2	15.25
韩国（South Korea）	22	0.65	0	11.32
苏格兰（Scotland）	19	0.561	0	24.89
法国（France）	16	0.472	0	16.88
印度（India）	15	0.47	0	9.67

由表 5-42 可知，集美大学合作最频繁的合作机构所属国家大多为沿海国家和传统海洋研究强国，但集美大学与这些合作机构所属国家合作产出的科研成果质量参差不齐。其中美国合作组织机构是集美大学合作最频繁的合作机构所属国家，2002—2021 年集美大学累计与其合作产出文献 251 篇，其中高被引文献 1 篇，篇均被引次数为 19.18。Cai X M 等 2017 年发表的 *"A Critical Analysis of the Alpha, Beta and Gamma Phases in Poly (Vinylidene Fluoride) Using FTIR"* 是集美大学与美国合作组织机构的代表性研究成果，

累计被引 523 次，极大地提高了集美大学与美国合作组织机构产出科研成果的篇均被引次数。但值得注意的是，这也是集美大学与美国合作组织机构产出的唯一一篇高被引文献，在一定程度上反映出集美大学与美国合作机构合作研究成果的影响力总体不高。

集美大学 2002—2021 年累计与日本合作组织机构发表 93 篇文献，其中高被引文献 1 篇，篇均被引次数为 21.47，位列第二。相较于美国，集美大学与日本合作组织机构产出的文献不多，高被引文献也仅有 1 篇。值得注意的是集美大学与日本合作组织机构成果的篇均被引次数为 21.47 次，略高于美国。可见集美大学与日本合作组织机构产出的科研成果的平均质量高于美国。集美大学 2002—2021 年累计与澳大利亚合作组织机构发表 52 篇文献，位居第三。其中高被引文献一篇，篇均被引次数这一指标在众多合作机构所属国家中位居第一，高达 27.02 次。

为了进一步明晰集美大学基础研究文献的合作机构所属国家关系网络，我们通过 WoS 核心合集下载 2002—2021 年所收录的集美大学文献的纯文本数据，并导入 VOSviewer 绘制合作机构所属国家关系网络图，为了将合作机构所属国家网络展示得更加具体，我们将合作次数调至 1 次，如图 5 - 30 所示。

从集美大学基础科学研究主要合作机构所属国家的网络图来看，美国是集美大学对外合作机构所属国家中最主要的合作对象，除中国外具有最高的中介中心性。目前看来，集美大学的对外合作网络已经初步形成了以美国、日本、澳大利亚、英国等合作机构所属国家为核心的群落关系。同时我们对关系网络中的合作机构所属国家合作文献进一步细分发现，它们在合作领域和研究方向上在存在一定的重合关系的同时也存在着各自的独特研究领域。如主要合作机构所属国家美国和日本在食品科学技术、生物化学与分子生物学、渔业、应用化学、海洋与淡水生物学等学科与集美大学合作较多。与澳大利亚合作组织机构主要合作领域则集中于多学科材料科学、纳米科学纳米技术、环境科学、应用数学等领域。

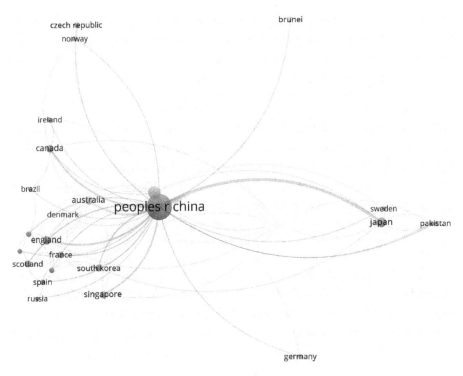

图 5 – 30　集美大学国家合作网络图

5.6.6　研究小结

集美大学基础科学研究在我国海洋院校中较为突出，以 2017 年为时间节点可划分为平缓发展期和爆发期。渔业、食品科学技术、海洋与淡水生物学、多学科材料科学等学科是集美大学的主要建设学科，农林类涉海学科和理工类学科是集美大学的主要学科建设方向。厦门大学、中国科学院、福州大学是集美大学的主要合作机构，合作成果数量较多。通过机构合作网络图谱可知，当前集美大学进行基础科学研究合作的机构所参与的研究领域和方向比较集中，涉海学科是它们的主要合作方向，初步形成以厦门大学、中国科学院、福州大学等为核心的合作集群分布特征。集美大学活跃科研工作者较多，Cao M J、Liu G M、Wang Z Y 等学者是最为活跃的作者。集美大学的高被引文献产出较少，学术影响力有待进一步提升。通过作者合作关系网络图我们发现集美大学的科研工作者形成了许多合作群落，群落内部联系较为紧密和频繁，但群落间合作较少。美国、日本和澳大利亚是集美大学最主要的合作机构所属国家。这些合作机构所属国家普遍是发达国家，同时也是海洋强国。集美大学与浙江海洋大学的合作领域存在较大差异。

5.7　浙江海洋大学

我们通过 WoS 核心合集对浙江海洋大学进行检索，发现 2002—2021 年浙江海洋大学累计被 WoS 核心合集收录 2988 篇文献，在我国众多海洋院校中位列第七。浙江海洋大学是我国专利申请量最多的海洋院校，累计申请 13430 项专利。我们以文献数据和专利数据为基础对浙江海洋大学基础科学研究发展态势展开研究。

浙江海洋大学是自然资源部与浙江省人民政府共建高校，是浙江省重点建设高校之一。浙江海洋大学创建于 1958 年，始名舟山水产学院，1975 年更名为浙江水产学院，1998 年与舟山师范专科学校合并组建为浙江海洋学院，2000 年之后舟山卫生学校、浙江水产学校、浙江省海洋水产研究所、舟山石油化工学校和舟山商业学校等学校相继并入，2016 年正式更名为浙江海洋大学。目前浙江海洋大学设有理学、农学、工学、管理学、经济学、文学、历史学、教育学等学科门类，植物与动物科学、农业科学 2 个学科进入 ESI 全球前 1%。拥有海洋科学、水产、船舶与海洋工程、石油与天然气工程、食品科学与工程、农林经济管理、机械工程、数学、水利工程 9 个一级学科硕士点，交通运输、农业、教育、旅游管理、药学、资源与环境、土木水利、生物与医药 8 个专业硕士学位点。学校海洋特色鲜明，海洋学科取得较好成效，在我国众多海洋院校中建设水平较高。

浙江海洋大学在建设过程中，不断对外扩大科研合作，推进教育国际化，深化与国外高等院校、研究机构合作与交流，开展多种形式的教育与科研合作是它的重要发展理念。目前浙江海洋大学已与国外 55 所高校和科研院所建立了教学科研合作关系，与意大利比萨大学联合设立浙江海洋大学比萨海洋研究生学院，与挪威生命科学大学、日本东京海洋大学、俄罗斯南乌拉尔国立大学等高校开展 6 个联合培养博士项目及多个双硕士项目，与俄罗斯圣彼得堡国立海洋技术大学合作举办船舶与海洋工程专业本科教育双学士项目，海洋科学本科专业为浙江省首批国际化专业。

5.7.1　时间分布

我们对浙江海洋大学 2002—2021 年累计被 WoS 核心合集收录的 2988 篇文献按照时间进行划分，如图 5 - 31 所示，来研究浙江海洋大学发展情况。

由图 5 - 31 可知，浙江海洋大学历年文献发表量整体上升态势尤为明

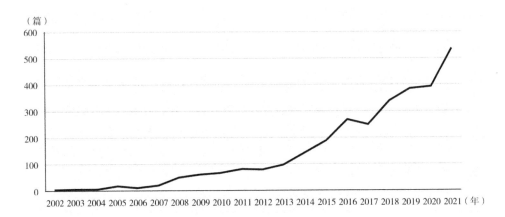

（篇）

图5-31　浙江海洋大学发文时间分布

显，尤其以 2013 年之后增长速度较为突出，以 2007 年和 2012 年为时间节点可将浙江海洋大学的发展时期划分为平缓期、发展期和爆发期。

2002—2007 年为浙江海洋大学平缓发展期。浙江海洋大学在 2002 年被 WoS 核心合集收录文献 2 篇，2004 年被收录 5 篇，2007 年被收录文献数增长至 20 篇。这一时期浙江海洋大学的基础科学研究发展较为缓慢，对这一时期所发表的文献所涉及的学科领域进一步细分发现，人工智能、计算机科学信息系统、土木工程、海洋工程等理工类学科是浙江海洋大学这一时期的主要建设学科和研究方向。其中 2003 年 Wu W Z 等发表的 "*Generalized Fuzzy Rough Sets*" 一文引用度最高，累计被引 473 次，在计算机科学领域具备一定的影响力，是这一时期浙江海洋大学基础科学研究的重要科研成果。

2008—2013 年为发展期，2008 年浙江海洋大学被 WoS 核心合集收录文献 49 篇，2010 年被收录文献 66 篇，到了 2013 年增长至 97 篇。这一时期浙江海洋大学基础科学研究速度有所增加。对这一时期浙江海洋大学所发表的文献所涉及的学科进行梳理发现，生物化学与分子生物学、遗传学、应用数学、渔业、海洋与淡水生物学等学科是浙江海洋大学这一时期的主要建设学科。浙江海洋大学这一时期的主要建设学科领域有所改变，涉海学科和农林类学科逐渐增多。Li Z R 等于 2013 年发表的 "*Isolation and Characterization of Acid Soluble Collagens and Pepsin Soluble Collagens from The Skin and Bone of Spanish Mackerel*" 与 Wang B 等于 2013 年发表的 "*Purification and Characterisation of A Novel Antioxidant Peptide Derived from Blue Mussel（Mytilus Edulis）Protein Hydrolysate*" 是浙江海洋大学这一时期仅有的两篇高被引文献，是浙江海洋大学这一发展时期的代表性研究成果，但这两篇高被引文献主要涉及的领域为化学、食品科学技术等学科，与这一时期以涉海学科为主的建设方向并不一致。

2014—2021 年为爆发期，这一时期浙江海洋大学的基础科学研究文献得到了爆发式的增长。2014 年被 WoS 核心合集收录 142 篇文献，2017 年被收录 249 篇文献，2021 年被收录 535 篇文献，这一时期是浙江海洋大学基础科学研究的主要建设时期。我们对这一时期发表的文献进行分类发现，渔业、海洋与淡水生物学、环境科学、生物化学与分子生物学等学科是浙江海洋大学这一时期的主要建设学科。从主要建设学科看来，浙江海洋大学已经完成了"海洋"的定位，海洋学科已经是浙江海洋大学学科群的主要组成部分。对浙江海洋大学所发表的高被引文献进行梳理发现，浙江海洋大学累计发表 31 篇高被引文献，其中 29 篇是 2014—2021 年发表，可见这一时期是浙江海洋大学具有影响力研究成果的涌现期。对这 29 篇文献进一步梳理发现，其主要涉及领域为化学、物理、食品科学技术、应用化学、环境科学、生物化学与分子生物学。这一时期浙江海洋大学基础科学研究同时兼顾研究成果的"质"和"量"，实现双向并行。

我们对浙江海洋大学获批的专利进行统计，得到历年专利获批量如图 5 - 32 所示。

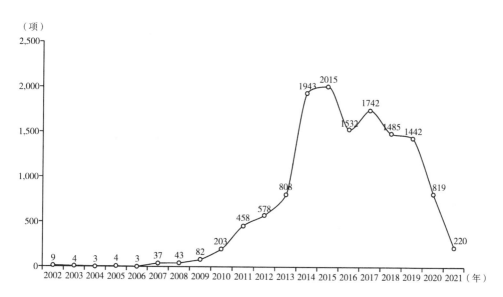

图 5 - 32　浙江海洋大学专利分布

整体看来，浙江海洋大学在我国海洋院校中专利技术研究领域极为突出，累计获批专利 13430 项，远远超过了包括中国海洋大学、大连海事大学在内的其他海洋院校，可见浙江海洋大学在专利技术研究领域取得研究成果比较突出，但自 2015 年后，浙江海洋大学的专利年获批量不断下降，以 2015 年为时间节点可将浙江海洋大学在专利科研领域的发展态势划分为迅速发展期和衰退期。其中 2002—2015 年为高速发展期。2002 年时浙江海洋大学的年专利获批量为 9 项，发展至 2009 年年专利获批量已经上升至 203 项，2013 年更是达到 578 项，在 2015 年达到顶峰，年专利获批量为 2015 项。2015—2021 年为衰退期。虽然专利获批存在较长时间的滞后性，但整体衰退期维持时间较长，自 2015 年达到顶峰后，浙江海洋大学的年专利获批量逐年下降，虽在 2017 年有所缓解，但整体下降的趋势并未改变，在 2018 年年专利申请量跌至 1485 项，在 2021 年更是跌至 220 项。对浙江海洋大学来说，虽然在文献领域发展迅速，年发文量逐年攀升，但是在专利领域的表现却不如意。

5.7.2 学科分布

我们对浙江海洋大学 2002—2021 年累计被 WoS 核心合集收录 2988 篇文献按照所属学科进行识别，如表 5 - 43 所示，以明晰浙江海洋大学所涉足的学科分布。

表 5 - 43 浙江海洋大学主要学科

学科	记录数（篇）	占比（%）	篇均被引（次）
渔业（Fisheries）	358	11.981	12.89
海洋与淡水生物学（Marine Freshwater Biology）	320	10.71	12.58
生物化学分子生物学（Biochemistry Molecular Biology）	273	9.137	15.16
遗传学（Genetics Heredity）	262	8.768	4.82
环境科学（Environmental Sciences）	222	7.43	12.42
食品科学技术（Food Science Technology）	216	7.229	20.31
海洋学（Oceanography）	191	6.392	7.5
兽医学（Veterinary Sciences）	167	5.589	15.34
免疫学（Immunology）	162	5.422	17.1

续上表

学科	记录数（篇）	占比（%）	篇均被引（次）
多学科材料科学（Materials Science Multidisciplinary）	158	5.288	13.82

　　由表 5-43 可知，渔业、海洋与淡水生物学、生物化学与分子生物学、遗传学等学科是浙江海洋大学的主要建设学科。均为涉海农林类学科，符合自身"海洋"大学的定位。其中渔业学科是浙江海洋大学发表研究成果最多的学科，2002—2021 年累计被 WoS 核心合集收录文献 358 篇，篇均被引12.89 次。但值得注意的是，对这 358 篇文献进一步梳理分析，发现高被引文献为 0 篇，可见浙江海洋大学缺乏高影响力科研成果。其中 Gao Y 等于2017 年发表的 "*Effects of Fulvic Acid on Growth Performance and Intestinal Health of Juvenile Loath Paramisgurnus Dabryanus（Sauvage）*" 一文是在浙江海洋大学渔业学科建设中最具代表性的科研成果，累计被引 74 次，相较于其余学科而言较为逊色。

　　排在第二位的是海洋与淡水生物学学科，2002—2021 年累计被 WoS 核心合集收录 320 篇文献，篇均被引次数为 12.58。浙江海洋大学海洋与淡水生物学学科的建设情况较好，学科建设活跃度较高。但缺乏高水平科研成果，2022—2021 年该学科仅发表 1 篇高被引文献。

　　生物化学与分子生物学是浙江海洋大学学科建设活跃度第三的学科，2002—2021 年累计被 WoS 核心合集收录 273 篇文献，篇均被引次数为15.16。可见，浙江海洋大学在建设活跃度较高的学科中较为缺乏具有影响力的研究成果。

　　但值得注意的是，食品科学技术学科位居第六，2002—2021 年累计被WoS 核心合集收录 216 篇文献，篇均被引次数为 20.31。篇均被引次数位列第一，在一定程度上反映出浙江海洋大学食品科学技术学科产出的科研成果的平均质量高于其他学科。这与浙江海洋大学该学科高被引文献产出最多密不可分，2002—2021 年有高被引文献 7 篇，是高被引文献产出量和产出率最高的学科。

　　通过对浙江海洋大学专利的技术分类大类进行梳理，以明晰浙江海洋大学专利技术的主要涉及领域，对照浙江海洋大学的主要建设学科领域与主要专利领域，以明晰浙江海洋大学各个学科的科研成果的转化情况，如表 5-44 所示。

表 5 – 44　浙江海洋大学主要申报专利类别

大类	IPC 释义	专利数量（项）
A01	A：人类生活必需品 A01：农业；林业；畜牧业；狩猎；诱捕；捕鱼	2352
B63	B：作业；运输 B63：船舶或其他水上船只；与船有关的设备	1389
G01	G：物理 G01：测量；测试	1213
A23	A：人类生活必需品 A23：其他类不包含的食品或食料；及其处理	1114
C02	C：化学；冶金 C02：水、废水、污水或污泥的处理	683
B01	B：作业；运输 B01：一般的物理或化学的方法或装置	677
C12	C：化学；冶金 C12：生物化学；啤酒；烈性酒；果汁酒；醋；微生物学；酶学；突变或遗传工程	670
E02	E：固定建筑物 E02：水利工程；基础；疏浚	648
A61	A：人类生活必需品 A61：医学或兽医学；卫生学	602
F03	F：机械工程；照明；加热；武器；爆破 F03：液力机械或液力发动机；风力、弹力或重力发动机；其他类目中不包括的产生机械动力或反推力的发动机	524

　　由表 5 – 44 可知，A01、B63、G01、A23 等是浙江海洋大学专利数量较多的专利类别。其中 A01 是数量最多的专列类别，累计申请专利 2352 项，主要涉及农业、林业、畜牧业、狩猎、诱捕、捕鱼等领域。B63 是第二多的类别，累计申请专利 1389 项，主要涉及船舶或其他水上船只、与船有关的设备。浙江海洋大学是一所农林类大学，农林类专业是它一以贯之的建设主体，在农林牧渔领域具有较好研究积累，这也是浙江海洋大学在农林类专利

领域较为突出的重要原因。值得注意的是，浙江海洋大学的主要学科建设与主要专利领域出现了较大程度的契合，例如渔业学科与 A01 专利领域，兽医学学科与 A61 专利领域等。这有助于推动各学科成果的有效转化，进一步提升科研价值。

5.7.3　合作机构分布

对浙江海洋大学 2002—2021 年累计被 WoS 核心合集收录 2988 篇文献按照所属机构进行识别，如表 5－45 所示。对浙江海洋大学的主要合作研究机构的特质和属性进行辨别，以明晰浙江海洋大学主要合作研究机构的特点。

表 5－45　浙江海洋大学主要合作机构

所属机构	记录数（篇）	占比（%）	篇均被引（次）
中国科学院（Chinese Academy of Sciences）	434	14.525	13.36
中国海洋大学（Ocean University of China）	292	9.772	9.67
浙江大学（Zhejiang University）	133	4.451	14.63
中国水产科学研究院（Chinese Academy of Fishery Sciences）	99	3.313	11.04
宁波大学（Ningbo University）	82	2.744	12.1
青岛海洋科学与技术试点国家实验室（Qingdao Natl Lab Marine Sci Technol）	72	2.41	7.64
大连理工大学（Dalian University of Technology）	67	2.242	16.91
上海海洋大学（Shanghai Ocean University）	66	2.209	10.85
浙江工业大学（Zhejiang University of Technology）	66	2.209	8.71
浙江省海洋大数据应用重点实验室（Key Lab Oceanog Big Data Min Applicat Zhejiang）	60	2.008	11.6

由表 5－45 可知，中国科学院、中国海洋大学、浙江大学等是浙江海洋大学的主要合作机构。整体来看浙江海洋大学与浙江省内高校和研究机构合作较多，浙江大学、宁波大学、浙江工业大学、浙江省海洋生物大数据应用重点实验室等机构与浙江海洋大学合作较为频繁，毗邻的地理位置为浙江海

洋大学与它们之间的合作创造了先天条件，在一定程度上反映出浙江海洋大学在选择科研合作对象时本土研究机构仍是它的重要选择。

2002—2021 年浙江海洋大学与中国科学院累计合作发表 434 篇文献，篇均被引 13.36 次，合作科研成果数量较多，在众多合作机构中位列第一。作为我国科学技术的最高学术机构和全国自然科学与高新技术的综合研究与发展中心，浙江海洋大学不断寻求与中国科学院进行科研合作，产出了较多科研成果，其中产出高被引文献 2 篇，被引次数超过 100 次的文献 7 篇。

浙江海洋大学与中国海洋大学 2002—2021 年累计合作发文 292 篇，篇均被引 9.67 次，位列第二。中国海洋大学作为我国办学层次最高、科研实力强劲的海洋院校，聚集了大量高水平的海洋科研人才。浙江海洋大学积极与中国海洋大学进行科研合作，在一定程度上带动了浙江海洋大学的涉海学科建设，明确了浙江海洋大学的"海洋"定位。

浙江海洋大学和浙江大学 2002—2021 年累计合作发表 133 篇文献，篇均被引 14.64 次，排在第三。作为浙江省内唯一的 985 高校，汇聚了一大批具备高水平、高层次、高能力的科研人才，同时临近的地理位置为浙江海洋大学与浙江大学之间的合作提供了先天条件，浙江海洋大学与其合作可获得科研支持和人才支持，加速自身基础科学研究建设。

为了进一步明晰浙江海洋大学的合作关系网络，我们通过 WoS 核心合集下载 2002—2021 年所收录的浙江海洋大学文献的纯文本数据，并导入 VOSviewer 绘制合作关系网络图，将合作次数设定为 5 次，并在网络中剔除浙江海洋大学，共计 182 个合作主体，如图 5 – 33 所示。

从图 5 – 33 得知，在浙江海洋大学的基础科学研究组织合作网络图中，各合作主体分布较为分散。其中中国科学院处于核心地位，具有最高的中介中心性。其次是中国海洋大学和浙江大学，分别处于另外两个群落的核心地位。浙江海洋大学与上述机构合作的学科具有较大的重合性，渔业、海洋学、海洋与淡水生物学等领域是主要合作领域。虽然众多合作机构之间存在明显交叉痕迹，即研究学科方面有共同关注，各合作研究机构的研究侧重点也较为相似，但也存在着一些独特的合作领域。浙江海洋大学与中国科学院合作中对兽医学领域较为关注；与中国海洋大学合作中遗传学等领域较为突出；与浙江大学合作中较为关注食品科学技术、环境科学等学科。整体来看，在与浙江海洋大学进行基础科学研究合作的机构所参与的研究学科比较集中，且普遍存在着交叉关系，初步形成以中国科学院、中国海洋大学和浙江大学为核心的合作集群分布特征。

beijing inst technol

hebei univ technol

jilin agr univ

zhejiang chinese med univ

fisheries res agcy

xuchang univ　chinese acad fishery sci

zhejiang ocean univ

china univ geosci

xi'an jiao tong univ

hunan univ

图 5 - 33　浙江海洋大学主要机构合作网络图

对浙江海洋大学的专利研发主要申请人和主要合作者进行梳理分析，如表 5 - 46 所示。

表 5 - 46　浙江海洋大学主要专利申请人

申请人	专利数量（项）
浙江海洋学院	5837
浙江海洋大学	5739
浙江省海洋水产研究所	1173

续上表

申请人	专利数量（项）
浙江海洋大学东海科学技术学院	462
浙江海洋学院东海科学技术学院	130
浙江海洋学院普陀科学技术学院	76
方懂平（舟山巨洋技术开发有限公司）	25
浙江东海海洋研究院	24
浙江大海洋科技有限公司	24
恒尊集团有限公司	18

由表 5 - 46 可知，浙江海洋大学的专利主要是由浙江海洋大学和浙江海洋学院（浙江海洋大学前身）为申报单位进行申请，属于浙江海洋学院和浙江海洋大学的专利数量分别为 5837 项、5739 项，占总量的 86% 左右。在一定程度上反映出浙江海洋大学寻求专利所有权和专利保护的积极性。同时发现，在余下的专利多为浙江海洋大学与浙江本地研究机构或高校研发合作。例如，与浙江省海洋水产研究所合作申报专利 1173 项，与浙江海洋大学东海科学技术学院合作申报专利 462 项。

5.7.4 作者分布

我们对浙江海洋大学 2002—2021 年累计被 WoS 核心合集收录 2988 篇文献进行作者识别，如表 5 - 47 所示，对各高产作者发表文献数、高被引文献数、篇均被引数等指标进行识别。

表 5 - 47　浙江海洋大学活跃学者

作者	记录数（篇）	占比（%）	高被引文献数（篇）	篇均被引（次）
Gao T X	184	6.158	0	5.69
Xu T J	154	5.154	0	21.47
Wu C W	124	4.15	1	14.37
Chen Y	101	3.38	1	14.38
Wang R X	90	3.012	0	17.7
Guo B Y	89	2.979	0	6.54

续上表

作者	记录数（篇）	占比（%）	高被引文献数（篇）	篇均被引（次）
Song N	87	2.912	0	4.01
Wu W Z	84	2.811	2	61.4
Han Z Q	81	2.711	0	6.78
Ouyang X K	80	2.677	5	32.39

由表 5-47 可知，Gao T X 是浙江海洋大学基础科学研究产出最多的作者，2002—2021 年累计被 WoS 核心合集收录 184 篇文献，篇均被引 5.69次。可见，Gao T X 虽然是浙江海洋大学科研活动中最活跃的学者，但其科研成果的平均质量不高。对 Gao T X 所发表的 184 篇文献进行梳理发现，遗传学、生物化学与分子生物学、动物学等农林类学科是他的主要研究方向，最突出的是 2012 年发表的 "*Phylogeography Study of Ammodytes personatus in Northwestern Pacific：Pleistocene Isolation，Temperature and Current Conducted Secondary Contact*" 一文，累计被引也仅为 54 次。

Xu T J 2002—2021 年累计被 WoS 核心合集收录 154 篇文献，篇均被引 21.47 次，位居第二。Xu T J 所产出的科研成果的篇均被引次数较为突出，在一定程度上反映出 Xu T J 对科研成果的产出质量较为重视。Xu T J 的成果主要涉及渔业、免疫学、兽医学等领域，这些研究领域同样是浙江海洋大学的主要学科建设方向，对浙江海洋大学主要建设学科的基础科学研究进展起到了积极作用。

Wu C W 2002—2021 年累计被 WoS 核心合集收录 124 篇文献，篇均被引次数为 14.37 次，位居第三。对这些文献梳理发现，其中高被引文献 1篇，其主要研究方向为渔业、海洋与淡水生物学等涉海学科，与浙江海洋大学海洋学科的建设方向一致。浙江海洋大学相关海洋学科的科研资源为 Wu C W 提供了支持，Wu C W 的科研产出促进了浙江海洋大学的基础科学研究建设。

值得注意的是 Wu W Z 与 Ouyang X K，在浙江海洋大学较为缺乏高被引文献产出的背景下，Wu W Z 累计产出高被引文献 2 篇，篇均被引次数高达 61.4，远远超过了其余活跃作者。而 Ouyang X K 累计产出高被引文献 5 篇，在众多活跃作者中极为突出。

为了进一步明晰浙江海洋大学基础研究文献的作者合作关系网络，我们通过 WoS 核心合集下载 2002—2021 年所收录的浙江海洋大学文献的纯文本数据，并导入 VOSviewer 绘制作者合作关系网络图，将合作次数阈值设定为 5 次，共计 637 个活跃作者，如图 5 - 34 所示。

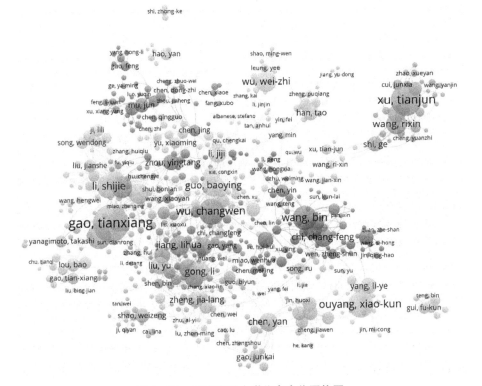

图 5 - 34　浙江海洋大学作者合作网络图

由图 5 - 34 可知，浙江海洋大学基础科学研究文献作者合作关系网络分布较为广阔。嵌入在合作网络的活跃科研工作者较多，科研合作结构较为松散，相互之间联结度不大，在一定程度上反映出浙江海洋大学的学科方向较为宽泛。观察图 5 - 34 可知，浙江海洋大学形成了较多的合作群落，其中以 Gao T X、Xu T J、Wu C W 等为代表合作群落最为突出。可见，在浙江海洋大学的科研人员中，已经形成了相对固定的科研合作团队，团队内部合作十分紧密，团队与团队间合作较少。

通过对浙江海洋大学专利发明人进行梳理，以明晰浙江海洋大学在专利发明领域最活跃的科研工作者分布，如表 5 - 48 所示。

表 5 - 48　浙江海洋大学主要专利发明人

发明人	专利数量（项）
吴长文	411
徐佳晶	302
王化明	282
郑雄胜	275
谢永和	271
张小军	256
桂福坤	256
陈正寿	242
陈小娥	213
王晋宝	210

由表 5 - 48 可知，吴长文、徐佳晶、王化明等学者是浙江海洋大学专利申请量最为活跃的科研工作者。其中吴长文累计申请专利 411 项，是浙江海洋大学专利申请量最多的学者。徐佳晶累计申请专利 302 项，位居第二。王化明累计申请专利 282 项，位居第三。同时发现浙江海洋大学在论文领域的高产学者们与专利领域的高申请学者们出现了重叠，例如吴长文、徐佳晶等不仅是浙江海洋大学文献高产出者，同样也是浙江海洋大学专利领域的高申请者，这有助于将科研成果进行有效利用。

5.7.5　合作机构所属国家分布

我们对浙江海洋大学 2002—2021 年累计被 WoS 核心合集收录 2988 篇文献的所属国家进行识别，对浙江海洋大学的主要合作机构所属国家进行分析，如表 5 - 49 所示。通过对浙江海洋大学开展国际合作所发表高被引文献数、发表文献篇均被引数等指标分析，有助于明晰该校参与国际合作的成效。

表 5 - 49　浙江海洋大学主要合作机构所属国家

国家	记录数（篇）	占比（%）	高被引文献数（篇）	篇均被引（次）
美国（USA）	135	4.518	4	16.33

续上表

国家	记录数（篇）	占比（%）	高被引文献数（篇）	篇均被引（次）
日本（Japan）	76	2.544	0	10
意大利（Italy）	41	1.372	0	12.12
澳大利亚（Australia）	37	1.238	1	22.35
韩国（South Korea）	33	1.104	0	10.76
加拿大（Canada）	27	0.904	0	15.37
埃及（Egypt）	26	0.87	3	47.54
泰国（Thailand）	24	0.803	0	6.46
英国（England）	23	0.77	0	11.57
巴基斯坦（Pakistan）	21	0.731	0	5.04

由表 5 - 49 可知，浙江海洋大学合作机构所属国家大多为发达国家和海洋研究强国。其中美国是浙江海洋大学合作最频繁的合作机构所属国家，2002—2021 年浙江海洋大学累计与其合作产出文献 135 篇，遥遥领先其余合作国家。其中高被引文献 4 篇，是高被引文献产出最多的合作机构所属国家，篇均被引次数为 16.33，在浙江海洋大学众多合作国家中较为突出，各项计量指标均位居前列，是浙江海洋大学最主要的高被引文献合作机构所属国家。

浙江海洋大学 2002—2021 年累计与日本组织机构发表 76 篇文献，其中高被引文献 0 篇，篇均被引次数 10，位列第二。通过高被引文献数、篇均被引次数等指标可看出浙江海洋大学与日本组织机构产出的科研成果平均质量不高。

浙江海洋大学 2002—2021 年累计与意大利组织机构合作发表 41 篇文献，其中高被引文献 0 篇，篇均被引次数为 12.12，位列第三。相较于合作机构所属国家如美国和日本，与以意大利组织机构合作产出的科研成果不多，高水平科研成果更加缺乏。双方合作的科研成果中，Li J J 等于 2017 年发表的 "Comparative Toxicity of Nano ZnO and Bulk ZnO Towards Marine Algae Tetraselmis Suecica and Phaeodactylum Tricornutum" 一文最为突出，累计也仅为 43 次。

值得注意的是埃及，浙江海洋大学 2002—2021 与埃及组织机构合作产出文献 26 篇，其中高被引文献 3 篇，篇均被引次数高达 47.54。高被引文献数、高被引文献产出率、篇均被引次数等指标在浙江海洋大学众多合作机构所属国家中均位列第一，浙江海洋大学与埃及组织机构展开的科研合作已经形成了一套高效的合作体系。

　　为了进一步明晰浙江海洋大学基础研究文献的国家合作关系网络，我们通过 WoS 核心合集下载 2002—2021 年所收录的浙江海洋大学文献的纯文本数据，并导入 VOSviewer 绘制合作机构所属国家关系网络图，为了将合作机构所属国家网络展示得更加具体，我们将合作次数阈值调至 5 次，发现主要合作机构所属国家主体为 28 个，如图 5 - 35 所示。

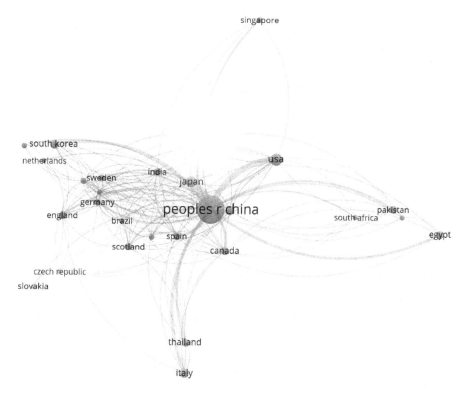

图 5 - 35　浙江海洋大学合作机构所属国家网络图

　　从浙江海洋大学基础科学研究主要合作机构所属国家的合作网络显示，美国是浙江海洋大学对外合作机构所属国家中最主要的合作对象，也是高被引文献产出最主要的合作机构所属国家，除我国外具有最高的中介中心性。目前看来，浙江海洋大学的对外合作网络已经初步形成了以美国、日本、意大利、澳大利亚、加拿大、韩国等合作机构所属国家为核心的群落关系。进一步对关系网络中的合作机构所属国家合作文献进行分析，发现它们在合作领域和研究方向上在存在一定的重合关系的同时也存在着各自的独特研究领域。如主要合作机构所属国家美国在海洋学、环境科学、海洋与淡水生物学、渔业、影像科学摄影技术等学科领域与浙江海洋大学合作较多，同时这些学科领域也是浙江海洋大学与美国合作产出高被引文献的主要学科领域。而浙江海洋大学与日本组织机构合作则更关注渔业、生物化学与分子生物学、动物学等学科；浙江海洋大学与意大利组织机构和澳大利亚组织机构主要合作领域则集中于环境科学、渔业、食品科学技术、生态学等领域。作为国内建设较好的农林类海洋院校，浙江海洋大学的主要对外合作均为涉海农林类学科，与自身"海洋学科"建设方向一致。

5.7.6 研究小结

浙江海洋大学基础科学研究建设状况较好，以 2007 年和 2012 年为时间节点可将浙江海洋大学的发展时期划分为平缓期、发展期和爆发期，其中 2012—2021 年是浙江海洋大学基础科学研究的主要发展时期。渔业、海洋与淡水生物学、生物化学与分子生物学、遗传学等学科是浙江海洋大学的主要建设学科，海洋特色鲜明。中国科学院、中国海洋大学、浙江大学是浙江海洋大学的主要合作机构，合作科研成果数量较多。通过机构合作网络图谱可知，当前浙江海洋大学进行基础科学研究合作的机构所参与的研究领域和方向比较集中，涉海学科是它们的主要合作方向，普遍存在着交叉合作关系，初步形成以中国科学院、中国海洋大学、浙江大学为核心的合作集群分布特征。浙江海洋大学活跃科研工作者较多，Gao T X、Xu T J、Wu C W 等学者在浙江海洋大学众多学者中最为突出，最为高产。但浙江海洋大学的高被引文献产出较少，学术影响力有待进一步提升。作者合作关系网络图显示浙江海洋大学的科研工作者之间互动非常分散，研究领域较为宽泛，形成了许多合作群落，群落内部联结较为紧密，群落之间合作较少。美国、日本和意大利等国家是浙江海洋大学最主要的合作机构所属国家。值得注意的是埃及是浙江海洋大学众多对外合作机构所属国家中高被引文献数、高被引文献产出率、篇均被引次数等指标最高的合作机构所属国家。

5.8 江苏海洋大学

我们通过 WoS 核心合集对江苏海洋大学进行检索，发现 2002—2021 年江苏海洋大学累计被 WoS 核心合集收录 2430 篇文献，在我国海洋院校中位列第八。同时对江苏海洋大学获批的专利进行梳理，江苏海洋大学累计获批专利 6310 项。我们以这些文献数据和专利数据为基础对江苏海洋大学基础科学研究发展态势展开研究。

江苏海洋大学是江苏省属全日制普通本科高校。学校前身是 1985 年创办的淮海大学，1989 年教育部批复更名为淮海工学院，1998 年至 2002 年，原江苏盐业学校、连云港水产学校和连云港化工高等专科学校先后并入淮海工学院。2019 年 6 月，教育部批准学校更名为江苏海洋大学。

江苏海洋大学始终贯彻以科研和社会服务为己任，努力为地方经济社会发展提供智力贡献和技术支持。根据国家战略需要和区域发展特色，优化学科结构、凝练学科方向。江苏海洋大学的海洋科学为江苏省优势学科，应用经济学、机械工程、生物工程、药学 4 个学科被列入江苏省"十四五"重点学科建设计划。学校现有 7 个一级学科硕士学位授权点和 12 个专业硕士学位授权点。学校建有一批海洋特色鲜明、学科力量雄厚的科技研发和服务平台。

江苏海洋大学在近些年的建设过程中，始终围绕国家海洋强国战略和"一带一路"倡议，充分发挥地处滨海城市的区位优势，紧密对接区域海洋新兴产业，加快改革发展步伐，切实提高办学质量，努力建设高水平应用研究型海洋大学。

5.8.1　时间分布

首先对江苏海洋大学 2002—2021 年累计被 WoS 核心合集收录 2430 篇文献按照时间进行划分，如图 5 - 36 所示，对江苏海洋大学的发展历程进行分析。

由图 5 - 36 可知，江苏海洋大学历年文献发表量虽然波动较为明显，但整体呈上升态势，尤其以 2015 年之后增长速度较为突出，以 2005 年和 2015 年为时间节点可将江苏海洋大学的发展时期划分为发展期、波动发展期和爆发期。

2002—2005 年为江苏海洋大学平缓发展期。江苏海洋大学 2002 年被 WoS 核心合集收录文献 1 篇，2003 年被收录 9 篇，2005 年被收录文献数增长至 22 篇。这一时期江苏海洋大学的基础科学研究发展较为缓慢，对这一时期所发表的文献所涉及的学科进行研究，发现无机化学、晶体学、有机化学、多学科化学等理工类学科是江苏海洋大学这一时期的主要建设学科和研究方向。这与江苏海洋大学的办学历史有着极大的关系。1998 年至 2002 年，江苏盐业学校、连云港水产学校和连云港化工高等专科学校先后并入当时的淮海工学院（江苏海洋大学），这为当时的淮海工学院的理工类学科注

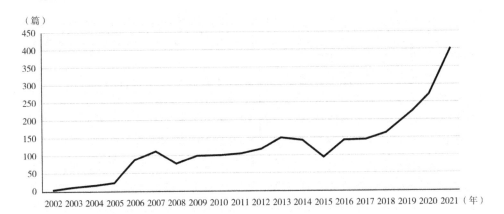

（篇）

图 5 - 36　江苏海洋大学发文时间分布

入新鲜"血液"，助力其理工类学科建设发展，这一时期的江苏海洋大学工科特色鲜明。

2006—2015 年为波动发展期，2006 年江苏海洋大学被 WoS 核心合集收录文献 87 篇，2008 年被收录文献 76 篇，到了 2013 年年发文量增长至 148 篇，而 2015 年又跌落至 94 篇。这一时期江苏海洋大学基础科学研究发展波动趋势较为明显，但整体向好的发展态势没有改变。对这一时期江苏海洋大学所发表的文献所涉及的学科进行梳理发现，生物化学与分子生物学、无机化学、应用化学、多学科材料科学、有机化学等是该校在这一时期的主要建设学科。江苏海洋大学这一时期的主要建设学科领域并未改变，理工类学科仍然是它的主要建设方向。

2016—2021 年为爆发期，这一时期江苏海洋大学的基础科学研究文献得到了较大的发展。2016 年被 WoS 核心合集收录 140 篇文献，2019 年被收录 209 篇文献，2021 年被收录 392 篇文献，这一时期是江苏海洋大学基础科学研究的主要建设时期。我们对这一时期发表的文献进行分类发现，多学科材料科学、海洋与淡水生物学、环境科学、多学科化学等是江苏海洋大学这一时期的主要建设学科，江苏海洋大学这一时期的主要建设学科中已经出现部分"海洋学科"的身影。这是由于淮海工学院 2019 年 6 月正式更名为江苏海洋大学，"海洋学科"的发展是建设海洋大学的题中应有之意。

此外，我们对江苏海洋大学所获批的专利进行统计，得到历年专利获批量，如图 5 -37 所示。

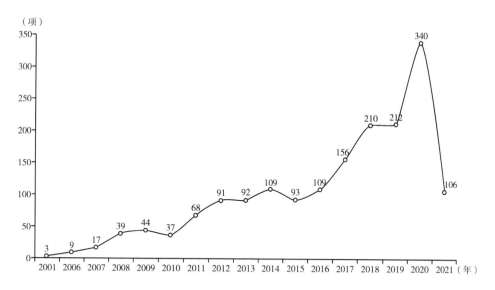

（项）

图 5 - 37 江苏海洋大学专利分布

由图 5 - 37 可知，虽然 2010 年和 2015 年略有下降，但整体呈现出上升趋势，特别是 2020 年，增长势头迅猛。整体来看，江苏海洋大学的技术创新日趋活跃，创新能力在不断提高，创新精神也在不断加强，但还需要进一步发展来保持稳步增长态势，并努力追赶其他涉海优势高校的脚步。

5.8.2 学科分布

我们对江苏海洋大学 2002—2021 年累计被 WoS 核心合集收录 2430 篇文献按照所属学科进行识别，如表 5 - 50 所示，以明晰江苏海洋大学学科建设的主要领域。

表 5 - 50 江苏海洋大学主要学科

学科	记录数（篇）	占比（%）	篇均被引（次）
多学科材料科学（Materials Science Multidisciplinary）	209	8.601	14.44
多学科化学（Chemistry Multidisciplinary）	182	7.49	10.45
结晶学（Crystallography）	177	7.284	3.19
环境科学（Environmental Sciences）	176	7.243	22.97
海洋与淡水生物学（Marine Freshwater Biology）	159	6.543	10.82

续上表

学科	记录数（篇）	占比（%）	篇均被引（次）
无机核化学（Chemistry Inorganic Nuclear）	153	6.296	9.39
生物化学分子生物学（Biochemistry Molecular Biology）	148	6.091	14.37
应用化学（Chemistry Applied）	142	5.844	24.21
物理化学（Chemistry Physical）	128	5.267	19.91
生物技术应用微生物学（Biotechnology Applied Microbiology）	119	4.897	13.39

由表5-50可知，多学科材料科学、多学科化学、晶体学、环境科学等是目前江苏海洋大学基础科学研究成果发表比较多的学科。这是由于江苏海洋大学是淮海工学院于2019年更名而来，在此之前长期保持着工科院校的发展定位，在理工类学科基础科学研究有一定积累。总体看来，目前江苏海洋大学的学科建设仍以理工类学科为主要建设方向，尚未完成由工科院校向海洋院校的转变。其中多学科材料科学是江苏海洋大学优势学科，2002—2021年累计被WoS核心合集收录文献209篇，篇均被引14.44次。但值得注意的是，其中高被引文献为0篇，可见作为江苏海洋大学学科建设中较为缺乏高影响力的科研成果。

排在第二位的是多学科化学，2002—2021年累计被WoS核心合集收录182篇文献，篇均被引次数为10.45。江苏海洋大学在多学科化学有一定研究积累，但高水平科研成果依旧缺乏，高被引文献0篇。

晶体学是活跃度第三的学科，2002—2021年累计被WoS核心合集收录177篇文献。值得注意的是，篇均被引次数仅为3.19，从侧面反映出江苏海洋大学晶体学学科建设活跃度虽然较高，但整体研究科研成果的平均质量较低。

值得注意的是环境科学，2002—2021年累计被WoS核心合集收录176篇，篇均被引次数为22.97，位居第四。篇均被引次数在众多活跃学科中极为突出，位列第一。这与环境科学是江苏海洋大学高被引文献产出最多的学科有着密切的关系，2002—2021年累计产出高被引文献4篇，在一定程度上提高了该学科的篇均被引次数。

同时对江苏海洋大学专利的技术分类大类进行梳理，以明晰该校所获批专利的主要涉及领域，表 5 - 51 所示。

表 5 - 51　江苏海洋大学主要专利类别

大类	IPC 释义	专利数量（项）
A01	A：人类生活必需品 A01：农业；林业；畜牧业；狩猎；诱捕；捕鱼	186
C07	C：化学；冶金 C07：有机化学	181
C12	C：化学；冶金 C12：生物化学；啤酒；烈性酒；果汁酒；醋；微生物学；酶学；突变或遗传工程	175
G01	G：物理 G01：测量；测试	161
B01	B：作业；运输 B01：一般的物理或化学的方法或装置	113
A61	A：人类生活必需品 A61：医学或兽医学；卫生学	112
G06	G：物理 G06：计算；推算或计数	97
C08	C：化学；冶金 C08：有机高分子化合物；其制备或化学加工；以其为基料的组合物	89
A23	A：人类生活必需品 A23：其他类不包含的食品或食料；及其处理	86
E02	E：固定建筑物 E02：水利工程；基础；疏浚	80

由表 5 - 51 可知，A01、C07、C12 等是江苏海洋大学专利数量较多的专利类别。其中 A01 是获批最多的专利类别，累计获批专利 186 项，主要涉及农林牧渔等领域。这与江苏海洋大学是农林类高校定位相匹配。江苏海洋大学在 C07、C12、G01、G06 等理工类别专利产出成果较多，这与江苏海

洋大学的办学历史有着较大的关系。江苏海洋大学的前身为淮海工学院，在理工类学科建设成果有一定积累，也就导致了江苏海洋大学的专利数据中存在较多理工类专利。

5.8.3 合作机构分布

对江苏海洋大学 2002—2021 年累计被 WoS 核心合集收录的 2430 篇文献按照所属机构进行识别，如表 5 – 52 所示。对江苏海洋大学的主要合作研究机构的特质和属性进行分析，以明晰与江苏海洋大学开展合作的组织机构特点。

表 5 –52 江苏海洋大学主要合作机构

所属机构	记录数（篇）	占比（%）	篇均被引（次）
中国科学院（Chinese Academy of Sciences）	157	6.461	16.12
南京理工大学（Nanjing University of Science Technology）	146	6.008	9.77
聊城大学（Liaocheng University）	128	5.267	3.95
中国矿业大学（China University of Mining Technology）	104	4.28	23.04
江苏省海洋资源开发研究院（Jiangsu Marine Resources Dev Res Inst）	101	4.156	11.16
江苏科诺瓦特海洋生物技术有限公司（Coinnovat Ctr Jiangsu Marine Bioind Technol）	92	3.786	7.11
日本科学技术振兴机构（Japan Science Technology Agency Jst）	87	3.58	11.17
南京大学（Nanjing University）	77	3.169	17.34
上海海洋大学（Shanghai Ocean University）	77	3.169	8.42
中国水产科学研究院（Chinese Academy of Fishery Sciences）	70	2.881	8.46

表 5 –52 可知，中国科学院、南京理工大学、聊城大学、中国矿业大学等是江苏海洋大学的主要合作机构。其中，中国科学院是江苏海洋大学最主要的合作机构，江苏海洋大学与中国科学院 2002—2021 年累计合作发表 157 篇文献，篇均被引 16.12 次，合作科研成果数量较多，在众多合作机构

中位列第一，篇均被引次数这一指标在众多合作机构中较为突出。

　　江苏海洋大学与南京理工大学 2002—2021 年累计合作发文 146 篇，篇均被引 9.77 次，位列第二。同处江苏的地理位置，为江苏海洋大学与南京理工大学之间的合作提供了先天条件。同时江苏海洋大学的前身是淮海工学院，理工特色鲜明，而南京理工大学是隶属于工业和信息化部的全国重点大学，1995 年，学校成为国家首批"211 工程"重点建设高校；2011 年，获批建设"985 工程优势学科创新平台"。在长期的建设过程中已经形成了化工与材料优势学科群，工程学、化学、材料科学、计算机科学、环境与生态学、物理学 6 个学科进入 ESI 国际学科领域全球排名前 1%。江苏海洋大学积极寻求与南京理工大学进行科研合作，以期以此推动自身理工类学科建设。

　　江苏海洋大学和聊城大学 2002—2021 年累计合作发表 128 篇文献，篇均被引 3.95 次，排在第三。篇均被引次数这一指标在众多活跃合作机构中极为靠后，可见江苏海洋大学与聊城大学合作的科研成果平均质量较低。如何提高科研合作质量是江苏海洋大学和聊城大学未来发展的重要主题。

　　为了进一步明晰江苏海洋大学的合作关系网络，我们通过 WoS 核心合集下载 2002—2021 年所收录的江苏海洋大学文献的纯文本数据，并导入VOSviewer 绘制合作关系网络图，将合作次数阈值设定为 5 次，在网络中剔除江苏海洋大学，共有 155 个合作主体，如图 5 - 38 所示。

　　由图 5 - 38 可知，在江苏海洋大学的基础科学研究组织合作网络图中，各合作主体之间互动比较紧密。除江苏海洋大学外，中国科学院处于组织合作网络图中的核心，具有最高的中介中心性。其次是南京理工大学和聊城大学，分别处于另外两个群落的核心。江苏海洋大学与上述机构合作的学科领域具有较大的重合性，多学科材料科学、多学科化学、晶体学等学科是这些机构的主要合作领域。江苏海洋大学与中国科学院开展合作所涉及学科包括环境科学、遗传学、海洋与淡水生物学等；而与南京理工大学合作聚焦于无机化学、晶体学、有机化学等理工类学科；与聊城大学合作中晶体学是它们最主要的合作学科领域，江苏海洋大学累计与聊城大学合作产出 128 篇文献，其中 100 篇文献涉及晶体学学科。整体来看，在与江苏海洋大学进行基础科学研究合作的机构所参与的研究学科比较集中，理工类学科是主要合作领域，且普遍存在着交叉关系，初步形成以中国科学院、南京理工大学和聊城大学为核心的合作集群分布特征。

　　对江苏海洋大学的专利申请人进行分析，如表 5 - 53 所示。

图5-38　江苏海洋大学合作机构网络图

表5-53　江苏海洋大学主要专利申请人

申请人	专利数量（项）
淮海工学院	1192
江苏海洋大学	549
江苏省海洋资源开发研究院（连云港）	62
国网江苏省电力有限公司连云港供电分公司	26
张田林（淮海工学院）	25
国网江苏省电力有限公司	15
连云港海恒生化科技有限公司	14
国家电网有限公司	14
连云港兴菇生物科技有限公司	11
江苏省电力公司连云港供电公司	9

由表5-53可知，江苏海洋大学的专利申请主要以本校作为第一申请单位，申请人为淮海工学院和江苏海洋大学的专利数量分别为1192项和549项，占比超过了总数量的90%。除淮海工学院和江苏海洋大学以外的申请人基本为江苏省内的公司，且数量仅占总数的10%左右。

5.8.4　作者分布

我们对江苏海洋大学 2002—2021 年累计被 WoS 核心合集收录 2430 篇文献进行作者识别,如表 5 - 54 所示,对各高产作者发表文献数、篇均被引数等指标进行识别。

表 5 - 54　江苏海洋大学活跃学者

作者	记录数（篇）	占比（%）	高被引文献数（篇）	篇均被引（次）
Xu X Y	150	6. 173	0	7. 03
Tong Z W	140	5. 761	0	13. 26
Wang D Q	133	5. 473	0	3. 2
Wang S J	97	3. 992	0	12. 41
Wang X S	92	3. 786	2	30. 93
Wu S J	90	3. 704	0	15. 66
Liu W W	83	3. 416	0	5. 81
Yang X J	80	3. 292	0	8. 45
Yang S P	78	3. 21	0	2. 99
Liu L	76	3. 128	0	13. 7

由表 5 - 54 可知,Xu X Y 是江苏海洋大学基础科学研究产出最多的作者,2002—2021 年累计被 WoS 核心合集收录 150 篇文献,篇均被引 7. 03 次。Xu X Y 虽然是江苏海洋大学科研活动中最活跃的作者,但其科研成果质量普遍不高。2013 年发表的 "*Electrochemical Investigation of A New Cu-MOF and Its Electrocatalytic Activity Towards H_2O_2 Oxidation in Alkaline Solution*" 一文是 Xu X Y 的科研成果中影响力最大的一篇,累计被引 108 次,在电化学领域较为突出。有机化学、晶体学、有机化学等学科是他的主要研究领域,这与江苏海洋大学的主要建设学科一致。

Tong Z W 2002—2021 年累计被 WoS 核心合集收录 140 篇文献,篇均被引 13. 26 次,位居第二。他的科研成果的篇均被引次数这一指标在江苏海洋大学众多活跃作者中较为突出,在一定程度上反映出他对科研成果的产出质量较为重视。多学科材料科学、纳米科学技术、多学科化学等其主要研究领域。这些研究领域同样是江苏海洋大学的主要学科建设方向,对江苏海洋大学主要建设学科的基础科学研究进展起到了积极作用。

Wang D Q 2002—2021 年累计被 WoS 核心合集收录 133 篇文献，篇均被引次数 3.2 次，位居第三。从篇均被引次数这一指标在一定程度上可以反映出 Wang D Q 虽然在科研活动中较为活跃，但整体科研成果质量不高。

值得注意的是，江苏海洋大学最为活跃的作者主要涉及学科为晶体学、无机化学等理工类学科，与江苏海洋大学的"海洋"定位有一定程度的偏离。这是由于江苏海洋大学更名时间尚短，而淮海工学院经历了漫长的发展，相关理工类学科学者较多、积累深厚，而海洋学科发展时间较短、底蕴较浅。

为了进一步明确江苏海洋大学基础研究文献的作者合作关系网络，我们通过 WoS 核心合集下载 2002—2021 年所收录的江苏海洋大学文献的纯文本数据，并导入 VOSviewer 绘制作者合作关系网络图，将合作次数阈值设定为 5 次，共计 537 个活跃作者，如图 5 - 39 所示。

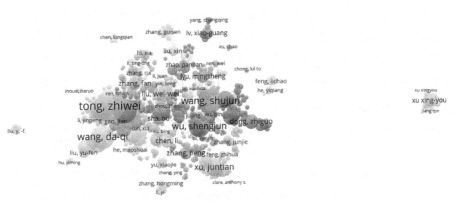

图 5 - 39　江苏海洋大学作者合作网络图

由图 5 - 39 可知，江苏海洋大学基础科学研究文献作者合作关系网络分布十分密集，反映出当前江苏海洋大学的活跃科研工作者较多，相互之间联结度较大，也反映出江苏海洋大学的研究方向和学科较为集中和统一。观察图 5 - 39 可知，江苏海洋大学形成了较多的合作群落，其中以 Xu X Y、Tong Z W、Wang D Q 等为代表合作群落最为突出，群落内部科研工作者联结较为紧密，合作较为频繁。可见，江苏海洋大学的科研活动已经形成了相对固定的科研合作团队，团队内部合作十分紧密，但团队间联结较为松散，合作较少。

通过对江苏海洋大学专利发明人进行梳理，以明晰江苏海洋大学在专利发明领域最活跃的科研工作者分布，如表 5 - 55 所示。

表 5 - 55　江苏海洋大学主要专利发明人

发明人	专利数量（项）
张田林	129
宗钟凌	71
王淑军	65
阎斌伦	60
吕明生	54
陈书法	54
房耀维	47
洪露	47
陈劲松	44
芦新春	43

由表 5 - 55 可知，张田林、宗钟凌、王淑军等学者是江苏海洋大学专利领域最为活跃的科研工作者。其中张田林累计申请专利 129 项，是江苏海洋大学专利申请量最多的学者。宗钟凌累计申请专利 71 项，位居第二。王淑军累计申请专利 282 项，位居第三。同时发现江苏海洋大学的在论文领域的高产学者与专利领域的高申请学者出现了重叠，例如王淑军不仅是江苏海洋大学高文献产出者，同样也是江苏海洋大学专利领域的高申请者，这有助于将自身所产出的科研成果进行有效的转化利用。

5.8.5　合作机构所属国家分布

我们对江苏海洋大学 2002—2021 年累计被 WoS 核心合集收录 2430 篇文献的合作机构所属国家进行识别，对该校的主要合作机构所属国家进行分析，如表 5 - 56 所示。分析江苏海洋大学开展国际合作所发表高被引文献数、篇均被引数等指标，有助于明晰该校的国际合作成效。

表 5 - 56　江苏海洋大学主要合作机构所属国家

国家	记录数（篇）	占比（%）	高被引文献数（篇）	篇均被引（次）
美国（USA）	123	5.062	0	21.33
日本（Japan）	119	4.897	1	14.33

续上表

国家	记录数（篇）	占比（%）	高被引文献数（篇）	篇均被引（次）
澳大利亚（Australia）	63	2.593	1	24.67
韩国（South Korea）	39	1.605	0	7.69
英国（England）	27	1.111	1	21.63
加拿大（Canada）	24	0.988	0	22.17
比利时（Belgium）	10	0.412	0	8.1
沙特阿拉伯（Saudi Arabia）	10	0.412	0	12.1
印度（India）	9	0.37	0	36.78
印度（Singapore）	9	0.37	0	28.44

由表 5-56 可知，江苏海洋大学合作最频繁的合作机构所属国家大多为沿海国家。其中美国是江苏海洋大学合作最频繁的合作机构所属国家，2002—2021 年江苏海洋大学累计与其合作产出文献 123 篇，篇均被引次数为 16.33，位居第一。江苏海洋大学 2002—2021 年累计与日本组织机构合作发表 119 篇文献，其中高被引文献 1 篇，篇均被引次数为 14.33，位列第二。江苏海洋大学 2002—2021 年累计与澳大利亚组织机构合作发表 63 篇文献，其中高被引文献 1 篇，篇均被引次数为 24.67，位列第三。相较于美国和日本，江苏海洋大学与以澳大利亚组织机构合作产出的科研成果数量较少，但篇均被引次数这一指标在众多合作机构所属国家中较为突出，可见高质量发展是江苏海洋大学与澳大利亚组织机构展开科研合作的重要主题。

值得注意的是印度，江苏海洋大学 2002—2021 与印度组织机构合作产出文献9 篇，其中高被引文献 0 篇，但其篇均被引次数高达 36.78，位居江苏海洋大学所有对外合作国家首位。在一定程度上反映出江苏海洋大学与印度组织机构合作产出的科研成果相较于其他合作机构所属国家质量更高，科研合作体系更加合理，科研资源转化更加有效。

为了进一步明晰江苏海洋大学基础研究文献的合作机构所属国家关系网络，我们通过 WoS 核心合集下载 2002—2021 年所收录的江苏海洋大学文献的纯文本数据，并导入 VOSviewer 绘制合作机构所属国家关系网络图，为了将合作机构所属国家网络展示得更加具体，将合作次数阈值设定为 5 次，发现主要合作机构所属国家主体为 18 个，如图 5-40 所示。

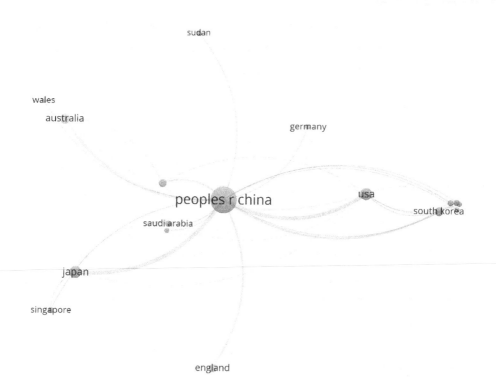

图 5 - 40　江苏海洋大学合作机构所属国家网络图

　　从江苏海洋大学基础科学研究主要合作机构所属国家的网络图来看，美国是江苏海洋大学对外合作机构所属国家中的最主要合作对象，除中国外，具有最高的中介中心性。目前看来，江苏海洋大学的对外合作机构所属国家较少，合作网络已经初步形成了以美国、日本、澳大利亚、韩国等合作机构所属国家为核心的群落关系。通过对关系网络中的合作机构所属国家合作文献进一步分析，发现在合作领域和研究方向上在存在一定的重合关系，同时也存在着各自的独特研究领域。如以中国、美国、韩国、意大利为核心形成的合作群落在多学科材料科学、电气与电子工程、环境科学、海洋与淡水生物学等学科合作较多。与日本组织机构、挪威组织机构、澳大利亚组织机构形成的合作则更关注多学科材料科学、多学科化学、应用物理等学科；与德国组织机构构建的合作网络则主要集中于环境科学、气象大气科学等领域。作为一所尚未完全实现由理工院校向海洋院校转变的高校，理工类学科仍是江苏海洋大学的主要对外合作的主要领域。这是由于江苏海洋大学"海洋"定位时间尚短，在相关"海洋学科"积累不足。

5.8.6 研究小结

以 2005 年和 2015 年为时间节点可将江苏海洋大学基础科学研究发展时期划分为平缓期、波动发展期和爆发期，其中 2016—2021 年是江苏海洋大学基础科学研究的主要发展时期。由于"海洋"定位时间尚短，理工类特色依旧较为鲜明，多学科材料科学、多学科化学、晶体学、环境科学等学科是目前江苏海洋大学基础科学研究成果比较多的学科。中国科学院、南京理工大学、聊城大学、中国矿业大学等是江苏海洋大学的主要合作机构。通过机构合作网络图可知，当前江苏海洋大学进行基础科学研究合作的机构所参与的研究领域和方向比较集中，理工类学科是主要合作方向，普遍存在着交叉合作关系，初步形成以中国科学院、南京理工大学、聊城大学、中国矿业大学为核心的合作集群分布特征。江苏海洋大学活跃科研工作者较多，Xu X Y、Tong Z W、Wang D Q 等学者在江苏海洋大学众多学者中最为突出，最为高产。但江苏海洋大学的高产科研工作者所创造知识的影响力普遍不高，学术影响力有待提升。通过对作者合作关系网络进行分析，发现江苏海洋大学的科研工作者分布较密集，研究领域较为集中。形成了许多合作群落，群落内部联结较为紧密，群落之间合作较少。美国、日本和澳大利亚等国家是江苏海洋大学最主要的合作机构所属国家。值得注意的是印度组织机构与江苏海洋大学合作的高被引文献虽为 0 篇，但篇均被引次数在众多对外合作机构所属国家中位居第一。这些合作机构所属国家普遍是发达国家和海洋强国，江苏海洋大学与各合作机构所属国家的合作领域相对集中，多学科材料科学等理工类学科是主要合作领域。

5.9 大连海洋大学

我们通过 WoS 核心合集对大连海洋大学进行检索，发现 2002—2021 年大连海洋大学累计被 WoS 核心合集收录 2095 篇文献，在我国海洋院校中位列第九。同时对大连海洋大学所申报的专利进行梳理，累计申请 1898 项专利。我们以这些文献数据和专利数据为基础对大连海洋大学基础科学研究发展态势展开研究。

大连海洋大学是我国北方地区的一所以海洋和水产学科为特色，农、工、理、管、文、法、经、艺等学科协调发展的多科性高等院校。大连海洋大学始建于于 1952 年，前身为东北水产技术学校，1958 年升格为大连水产专科学校，1978 年升格为大连水产学院，2000 年由农业部（现为农业农村部）划转辽宁省管理，2010 年经教育部批准更名为大连海洋大学。

大连海洋大学学科体系完善，海洋优势特色学科明显。水产一级学科为辽宁省"双一流"建设学科，以水产学科为依托的农学领域"植物与动物科学"学科进入 ESI 全球排名前 1%，该学科在教育部第四轮学科评估中位列第四。大连海洋大学不断加强教学改革与建设，充分发挥多学科优势，建设有特色的淡水渔业教学体系。大连海洋大学始终全力贯彻落实党的教育方针，以建设"蓝色大学"为发展理念，朝着高水平海洋大学的奋斗目标加速迈进。

5.9.1　时间分布

首先对大连海洋大学 2002—2021 年累计被 WoS 核心合集收录 2095 篇文献按照时间进行划分，如图 5-41 所示，对大连海洋大学的发展历程进行分析。

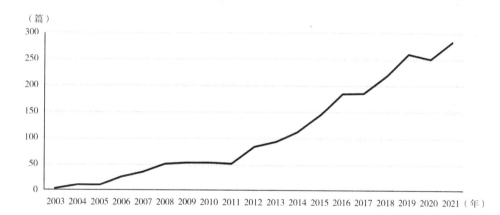

图 5-41　大连海洋大学发文时间分布

由图 5-41 可知，大连海洋大学历年文献发表量上升态势显著，尤其以 2012 年之后增长速度较为突出。以 2011 年为时间节点可将大连海洋大学的发展时期划分为平缓发展期和爆发期。

2002—2011 年为大连海洋大学基础科学研究的平缓发展期。2002 年 WoS 核心合集未收录大连海洋大学发表的文献，2003 年大连海洋大学首次有科研论文被 WoS 核心合集收录。2003 年被收录文献 3 篇，2009 年被收录文献 52 篇，2011 年被收录文献数增长至 50 篇。这一时期大连海洋大学的基础科学研究发展较为缓慢，发展陷入瓶颈。对这一时期的文献所涉及的学科领域进一步细分发现，渔业、海洋与淡水生物学、生物化学与分子生物学等涉海学科是大连海洋大学的主要建设学科和研究方向。这与大连海洋大学的办学历史有着一定的关系，大连海洋大学的前身大连水产学院始终聚焦于海洋学科，大连海洋大学在涉海学科具有一定的学术底蕴。

2012—2021 年为大连海洋大学基础科学研究的爆发期，这一时期也是大连海洋大学基础科学研究的主要发展时期，累计发文 1808 篇，占总发文数的 86%。其中，2012 年被 WoS 核心合集收录 82 篇文献，2016 年被收录 184 篇，2021 年被收录 282 篇。渔业、海洋与淡水生物学、免疫学、兽医学等涉海农林类学科是大连海洋大学这一时期的主要建设学科。相较于上一发展时期，海洋特色更加鲜明，这离不开大连海洋大学"水产"特色明晰的历史主线，所涉足学科领域呈现多元化趋势。

此外，对大连海洋大学所获批的专利数量统计梳理，以明晰大连海洋大学专利领域的发展态势，如图 5 - 42 所示。

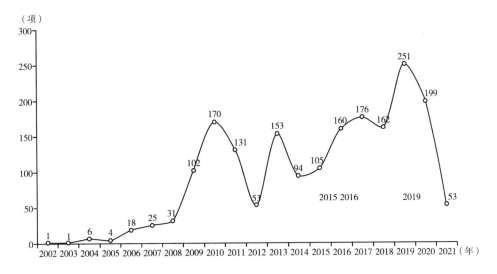

图 5 - 42　大连海洋大学专利分布

由图 5 - 42 可以看出，大连海洋大学的专利数量波动较为明显，从 2010 年以后出现多次专利突然大量增加或大量减少的现象。例如，大连海洋大学在 2010 年的年专利申请量为 170 项，2012 年跌至 53 项，2014 年又回升至 153 项，此后波动依旧明显，在一定程度上表明大连海洋大学在专利技术创新领域的成果产出能力并不稳定。

5.9.2　学科分布

对大连海洋大学 2002—2021 年累计被 WoS 核心合集收录 2095 篇文献按照所属学科进行识别，如表 5 - 57 所示，以明晰大连海洋大学所涉足的学科领域。

表 5 - 57　大连海洋大学主要学科

学科	记录数（篇）	占比（%）	篇均被引（次）
渔业（Fisheries）	566	27.017	11.97
海洋与淡水生物学（Marine Freshwater Biology）	397	18.95	13.85
免疫学（Immunology）	290	13.842	13.6
兽医学（Veterinary Sciences）	256	12.22	14.88
生物化学分子生物学（Biochemistry Molecular Biology）	215	10.263	10.68
环境科学（Environmental Sciences）	187	8.926	13.39
遗传学（Genetics Heredity）	145	6.921	9.81
动物学（Zoology）	143	6.826	12.24
生物技术应用微生物学（Biotechnology Applied Microbiology）	122	5.823	10.09
海洋学（Oceanography）	120	5.728	5.53

由表 5 - 57 可知，渔业、海洋与淡水生物学、免疫学、兽医学等学科是大连海洋大学基础科学研究成果比较集中的学科。这是由于大连海洋大学是一以贯之的水产特色建设历年，先后经历了东北水产技术学校、大连水产专科学校和大连水产学院时期，海洋相关学科一直是它的主要建设领域，具备一定的研究积累。渔业是大连海洋大学科研成果最多的学科，2002—2021年累计被 WoS 核心合集收录文献 566 篇，篇均被引 11.97 次。对这 566 篇文献进行梳理发现，其中高被引文献有 2 篇，是大连海洋大学高被引文献产出最多的学科。

排在第二位的是海洋与淡水生物学，2002—2021 年累计被 WoS 核心合集收录 397 篇文献，篇均被引次数为 13.85。大连海洋大学海洋与淡水生物学学科建设活跃度较高，同时在普遍缺乏具有影响力的科研成果产出的背景下产出高被引文献 1 篇。

免疫学是学科建设活跃度第三的学科，2002—2021 年免疫学学科累计被 WoS 核心合集收录 290 篇文献，篇均被引次数为 13.6。我们对这 290 篇文献进一步梳理发现，大连海洋大学在免疫学学科发表高被引文献 1 篇。大连海洋大学的高被引文献主要集中于建设活跃度最高的学科，"量"与"质"并举。

通过对大连海洋大学专利的技术分类大类进行梳理，以明晰大连海洋大学专利技术所涉及领域，如表5-58所示。

表5-58　大连海洋大学主要专利类别

大类	IPC 释义	专利数量（项）
A01	A：人类生活必需品 A01：农业；林业；畜牧业；狩猎；诱捕；捕鱼	581
G01	G：物理 G01：测量；测试	154
A23	A：人类生活必需品 A23：其他类不包含的食品或食料；及其处理	153
C12	C：化学；冶金 C12：生物化学；啤酒；烈性酒；果汁酒；醋；微生物学；酶学；突变或遗传工程	145
A61	A：人类生活必需品 A61：医学或兽医学；卫生学	107
C02	C：化学；冶金 C02：水、废水、污水或污泥的处理	98
A47	A：人类生活必需品 A47：家具；家庭用的物品或设备；咖啡磨；香料磨；一般吸尘器	58
B01	B：作业；运输 B01：一般的物理或化学的方法或装置	58
B63	B：作业；运输 B63：船舶或其他水上船只；与船有关的设备	56
C07	C：化学；冶金 C07：有机化学	55

由表5-58可以看出，大连海洋大学的专利多集中于农林牧渔方面，占

总数量的 40% 左右，大连海洋大学是农林类特色高校，主要专利领域与学校类别契合程度较高。大连海洋大学也很注重其他领域的专利研发，在物理、化学、食品、医学、运输等方面都有涉及，说明大连海洋大学在坚持以农业特色为主的同时也注重多学科均衡发展，使大连海洋大学在专利研究方面保持多样化的特点。

5.9.3　合作机构分布

对大连海洋大学 2002—2021 年累计被 WoS 核心合集收录 2095 篇文献按照所属机构进行识别，如表 5 - 59 所示，对大连海洋大学的主要合作研究机构的特质和属性进行分析，以明确大连海洋大学主要合作研究机构的特点。

表 5 - 59　大连海洋大学主要合作机构

所属机构	记录数（篇）	占比（%）	篇均被引（次）
中国科学院（Chinese Academy of Sciences）	400	19.093	17.05
大连理工大学（Dalian University of Technology）	287	13.699	13.6
中国科学院海洋研究所（Institute of Oceanology Cas）	212	10.119	18.14
中国水产科学研究院（Chinese Academy of Fishery Sciences）	178	8.496	14.88
中国科学院大学（University of Chinese Academy of Sciences Cas）	173	8.258	17.02
青岛海洋科学与技术试点国家实验室（Qingdao Natl Lab Marine Sci Technol）	172	8.21	7.8
黄海水产研究所（Yellow Sea Fisheries Research Institute Cafs）	100	4.773	18.49
中国海洋大学（Ocean University of China）	90	4.296	14.54
大连工业大学（Dalian Polytechnic University）	77	3.675	14.09
中国科学院大连化学物理研究所（Dalian Institute of Chemical Physics Cas）	73	3.484	18.1

由表 5 - 59 可知，中国科学院、大连理工大学、中国科学院海洋研究

所、中国水产研究所等是大连海洋大学的主要合作机构。整体来看，大连海洋大学的主要合作机构多为研究院，高校较为少见，其中中国科学院极其下属研究院是大连海洋大学的主要合作机构。中国科学院是我国最高学术机构，大连海洋大学与其合作频繁，以期通过中国科学院所聚集的科研人才和科研资源带动自身发展。大连海洋大学与中国科学院2002—2021年累计合作发表400篇文献，篇均被引17.05次，合作科研成果数量较多，在众多合作机构中位列第一。

大连海洋大学与大连理工大学2002—2021年累计合作发文287篇，篇均被引13.6次，位列第二。同处大连的地理位置，为大连海洋大学与大连理工大学之间的合作提供了先天条件。大连理工大学是一所建设层次高、科研能力强的985高校，大连海洋大学与其合作在一定程度上带动了自身发展。

大连海洋大学和中国科学院海洋研究所2002—2021年累计合作发表212篇文献，篇均被引18.14次，排在第三。中国科学院海洋研究所拥有实验海洋生物学、海洋生态与环境科学、海洋环流与波动、海洋地质与环境、海洋环境腐蚀与生物污损5个中国科学院重点实验室，以及海洋生物分类与系统演化实验室、深海研究中心，建有国家海洋腐蚀防护工程技术研究中心、海洋生态养殖技术国家地方联合工程实验室、海洋生物制品开发技术国家地方联合工程实验室3个国家级科研平台。大连海洋大学与其合作频繁，在一定程度上希望带动自身海洋学科建设。

为了进一步明晰大连海洋大学的合作关系网络，我们通过WoS核心合集下载2002—2021年所收录的大连海洋大学文献的纯文本数据，并导入VOSviewer绘制合作关系网络图，将合作次数阈值设定为10次，共计47个合作主体，如图5-43所示。

从图5-43得知，在大连海洋大学的基础科学研究组织合作复合网络图中，各合作主体分布较为集中。除大连海洋大学外，中国科学院处于组织合作网络图中的核心，具有最高的中介中心性。其次是大连理工大学和中国科学院海洋研究所。大连海洋大学与上述机构合作的学科领域具有较大的重合性，渔业、免疫学、兽医学、海洋与淡水生物学等学科是这些机构的主要合作领域。其中，与中国科学院、中国水产科学院、中国科学院海洋研究所等形成的合作群落对渔业、免疫学、兽医学、海洋与淡水生物学等大连海洋大学的主要建设学科较为关注；与大连理工大学、中国海洋大学、北京师范大学、大连工业大学、大连医科大学所构成的合作网络对渔业、海洋与淡水生物学、环境科学、多学科材料科学等学科较为关注。整体来看，在与大连海

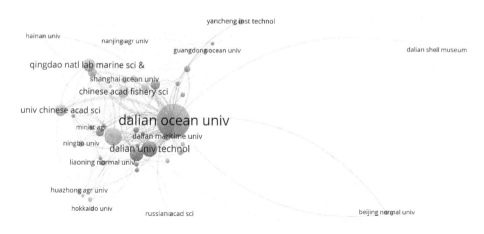

图 5 - 43　大连海洋大学机构合作网络图

洋大学进行基础科学研究合作的机构所参与的研究学科比较集中，渔业、海洋与淡水生物学等涉海类学科是他们的主要合作领域，且普遍存在着交叉关系，初步形成以中国科学院、大连理工大学为核心的合作集群分布特征。

对大连海洋大学的专利研发主要申请人进行分析，来识别在专利研究方面大连海洋大学的主要合作者，如表 5 - 60 所示。

表 5 - 60　大连海洋大学专利主要申请人

申请人	专利数量（项）
大连海洋大学	1682
大连水产学院	201
张付云（大连海洋大学）	12
大连理工大学	10
獐子岛集团股份有限公司	9
大连海洋大学职业技术学院	9
大连水产学院职业技术学院	8
中国水产科学研究院渔业机械仪器研究所	5
于靖博（大连海洋大学）	5
李雅娟（大连海洋大学）	5

由表 5 - 60 可知，大连海洋大学的专利大部分是以本校作为申请人，大

连海洋大学和大连水产学院的专利占总数的 96.776%，这说明大连海洋大学的专利研发以本校为主，极少与校外的机构进行专利方面的合作研发，这反映出大连海洋大学非常重视专利所有权及专利保护。同时值得注意的是，在大连海洋大学的主要专利申请人中，不仅与大连本地的高校合作密切，与其余海洋院校相比，存在更多的个体合作者。例如，大连海洋大学与张付云合作申报专利 12 项、与于靖博合作申报专利 5 项。

5.9.4 作者分布

我们对大连海洋大学 2002—2021 年累计被 WoS 核心合集收录 2095 篇文献进行作者识别，如表 5-61 所示，对各高产作者发表文献数、篇均被引次数等指标进行识别。

表 5-61 大连海洋大学活跃学者

作者	记录数（篇）	占比（%）	高被引文献数（篇）	篇均被引（次）
Chang Y Q	221	10.549	0	10.32
Song L S	207	9.881	1	15.68
Wang L L	198	9.451	1	14.4
Liu Y	189	9.021	1	11.62
Yan X W	97	4.63	0	10.08
Wang H	96	4.582	0	15.32
Wang X L	71	3.389	0	10.08
Wang W L	70	3.341	0	11.69
Wang Y	69	3.294	0	12.46

由表 5-61 可知，Chang Y Q 是大连海洋大学基础科学研究科研成果产出最多的作者，2002—2021 年累计被 WoS 核心合集收录 221 篇文献，篇均被引为 10.32 次。但作为大连海洋大学基础科学研究最活跃的作者，却并无高被引文献产出，篇均被引次数在众多活跃作者中也较为靠后。在 221 篇文章中，最具代表性的是 2007 年发表的 "*cDNA Cloning and mRNA Expression of Heat Shock Protein 90 Gene in The Haemocytes of Zhikong Scallop Chlamys Farreri*" 一文，在生物化学与分子生物学、动物学领域受到较多关注。渔业、海洋与淡水生物学、遗传学、免疫学等学科是其主要研究领域，与大连海洋大学的主要建设学科总体上保持着一致。

Song L S 2002—2021 年累计被 WoS 核心合集收录 207 篇文献，篇均被引 15.68 次，位居第二。Song L S 的篇均被引次数在大连海洋大学众多活跃作者中较为突出，在一定程度上反映出他对科研成果的产出质量较为重视，所产出的科研成果的平均质量在大连海洋大学众多活跃作者中位列前茅。免疫学、渔业、兽医学等是其主要研究领域，同时也是大连海洋大学的主要学科建设方向，对大连海洋大学主要建设学科的基础科学研究进展起到了积极作用。

Song L S 2002—2021 年累计被 WoS 核心合集收录 198 篇文献，篇均被引次数 14.4 次，位居第三。对 Wang D Q 所发表的 124 篇文献梳理发现，免疫学、渔业、兽医学等学科是其主要研究领域。

总体而言，大连海洋大学的活跃学者们的主要研究领域多为涉海学科和农林类学科，与大连海洋大学的主要建设学科一致，在极大程度上促进了大连海洋大学"海洋学科"的建设，提高了大连海洋大学基础科学研究的速度。

为了进一步明确大连海洋大学基础研究文献的作者合作关系网络，我们通过 WoS 核心合集下载 2002—2021 年所收录的大连海洋大学文献的纯文本数据，并导入 VOSviewer 绘制作者合作关系网络图，将合作次数阈值设定为 5 次，共计 534 个活跃作者，如图 5－44 所示。

由图 5－44 可知，大连海洋大学基础科学研究文献作者合作关系网络分布较为密集。这表明当前大连海洋大学的活跃科研工作者相互之间联结度较高，也在一定程度上反映出大连海洋大学的研究方向和学科较为集中和统一。观察图 5－44 可知，大连海洋大学形成了较多的合作群落，其中以 Chang Y Q、Song L S、Wang L L 等为代表合作群落最为突出，群落内部科研工作者联结较为紧密，合作较为频繁。

对大连海洋大学专利发明人进行梳理，以明晰大连海洋大学在专利发明领域最活跃的科研工作者分布，如表 5－62 所示。

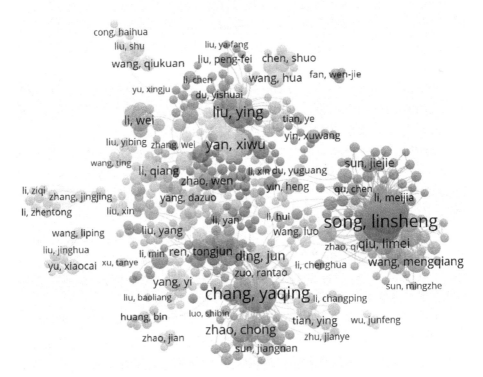

图 5-44　大连海洋大学作者合作网络图

表 5-62　大连海洋大学主要专利发明人

发明人	专利数量（项）
常亚青	159
丁君	76
宋坚	71
张伟杰	65
李明智	61
王刚	53

续上表

发明人	专利数量（项）
陈勇	52
李秀辰	52
母刚	49
刘海映	47

由表 5-62 可知，常亚青、丁君、宋坚等学者是大连海洋大学专利领域最为活跃的科研工作者。其中常亚青累计申请专利 159 项，是专利申请量最多的学者。丁君累计申请专利 76 项，位居第二。宋坚累计申请专利 71 项，位居第三。发现大连海洋大学在论文领域和专利领域的高产学者出现了重叠，例如常亚青不仅是大连海洋大学高文献产出者，同样也是大连海洋大学专利领域的高申请者，这有助于将自身所产出的科研成果进行转化利用。

5.9.5　合作机构所属国家分布

我们对大连海洋大学 2002—2021 年累计被 WoS 核心合集收录 2095 篇文献的所属国家进行识别，对该校的主要合作机构所属国家进行分析，分析大连海洋大学通过国际合作所发表高被引文献数、发表文献篇均被引数等指标，如表 5-63 所示，以明晰该校参与国际合作成效。

表 5-63　大连海洋大学主要合作机构所属国家

国家	记录数（篇）	占比（%）	高被引文献数（篇）	篇均被引（次）
美国（USA）	101	4.821	1	22.79
日本（Japan）	58	2.768	0	17.95
澳大利亚（Australia）	50	2.387	0	12.09
俄罗斯（Russia）	20	0.955	0	12.4
法国（France）	15	0.716	1	42.47
德国（Germany）	14	0.668	1	56.64
比利时（Belgium）	13	0.621	0	6.92
韩国（South Korea）	13	0.621	0	23.15

续上表

国家	记录数（篇）	占比（%）	高被引文献数（篇）	篇均被引（次）
英国（England）	11	0.525	0	25.91
加拿大（Canada）	10	0.477	0	22

由表 5-63 可知，大连海洋大学合作最频繁的合作机构所属国家多为发达国家。其中，美国是大连海洋大学合作最频繁的合作机构所属国家，2002—2021 年大连海洋大学累计与其合作产出文献 101 篇，篇均被引次数为 22.79，位居第一。其中高被引文献 1 篇，是 Wang T 等于 2012 年发表的 "Antioxidant Capacities of Phlorotannins Extracted from the Brown Algae Fucus vesiculosus" 一文，主要涉及化学、食品科学技术等学科，是大连海洋大学与美国组织机构合作产出科研成果的突出代表。

大连海洋大学 2002—2021 年累计与日本组织机构合作发表 58 篇文献，其中高被引文献 0 篇，篇均被引次数为 17.95，位列第二。作为大连海洋大学合作频繁度第二的合作机构所属国家，双方合作研究成果缺乏影响力，如何提升与日本合作的质量是大连海洋大学进一步对外合作的重要主题。

大连海洋大学 2002—2021 年累计与澳大利亚组织机构合作发表 50 篇文献，其中高被引文献 0 篇，篇均被引次数为 12.09，位列第三。相较于美国和日本，大连海洋大学与澳大利亚组织机构合作产出的科研成果数量较少，值得注意的是篇均被引次数在合作机构所属国家中极为靠后，在一定程度上反映出大连海洋大学与澳大利亚组织机构产出科研成果的平均质量落后于其余合作机构所属国家。

值得注意的是法国和德国，大连海洋大学 2002—2021 分别与法国组织机构和德国组织机构合作产出文献 15 篇和 14 篇，均有 1 篇高被引文献，大连海洋大学与法国组织机构和德国组织机构合作产出科研文献的篇均被引次数高达 42.47 和 52.64，位居大连海洋大学所有对外合作机构所属国家第一和第二，在一定程度上反映出大连海洋大学与法国组织机构和德国组织机构展开科研合作产出的科研成果相较于其他合作机构所属国家质量更高，科研合作体系更加合理，科研资源转化更加有效。

为了进一步明晰大连海洋大学基础研究文献的合作机构所属国家关系网络，我们通过 WoS 核心合集下载 2002—2021 年所收录的大连海洋大学文献的纯文本数据，并导入 VOSviewer 绘制合作机构所属国家关系网络图，为了将合作机构所属国家网络展示得更加具体，我们将合作次数阈值调至 1 次，发现主要合作机构所属国家主体为 41 个，如图 5 - 45 所示。

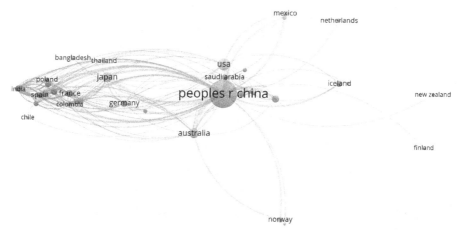

图 5 - 45　大连海洋大学合作机构所属国家网络图

从大连海洋大学基础科学研究主要合作机构所属国家的网络图来看，美国是大连海洋大学对外合作机构所属国家中的最主要合作对象，除我国外具有最高的中介中心性。目前看来，大连海洋大学的对外合作机构所属国家较少，合作网络初步形成了以美国、日本、澳大利亚、俄罗斯、法国等国家为核心的群落关系。我们对关系网络中的合作国家合作文献进一步细分发现，它们在合作领域和研究方向上在存在一定的重合关系，同时也存在独特研究领域。如中国与加拿大、美国、法国、德国、孟加拉国、泰国为核心形成的合作群落在渔业、海洋与淡水生物学、生物化学与分子生物学、环境科学等学科合作较多。而中国与俄罗斯、澳大利亚、沙特阿拉伯、中国台湾地区形成的合作网络则更关注渔业、生物化学与分子生物学、生物技术与应用微生物学等学科。作为一所将水产、海洋等学科建设理念一以贯之的海洋高校，这些学科是大连海洋大学对外科研合作的主要领域，与自身"海洋学科"建设方向出现了一致，在极大程度上推动了大连海洋大学相关学科的建设。

5.9.6　研究小结

以 2011 年为时间节点可将大连海洋大学基础科学研究发展时期划分为平缓期、发展期和爆发期，其中 2011—2021 年是大连海洋大学基础科学研究的主要发展时期。在大连海洋大学的办学历史中"海洋""水产"特色鲜明，一直以来是大连海洋大学的主要建设领域，渔业、海洋与淡水生物学、免疫学、兽医学等是大连海洋大学基础科学研究建设活跃度最高的学科。中国科学院及其下属研究所是大连海洋大学最主要的合作机构,大连理工大学、中国水产研究所等在大连海洋大学的主要合作机构中也较为突出。通过机构合作网络分析可知,当前大连海洋大学进行基础科学研究合作的机构所参与的研究领域和方向比较集中,"海洋学科"是它们的主要合作方向,普遍存在着交叉合作关系,初步形成以中国科学院、大连理工大学、中国科学院海洋研究所、中国水产科学院为核心的合作集群分布特征。大连海洋大学活跃科研工作者较多,Chang Y Q、Song L S、Wang L L等学者是大连海洋大学众多学者中高产学者。但大连海洋大学的高产作者们普遍缺乏具有影响力科研成果。作者合作关系网络显示大连海洋大学的科研工作者分布较密集,研究领域较为集中,形成了许多合作群落,群落内部联结较为紧密,群落间合作较少。美国、日本和澳大利亚、俄罗斯、法国等国家是大连海洋大学最主要的合作机构所属国家。值得注意的是法国和德国,大连海洋大学与它们合作产出文献的篇均被引次数这一指标在众多对外合作机构所属国家中分别位居第一、第二。同时大连海洋大学这些主要对外合作机构所属国家普遍是发达国家和海洋强国,与各合作机构所属国家的合作领域十分集中,渔业、海洋与淡水生物学等海洋学科是它们的主要合作领域。

5.10　北部湾大学

我们通过 WoS 核心合集对北部湾大学进行检索,发现 2002—2021 年北部湾大学累计被 WoS 核心合集收录 779 篇文献,在我国海洋院校中位列第十。对北部湾大学所申报的专利进行梳理,累计申请 2582 项专利。我们以这些文献数据和专利数据为基础对北部湾大学基础科学研究发展态势展开研究。

北部湾大学是一所以工学、理学、管理学为主,以海洋学科为特色,多学科协调发展的综合性全日制普通高等学校。北部湾大学的办学历史较为复杂,它的前身是 1973 年创办的钦州地区师范学校;1982 年 7 月,广西区政府批准同意设立钦州地区教师进修学院;1985 年 6 月,广西区政府同意增设广西师范学院钦州分院;1988 年 6 月,广西区政府批复,钦州地区教师进修学院更名为钦州地区教育学院;1991 年 5 月,国家教委批准设立钦州师范高等专科学校;2004 年 6 月,钦州民族师范学校并入钦州师范高等专科学校;2006 年 2 月,教育部批准学校升格为钦州学院;2018 年 3 月,国务院学位委员会批准学校成为硕士学位授权单位;2018 年 11 月,教育部批准在钦州学院的基础上设立北部湾大学。

北部湾大学着力突出海洋性办学特色，以服务海洋强国和海洋强区战略为使命，现开设有海洋科学、轮机工程、航海技术、水产养殖学、船舶与海洋工程、港口航道与海岸工程等一批涉海类专业，构建了海洋生物与技术、海洋交通运输与工程等具有海洋特色的学科专业集群；不断加大海洋生物学、水产养殖、船舶与海洋工程、化学工艺、机械制造及其自动化、油气储运工程、管理科学与工程 7 个省级重点学科建设力度；相关学科紧密对接区域产业链、价值链，构建了"自治区一流学科—省级重点学科—校级重点学科"三级学科体系，积极打造服务广西"向海经济"发展的学科体系。相关海洋学科建设突出，海洋特色较为鲜明。

积极开展对外科研合作也是北部湾大学的重要办学理念。北部湾大学积极推进国际化办学进程，不断提升国际竞争力，与越南、泰国、马来西亚、波兰、英国、美国等 20 多个国家的 50 多所高校及科研机构建立了交流合作关系。

5.10.1　时间分布

我们对北部湾大学 2002—2021 年累计被 WoS 核心合集收录 779 篇文献按照时间进行划分，如图 5 - 46 所示，对北部湾大学的发展历程进行分析。

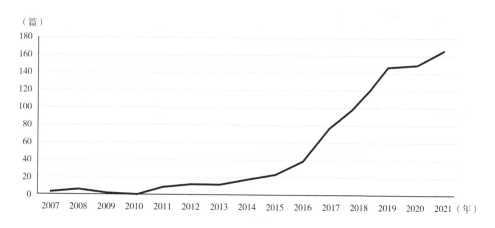

（篇）

图 5 - 46　北部湾大学发文时间分布

由图 5 - 46 可知，北部湾大学历年文献发表量虽然早期略有波动，但整体上升态势较为明显，尤其以 2015 年之后增长速度较为突出，以 2015 年为时间节点可将北部湾大学的发展时期划分为平缓发展期和爆发期。

2002—2015 年为北部湾大学基础科学研究的平缓发展期。其中 2002—

2006 年 WoS 核心合集未收录北部湾大学发表的文献，2007 年是北部湾大学的科研论文首次被 WoS 核心合集收录，反映出北部湾大学科研积累相较于其他海洋院校较为薄弱。北部湾大学在 2007 年被 WoS 核心合集收录文献 4 篇，2011 年被收录 10 篇，2015 年被收录文献数也仅为 24 篇。这一时期北部湾大学的基础科学研究发展十分缓慢，发展陷入瓶颈。对这一时期北部湾大学发表的文献所涉及的学科进行分析，发现无机化学、晶体学、纳米科学技术、高分子科学等理工类学科是北部湾大学这一时期的主要建设学科和研究方向。

2016—2021 年为北部湾大学基础科学研究的爆发期，这一时期也是北部湾大学基础科学研究的主要发展时期。其中，2016 年被 WoS 核心合集收录 40 篇文献，2018 年被收录 106 篇文献，2021 年被收录 166 篇文献。北部湾大学这一阶段基础科学研究发展实现了跨越式的发展。对这些文献进行分类发现，环境科学、海洋与淡水生物学、海洋学等学科是北部湾大学这一时期的主要建设学科。北部湾大学这一阶段学科建设的海洋特色更加鲜明，这与 2018 年 11 月教育部批准在钦州学院基础上设立北部湾大学，更加明确其向海发展有着密不可分的关系。

对北部湾大学所获批的专利的时间分布进行统计，通过对每年专利数量的对比研究来明晰北部湾大学基础学科研究发展态势。所得数据如图 5 - 47 所示。

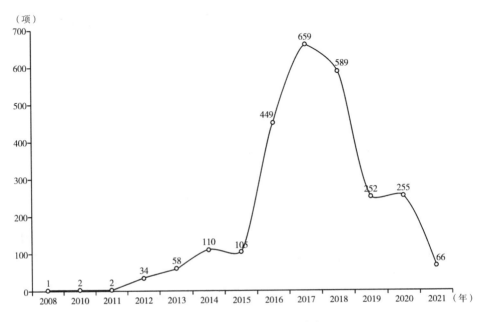

图 5 - 47　北部湾大学专利分布

由图 5－47 可知，在 2008—2012 年间，北部湾大学专利技术研究领域发展较为缓慢。2012 年以前，北部湾大学历年所申报的专利数量极少，这与北部湾大学较短的建校历史有关；2012—2018 年，北部湾大学在专利研究方面开始发力，增长势头迅猛，专利数量在 2017 年和 2018 年达到最高，分别获批专利 659 项和 589 项。

5.10.2　学科分布

对北部湾大学 2002—2021 年累计被 WoS 核心合集收录的 779 篇文献按照所属学科进行识别，如表 5－64 所示，以明晰北部湾大学所涉足学科领域。

表 5－64　北部湾大学主要学科

学科	记录数（篇）	占比（%）	篇均被引（次）
环境科学（Environmental Sciences）	87	11.168	13.92
海洋与淡水生物学（Marine Freshwater Biology）	65	8.344	9
无机核化学（Chemistry Inorganic Nuclear）	46	5.905	6.43
多学科化学（Chemistry Multidisciplinary）	46	5.905	11.2
多学科材料科学（Materials Science Multidisciplinary）	43	5.52	8.53
海洋学（Oceanography）	42	5.392	10.1
应用数学（Mathematics Applied）	41	5.263	5.88
电气与电子工程（Engineering Electrical Electronic）	39	5.006	15.85
渔业（Fisheries）	39	5.006	9.13

由表 5－64 可知，环境科学、海洋与淡水生物学、无机化学、多学科化学等是北部湾大学基础科学研究成果比较集中的学科。总体看来，理工类学科和涉海学科是北部湾大学建设最活跃的学科。这是由于北部湾大学早期投入较多资源推动理工类学科建设，而近年来重新定位为海洋特色高校，使得理工类学科和涉海学科受到同等重视。环境科学是北部湾大学科研成果较多的学科，2002—2021 年累计被 WoS 核心合集收录文献 87 篇，篇均被引 13.92 次。对这 87 篇文献进行梳理发现，其中高被引文献 3 篇，是高被引文献产出最多的学科。

排在第二位的是海洋与淡水生物学，2002—2021 年累计被 WoS 核心合

集收录 65 篇文献，篇均被引次数为 9，其中高被引文献 0 篇。海洋与淡水
生物学学科建设活跃度较高，但却缺乏具有影响力的研究成果，在一定程度
上反映出北部湾大学海洋与淡水生物学学科高影响力研究成果较为稀缺。

无机化学是活跃度第三的学科，2002—2021 年累计被 WoS 核心合集收
录 46 篇文献，篇均被引次数为 6.43。篇均被引次数在北部湾大学众多活跃
学科中极为靠后，在一定程度上表现出北部湾无机化学学科产出的科研成果
相较于其他学科略有不如。

通过对北部湾大学专利的技术分类大类进行梳理，以明晰北部湾大学专
利技术的主要涉及领域，如表 5-65 所示。

表 5-65　北部湾大学主要专利类别

大类	IPC 释义	专利数量（项）
A01	A：人类生活必需品 A01：农业；林业；畜牧业；狩猎；诱捕；捕鱼	272
B01	B：作业；运输 B01：一般的物理或化学的方法或装置	255
G01	G：物理 G01：测量；测试	169
A47	A：人类生活必需品 A47：家具；家庭用的物品或设备；咖啡磨；香料磨；一般吸尘器	109
B65	B：作业；运输 B65：输送；包装；贮存；搬运薄的或细丝状材料	108
F16	F：机械工程；照明；加热；武器；爆破 F16：工程元件或部件；为产生和保持机器或设备的有效运行的一般措施；一般绝热	106
A23	A：人类生活必需品 A23：其他类不包含的食品或食料；及其处理	100
G06	G：物理 G06：计算；推算或计数	98

续上表

大类	IPC 释义	专利数量（项）
B66	B：作业；运输 B66：卷扬；提升；牵引	96
B23	B：作业；运输 B23：机床；其他类目中不包括的金属加工	89

由表 5 - 65 可以看出，A01、B01、G01 等是北部湾大学专利数量较多的专利类别。其中 A01 是申请最多的专利类别，累计申请专利 272 项，主要涉及农林牧渔等领域。这与北部湾大学是农林类高校定位相匹配。B01 是专利产出第二多的类别，累计申报专利 255 项，主要包括一般的物理或化学的方法或装置。G01 是获批专利第三多的类别，该领域累计申报专利 169 项，主要包括物理量的测量与测试。整体看来，涉农类、涉海理工类等是北部湾大学专利领域的主要建设方向。

5.10.3　合作机构分布

对北部湾大学 2002—2021 年累计被 WoS 核心合集收录 779 篇文献按照所属机构进行识别，如表 5 - 66 所示，对北部湾大学的主要合作研究机构的特质和属性进行分析，以明晰北部湾大学主要合作研究机构的特点。

表 5 - 66　北部湾大学主要合作机构

所属机构	记录数（篇）	占比（%）	篇均被引（次）
广西大学（Guangxi University）	111	14.249	8.08
中国科学院（Chinese Academy of Sciences）	61	7.831	11.15
广西师范大学（Guangxi Normal University）	34	4.365	7.91
桂林理工大学（Guilin University of Technology）	33	4.236	15.73
中国水产科学研究院（Chinese Academy of Fishery Sciences）	31	3.979	7
南宁师范大学（Nanning Normal University）	31	3.979	5.84
华东师范大学（East China Normal University）	30	3.851	26.4

续上表

所属机构	记录数（篇）	占比（%）	篇均被引（次）
中国海洋大学（Ocean University of China）	27	3.466	11.85
南海水产研究所（South China Sea Fisheries Research Institute Cafs）	26	3.338	8.04
广西科学院（Guangxi Acad Sci）	25	3.209	7.46

由表 5 - 66 可知，广西大学、中国科学院、广西师范大学、桂林理工大学等是北部湾大学的主要合作机构。整体来看，北部湾大学在进行机构间的科研合作时似乎具有一定的地理局限性，隶属于广西本地的高校和研究所是北部湾大学进行科研合作的主要对象。广西大学是本土合作机构中的突出代表，北部湾大学与广西大学 2002—2021 年累计合作发表 111 篇文献，篇均被引 8.08 次，合作成果较多，在众多合作机构中位列第一。但值得注意的是篇均被引次数在合作机构中较为靠后，可见北部湾大学与广西大学合作的文献的平均质量相较于其余合作机构有所不及。

北部湾大学与中国科学院 2002—2021 年累计合作发文 61 篇，篇均被引 11.15 次，位列第二。中国科学院是我国最高学术机构，与中国科学院开展科研合作，借助中国科学院所聚集的科研人才和科研资源，在极大的程度上推动了北部湾大学基础科学研究建设，提高了北部湾大学的科研水平。

北部湾大学和中国科学院海洋研究所 2002—2021 年累计合作发表 34 篇文献，篇均被引 7.71 次，排在第三。这与北部湾大学近年来办学转型（学科向海发展）存在一定关系。

为了进一步明晰北部湾大学的合作关系网络，我们通过 WoS 核心合集下载 2002—2021 年所收录的北部湾大学文献的纯文本数据，并导入 VOSviewer 绘制合作关系网络图，将合作次数阈值设定为 5 次，并在网络中剔除北部湾大学，共计 68 个合作主体，如图 5 - 48 所示。

从图 5 - 48 得知，在北部湾大学的基础科学研究组织合作网络图中，各合作主体分布较为分散。其中广西大学在组织合作网络图中众多合作机构中处于核心，具有最高的中介中心性。其次是中国科学院和广西师范大学。北部湾大学与上述机构合作的学科领域具有较大的重合性，环境科学、海洋与淡水生物学、无机化学等学科是这些机构的主要合作领域。北部湾大学与广西大学、广东海洋大学、桂林理工大学形成的合作群落对无机化学、环境科

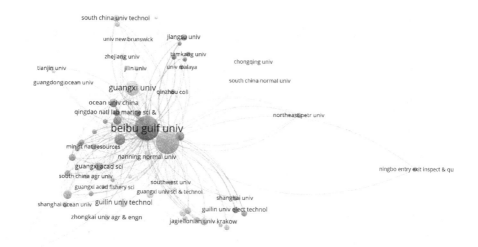

图 5 - 48 北部湾大学合作机构网络图

学、多学科材料科学、食品科学技术等学科较为关注；北部湾大学与广西师范大学、南宁师范大学、东南大学、上海大学所构成的合作网络对无机化学、有机化学、生物化学与分子生物学等学科较为关注。整体来看，在与北部湾大学进行基础科学研究合作的机构所参与的研究学科比较集中，渔业、海洋与淡水生物学等涉海类学科和无机核化学等理工类学科是它们的主要合作领域，且普遍存在着交叉关系，初步形成以广西大学、中国科学院和广西师范大学为核心的合作集群分布特征。

对北部湾大学的专利研发主要申请人进行分析，可以了解北部湾大学在专利研发方面主要与哪些机构合作较多，如表 5 - 67 所示。

表 5 - 67 北部湾大学主要专利申请人

申请人	专利数量（项）
钦州学院	1984
北部湾大学	580
广西大学	62
广西民族大学	35
广西钦州力顺机械有限公司	34
广西壮族自治区农业科学院	15

续上表

申请人	专利数量（项）
玉林师范学院	13
中国石油大学（华东）	10
浙江海洋学院	9
广西防城港市明良长富石化科技有限公司	9

由表 5-67 可知，作为北部湾大学的前身钦州学院和北部湾大学的专利数量最多，分别为 1984 项和 580 项，占总数的 93.2%。除此之外，其他高校的申请人专利数量总计为 144，机构的专利申请总数为 58。由以上数据可以看出，北部湾大学相当大比例的专利都是由本校独立研发的，但也开始逐渐开展与其他高校和机构的合作研发，加强与校外的高校和机构的合作。

5.10.4 作者分布

我们对北部湾大学 2002—2021 年累计被 WoS 核心合集收录 779 篇文献进行作者识别，如表 5-68 所示，对各高产作者发表文献数、篇均被引数等指标进行识别。

表 5-68　北部湾大学活跃学者

作者	记录数（篇）	占比（%）	高被引文献（篇）	篇均被引（次）
Li J M	42	5.392	0	4.12
Xu Y H	40	5.135	0	6.95
Yin Y Z	35	4.493	0	8.29
Shi Z F	30	3.851	0	9.47
Yang B	28	3.594	1	15.5
He K H	24	3.081	0	5.33
Wu H P	24	3.081	0	6.54
Huang H	23	2.953	0	8.83
Xu LL	21	2.696	2	17.86
Migorski S	20	2.567	1	11.75

由表 5-68 可知，Li J M 是北部湾大学基础科学研究科研成果产出最多

的作者，2002—2021 年累计被 WoS 核心合集收录 42 篇文献，篇均被引 4.12 次。但并无高被引文献产出，篇均被引次数在活跃作者中也位居最后。可见，Li J M 发表研究成果比较多，却缺乏具有影响力科研成果的产出，科研成果的平均质量不高。在 Li J M 所产出的 42 篇文献中，最具代表性的是 2017 年发表的 "*Novel 2-pyridinecarboxaldehyde Thiosemicarbazones Ga (III) Complexes with A High Antiproliferative Activity by Promoting Apoptosis and Inhibiting Cell Cycle*" 一文，累计被引仅 24 次，主要涉及药理学与药学。无机核化学、晶体学、纳米科学技术等学科是其主要研究领域，与北部湾大学的主要建设学科在一定程度上出现了偏离。

Xu Y H 2002—2021 年累计被 WoS 核心合集收录 40 篇文献，篇均被引 6.95 次，是北部湾大学活跃度第二的学者。对 Xu Y H 所产出的 40 篇文献所涉及的领域进行梳理发现，海洋与淡水生物学、动物学、渔业、遗传学等是其主要研究领域，同时也是北部湾大学的主要学科建设方向，对北部湾大学主要建设学科的基础科学研究进展起到了积极作用。

Yin Y Z 2002—2021 年累计被 WoS 核心合集收录 35 篇文献，篇均被引次数为 8.29 次，位居第三。对 Yin Y Z 所发表的 35 篇文献梳理发现高分子科学、多学科化学、生物化学与分子生物等学科是其主要研究领域，与北部湾大学作为师范院校时的主要研究领域出现了高度重合，在一定程度上反映了北部湾大学承继了过去的科研领域，尚未完全实现由师范院校向涉海高校的转变。

为了进一步明晰北部湾大学基础研究文献的作者合作关系网络，我们通过 WoS 核心合集下载 2002—2021 年所收录的北部湾大学文献的纯文本数据，并导入 VOSviewer 绘制作者合作关系网络图，将合作次数阈值设定为 5 次，共计 158 个活跃作者，如图 5-49 所示。

由图 5-49 可知，北部湾大学基础科学研究文献作者合作关系网络分布较为分散，科研工作者相互之间联结度较高。观察图 5-49 可知，北部湾大学形成了较多的合作群落，其中以 Li J M、Xu Y H、Yin Y Z 等为代表合作群落最为突出。相较于其余海洋院校，北部湾大学所构成合作群落之间联结更加紧密，不仅群落内部科研工作者联结较为紧密，群落之间的合作同样较为频繁。可见，北部湾大学已经形成了相对固定的科研合作团队，团队内部合作十分紧密，各科研团队之间联结通过紧密，合作较多，存在一定的合作交叉空间。

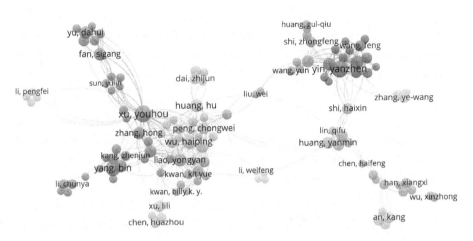

图5-49 北部湾大学作者合作网络图

通过对北部湾大学专利发明人进行梳理，以明晰北部湾大学在专利发明领域最活跃的科研工作者分布，如表5-69所示。

表5-69 北部湾大学主要专利发明人

发明人	专利数量（项）
石海信	230
潘宇晨	205
王伟建	174
鲁娟	162
孙腾	146
贾广攀	135
薛斌	132
袁雪鹏	124
钟家勤	122
何永玲	120

由表5-70可知，石海信、潘宇晨、王伟建等学者是北部湾大学专利领域最为活跃的科研工作者。其中石海信累计申请专利230项，是北部湾大学专利申请量最多的学者。潘宇晨累计申请专利205项，位居第二。王伟建累

计申请专利 174 项，位居第三。同时发现北部湾大学在论文和专利领域的高产出者几乎并未出现重叠，在一定程度上反映出北部湾大学的专利科研体系与论文科研体系是相互独立的。

5.10.5　合作机构所属国家分布

我们对北部湾大学 2002—2021 年累计被 WoS 核心合集收录 779 篇文献的所属国家进行识别，对北部湾大学的主要合作机构所属国家进行分析，如表 5 - 70 所示。通过分析北部湾大学开展国际合作所发表高被引文献数、发表文献篇均被引数等指标，有助于把握该校参与国际合作成效。

表 5 - 70　北部湾大学主要合作国家

国家	记录数（篇）	占比（%）	高被引文献（篇）	篇均被引（次）
美国（USA）	35	4.493	0	14.37
加拿大（Canada）	22	2.824	0	15.59
英国（England）	21	2.696	0	25.19
波兰（Poland）	21	2.696	1	11.19
澳大利亚（Australia）	17	2.182	0	11.76
日本（Japan）	10	1.284	0	4.1
韩国（South Korea）	10	1.284	0	9.8
马来西亚（Malaysia）	9	1.155	0	5
意大利（Italy）	5	0.642	0	23
苏格兰（Scotland）	5	0.642	0	13.48

表 5 - 70 可知，北部湾大学合作最频繁的合作机构所属国家多为发达海洋强国；其中美国是北部湾大学合作最频繁的国家，2002—2021 年北部湾大学累计与其合作产出文献 35 篇，篇均被引次数为 14.37，位居第一。

北部湾大学 2002—2021 年累计与加拿大组织机构合作发表 22 篇文献，篇均被引次数为 15.59，位列第二。相较于美国，北部湾大学与加拿大组织机构合作产出的科研成果数量较少，但篇均被引次数这一指标在众多合作国家中较为靠前，在一定程度上反映出北部湾大学与加拿大产出科研成果的平均质量较高。

值得注意的是，与其余海洋院校相比，北部湾大学 2002—2021 累计发表高被引文献11篇，除与波兰组织机构合作发表1篇外，其余10篇高被引文献均为与国内合作机构产出，北部湾大学的高被引文献产出率高达1.4%，一度超过中国海洋大学的高被引文献产出率0.8%。在一定程度上反映出北部湾大学开展对外科研合作时并没有创造出较多高水平科研合作成果。

为了进一步明晰北部湾大学基础研究文献的合作机构所属国家关系网络，我们通过WoS核心合集下载2002—2021年所收录的北部湾大学文献的纯文本数据，并导入VOSviewer绘制国家合作关系网络图，为了将合作机构所属国家网络展示得更加具体，我们将合作次数阈值调至1次，发现主要合作机构所属国家主体为41个，如图5-50所示。

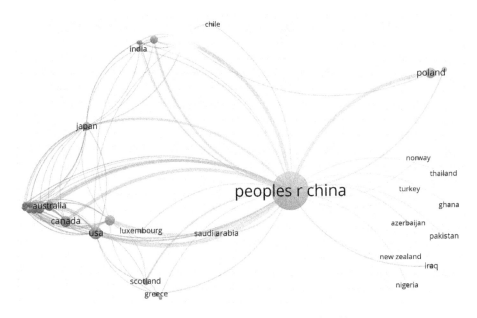

图5-50 北部湾大学合作机构所属国家网络图

从北部湾大学基础科学研究主要合作机构所属国家的网络图来看，美国是北部湾大学对外合作机构所属国家中的最主要的合作对象，具有最高的中介中心性。目前北部湾大学的对外合作机构所属国家较少，合作网络初步形成了以美国、加拿大、英国、波兰等合作机构所属国家为核心的群落关系。进一步分析发现它们在合作领域和研究方向上在存在一定的重合关系，同时也存在着各自的独特研究领域。如中国与加拿大、澳大利亚、日本、美国、英国为核心形成的合作群落在海洋科学、环境科学、电气与电子工程、海洋与淡水生物等学科合作较多。而中国与日本、波兰、印度等形成的合作网络则更关注应用数学、多学科材料科学、海洋与淡水生物学、环境科学等学科。作为一所由师范类院校重新定位转型而来的涉海高校，北部湾大学正在积极转变，不断扩大对外涉海学科合作，加速自身海洋学科建设，极大地促进了由"师范"向"海洋"转型的速度。

5.10.6　研究小结

以 2015 年为时间节点可将北部湾大学基础科学研究发展时期划分为平缓期发展期和爆发期，其中 2015—2021 年是北部湾大学基础科学研究的主要发展时期。环境科学、海洋与淡水生物学、无机化学、多学科化学等是北部湾大学基础科学研究研究成果产出较多的学科。广西本土高校和研究院所是北部湾大学最主要的合作机构，广西大学、广西师范大学、桂林理工大学等高校是其中的突出代表。通过机构合作网络分析可知，当前北部湾大学进行基础科学研究合作的机构所参与的研究领域和方向比较集中，海洋学科和理工类学科是它们的主要合作方向，普遍存在着交叉合作关系，初步形成以广西大学、中国科学院、广西师范大学、桂林理工大学为核心的合作集群分布特征。北部湾大学活跃科研工作者较多，其中以 Li J M、Xu Y H、Yin Y Z 等为代表的合作群落最为突出，相较于其余海洋院校，北部湾大学的合作群落不仅内部联结较为紧密，群落间的合作也较为频繁。北部湾大学合作的主要国家普遍是发达国家和海洋强国，"海洋学科"和"理工类学科"是它们的主要合作领域。美国、加拿大、英国、波兰等国家是北部湾大学最主要的合作机构所属国家。值得注意的是北部湾大学所产出的高被引文献除与波兰组织机构合作发表 1 篇外，其余 10 篇均为与国内合作机构产出，而其余海洋院校的高被引文献多为对外合作产出。北部湾大学的高被引文献产出率高达 1.4%，一度超过中国海洋大学的高被引文献产出率 0.8%。

5.11　海南热带海洋学院

我们通过 WoS 核心合集对海南热带海洋学院进行检索，发现 2002—2021 年海南热带海洋学院累计被 WoS 核心合集收录 455 篇文献，在我国海洋院校中位列十一。对海南热带海洋学院申报的专利进行梳理，累计申请 359 项专利。我们以这些文献数据和专利数据为基础对海南热带海洋学院基础科学研究发展态势展开研究。

海南热带海洋学院是由海南省人民政府、国家海洋局、中国海洋石油总公司、三亚市人民政府、三沙市人民政府等共建的全日制公办普通本科省属高校。海南热带海洋学院的办学历史较为复杂，学校的前身是 1954 年创办的海南黎族苗族自治州师范学校和 1958 年创办的海南黎族苗族自治州师范专科学校。几经分合、调整、更名，于 1993 年由海南省通什师范专科学校和海南省通什教育学院合并组建为琼州大学（专科），2006 年琼州大学升格为本科院校，更名为琼州学院，同年 4 月海南民族师范学校并入琼州学院，2015 年 9 月更名为海南热带海洋学院。

海南热带海洋学院目前设有 19 个二级学院、2 个一级学科硕士点和8 个专业硕士点、53 个本科专业（其中 18 个涉海本科专业）、2 个中外合作办学本科专业、7 个专科专业，涵盖理、工、管、文、法、农、教、艺、史九大学科门类。学校已有海洋科学等 18 个涉海类专业，确定了海洋科学与技术、热带海洋生命、热带海洋生态环境、海洋海岛旅游、民族五大特色学科方向和领域，初步形成了以海洋、旅游、民族、生态为特色的学科专业体系。海南热带海洋学院牢牢抓住"一带一路"倡议、海洋强国战略、海南自由贸易区（港）建设三大机遇，加快建设高水平本科教育，全面提高人才培养能力，加快推进学校转型发展，努力把学校建设成为国际化、开放性、特色鲜明的应用型高水平海洋大学。

5.11.1　时间分布

我们对海南热带海洋学院 2002—2021 年累计被 WoS 核心合集收录 455 篇文献按照时间进行划分，如图 5 - 51 所示，对海南热带海洋学院的发展历程进行分析。

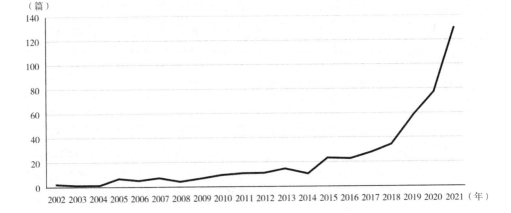

图 5 - 51　海南热带海洋学院发文时间分布

　　由图 5 - 51 可知，海南热带海洋学院文献发表量持续偏低，发展速度一度较为缓慢。直至 2016 年才有所改善，整体发展速度不断提升，以 2016 年为时间节点可将海南热带海洋学院的发展划分为平缓发展期和爆发期。

　　2002—2016 年为海南热带海洋学院基础科学研究的平缓发展期。2002 年海南热带海洋学院被 WoS 核心合集收录文献 2 篇，2007 年被收录 7 篇，而 2008 年被收录文献数跌落至 4 篇，发展至 2016 年被收录 22 篇文献。整体发展波动较大，这一时期海南热带海洋学院的基础科学研究发展十分缓慢，发展一度陷入瓶颈。对这一时期海南热带海洋学院发表的文献所涉及的学科领域进一步细分发现，遗传学、天文学、物理多学科、动物学等是海南热带海洋学院这一时期的主要建设学科和研究方向。这与海南热带海洋学院复杂的办学历史有一定的关系，其由海南黎族苗族自治州师范学校、海南黎族苗族自治州师范专科学校、海南省通什师范专科学校、海南省通什教育学院合并组建而成，2015 年 9 月正式更名为海南热带海洋学院，这一时期的海南热带海洋学院尚未实现自己全新的发展定位，相关学科建设依旧延续着更名前的特色。

　　2017—2021 年为海南热带海洋学院基础科学研究的爆发期，也是海南热带海洋学院基础科学研究的主要发展时期。其中，2017 年被 WoS 核心合集收录 22 篇文献，2019 年被收录 57 篇文献，2021 年被收录 129 篇文献。海南热带海洋学院这一阶段基础科学研究发展实现了跨越式的发展。对海南热带海洋学院这一时期发表的文献进行分类发现，环境科学、遗传学、食品科学技术、海洋与淡水生物学等是海南热带海洋学院这一时期的主要建设学科。这一时期的主要建设学科中出现了涉海学科。这离不开海南热带海洋学院的转型定位，向着高水平海洋大学不断迈进。

　　通过对海南热带海洋学院所申报专利的时间分布进行统计，明晰海南热带海洋学院在相关学科研究发展态势。所得数据如图 5 - 52 所示。

　　由图 5 - 52 可知，海南热带海洋学院的专利研究起步较晚，在 2012 年时才进军专利领域。2012—2018 年是海南热带海洋学院专利技术研究领域的快速发展时期。2012 年海南热带海洋学院的专利申请量仅为 3 项，2016 年攀升至 21 项，在 2018 年更是增长至 67 项。2018—2021 年是海南热带海洋学院专利研究领域的波动发展期，波动较为明显。虽然波动幅度较大，但是整体的发展趋势向好。

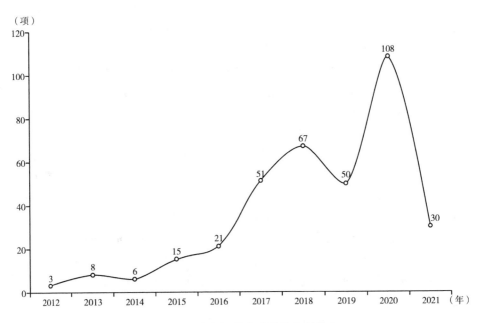

图 5-52　海南热带海洋学院专利分布

5.11.2　学科分布

对海南热带海洋学院 2002—2021 年累计被 WoS 核心合集收录的 455 篇文献按照所属学科进行识别，如表 5-71 所示，以明晰海南热带海洋学院所涉足的学科领域。

表 5-71　海南热带海洋学院学科分布

学科	记录数（篇）	占比（%）	篇均被引（次）
遗传学（Genetics Heredity）	48	10.549	6.23
环境科学（Environmental Sciences）	38	8.352	12.55
生物化学分子生物学（Biochemistry Molecular Biology）	28	6.154	9.25
海洋与淡水生物学（Marine Freshwater Biology）	28	6.154	6.61
动物学（Zoology）	28	6.154	8.32
食品科学技术（Food Science Technology）	27	5.934	9.56
天体物理学（Astronomy Astrophysics）	26	5.714	6.88

续上表

学科	记录数（篇）	占比（%）	篇均被引（次）
多学科化学（Chemistry Multidisciplinary）	18	3.956	7.44
多学科科学（Multidisciplinary Sciences）	18	3.956	22.94
植物学（Plant Sciences）	17	3.736	9.47

由表 5 - 72 可知，遗传学、环境科学、生物化学与分子生物学、海洋与淡水生物学等是海南热带海洋学院基础科学研究成果发表量比较多的学科。总体看来，涉海学科在海南热带海洋学院的学科建设中并不突出。这是由于海南热带海洋学院重新定位时间短、在相关涉海学科积累较浅有关。同时发现海南热带海洋学院的活跃建设学科科研成果的篇均被引次数低于其余海洋院校，在一定程度上反映出海南热带海洋学院在相关学科的建设水平不高，科研水平相较于其余海洋院校有所逊色。

遗传学是海南热带海洋学院研究成果发表最多的学科，2002—2021 年累计被 WoS 核心合集收录文献 48 篇，篇均被引 6.23 次。海南热带海洋学院在遗传学所产出的所有文献中，Qin H D 等 2012 年发表的 "*An Integrated Genetic Linkage Map of Cultivated Peanut（Arachis Hypogaea L.）Constructed from Two RIL Populations*" 最具代表性，累计被引 77 次，在遗传学、农学、植物科学等学科受到一定关注。

排在第二位的是环境科学，2002—2021 年累计被 WoS 核心合集收录 38 篇文献，篇均被引次数为 12.55。篇均被引次数在海南热带海洋学院活跃建设学科中极为突出，位居第二。从侧面反映出在海南热带海洋学院的学科建设过程中，相较于其他学科，环境科学学科的建设设计更加合理，产出高被引文献 1 篇。

生物化学与分子生物学是海南热带海洋学院学科建设活跃度第三的学科，2002—2021 年累计被 WoS 核心合集收录 28 篇文献，篇均被引次数为 9.25。篇均被引次数这一指标在众多活跃建设学科中较好，在一定程度上反映出该学科的建设情况良好。

通过对海南热带海洋学院申报专利的技术分类大类进行梳理，以明晰海南热带海洋学院专利技术的主要涉及领域，如表 5 - 72 所示。

表 5－72　海南热带海洋学院主要专利类别

大类	IPC 释义	专利数量（项）
A01	A：人类生活必需品 A01：农业；林业；畜牧业；狩猎；诱捕；捕鱼	76
A23	A：人类生活必需品 A23：其他类不包含的食品或食料；及其处理	45
G01	G：物理 G01：测量；测试	42
C12	C：化学；冶金 C12：生物化学；啤酒；烈性酒；果汁酒；醋；微生物学；酶学；突变或遗传工程	30
A61	A：人类生活必需品 A61：医学或兽医学；卫生学	28
B01	B：作业；运输 B01：一般的物理或化学的方法或装置	24
G09	G：物理 G09：教育；密码术；显示；广告；印鉴	16
C02	C：化学；冶金 C02：水、废水、污水或污泥的处理	15
B65	B：作业；运输 B65：输送；包装；贮存；搬运薄的或细丝状材料	13
A47	A：人类生活必需品 A47：家具；家庭用的物品或设备；咖啡磨；香料磨；一般吸尘器	8

由表 5－72 可知，海南热带海洋学院的专利总数量不多，为 297，远低于其他海洋类高校。主要分布在农林牧渔等领域，同时涉及物理、化学、医学、运输、家具等大类。虽然海南热带海洋学院的专利总数量不多，但涉及领域非常广泛，与学校的主要学科建设类别相符合。

5.11.3　合作机构分布

对海南热带海洋学院 2002—2021 年累计被 WoS 核心合集收录 455 篇文

献按照所属机构进行识别，如表 5 - 73 所示，对海南热带海洋学院的主要合作研究机构的特质和属性进行分析，以明晰海南热带海洋学院主要合作研究机构的特点。

表 5 - 73　海南热带海洋学院主要合作机构

所属机构	记录数（篇）	占比（%）	篇均被引（次）
中国科学院（Chinese Academy of Sciences）	52	11.429	13.88
海南大学（Hainan University）	49	10.769	8.31
中国海洋大学（Ocean University of China）	39	8.571	3.87
南京师范大学（Nanjing Normal University）	31	6.813	7.06
杭州师范大学（Hangzhou Normal University）	30	6.593	10.37
浙江大学（Zhejiang University）	20	4.396	4.9
中国热带农业科学院（Chinese Academy of Tropical Agricultural Sciences）	16	3.516	8.38
青岛海洋科学与技术试点国家实验室（Qingdao Natl Lab Marine Sci Technol）	13	2.857	7.31
中国科学院大学（University of Chinese Academy of Sciences Cas）	12	2.637	25.25
浙江海洋大学（Zhejiang Ocean University）	12	2.637	3.17

从表 5 - 73 可知，中国科学院、海南大学、中国海洋大学、南京师范大学等是海南热带海洋学院的主要合作机构。整体看来，海南热带海洋学院的主要合作机构所处区域分布较广。中国科学院是海南热带海洋学院开展科研合作最多的机构，2002—2021 年累计合作发表 52 篇文献，篇均被引 13.88次，在海南热带海洋学院合作机构中位列第一。同时篇均被引次数在众多合作机构中位居第二，可见海南热带海洋学院与中国科学院产出的科研成果不仅在数量上有优势，科研成果的平均质量相较于大多数其余合作机构也更高。

海南热带海洋学院与海南大学 2002—2021 年累计合作发文 49 篇，篇均被引 8.31 次，位列第二。海南大学是 2007 年 8 月由原华南热带农业大学与原海南大学合并组建而成的综合性重点大学,是教育部和海南省人民政府合建高校。2008 年经国家批准成为"211 工程"重点建设高校,2012 年进入国家"中西部高等教育振兴计划"建设行列,2017 年入选国家"世界一流学科"建设高校。同时毗邻的地理位置为海南热带海洋学院与海南大学之间的合作提供了极大的便利,与海南大学这类办学水平较高的高校合作在极大的程度上带动了海南热带海洋学院的科研发展。

海南热带海洋学院和中国海洋大学 2002—2021 年累计合作发表 39 篇文献,篇均被引 3.87 次,排在第三。海南热带海洋学院与中国海洋大学合作,一方面可以向中国海洋大学吸取相关海洋院校的办学经验,另一方面可以借助中国海洋大学的平台推动自身发展。

为了进一步明晰海南热带海洋学院的合作关系网络,我们通过 WoS 核心合集下载 2002—2021 年收录的海南热带海洋学院文献的纯文本数据,并导入 VOSviewer 绘制合作关系网络图,将合作次数阈值设定为 5 次,共计 35 个合作主体,如图 5–53 所示。

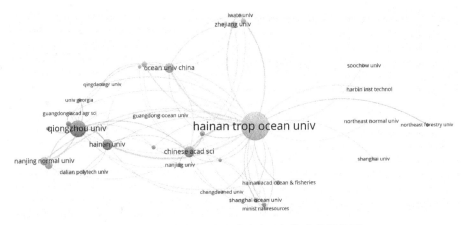

图 5–53 海南热带海洋学院主要机构合作网络图

从图 5–53 获知,嵌入在海南热带海洋学院的基础科学研究组织合作网络图中的合作主体分布较为分散。海南热带海洋学院与这些机构合作所关注的学科领域具有较大的重合性,遗传学、环境科学、生物化学与分子生物学等是这些机构的主要合作领域。琼州学院与海南大学、南京师范大学、广东海洋大学构成的合作群落对遗传学、动物学等学科领域较为关注;而海南热带海洋学院于与中国海洋大学、中国科学院、海南大学、浙江大学所构成的合作群落对环境科学、海洋生物学、植物学等学科较为关注。整体来看,在与海南热带海洋学院进行基础科学研究合作的机构主要分为海南热带海洋学院改名前的合作机构和改名后的合作机构，但更名前后的合作研究领域集中，环境科学、遗传学等学科是它们的主要合作领域，且普遍存在着交叉关系。

对海南热带海洋学院的专利主要申请人进行分析，以了解海南热带海洋学院的专利主要合作者，如表 5 - 74 所示。

表 5 - 74　海南热带海洋学院主要专利申请人

申请人	专利数量（项）
海南热带海洋学院	313
琼州学院	23
三亚大学科技园有限公司	6
中国热带农业科学院环境与植物保护研究所	5
广东海洋大学	3
海南大学	3
大连海事大学	2
南方海洋科学与工程广东省实验室（湛江）	2
海南省海洋与渔业科学院	2
刘书伟	2

由表 5 - 75 可知，海南热带海洋学院的专利总数不多，未达 400 项。琼州学院是该校前身，共获批 23 项专利。除此之外，海南热带海洋学院也与其他高校、机构、研究所开展合作来提升专利研发能力和创新能力。

5.11.4　作者分布

我们对海南热带海洋学院 2002—2021 年累计被 WoS 核心合集收录 455 篇文献进行作者识别，如表 5 - 75 所示，对作者发表文献数、篇均被引数等指标进行识别，以分析海南热带海洋学院的科研工作者的具体现状（由于海南热带海洋学院最活跃的作者均无高被引文献产出，故本小节取消该指标分析）。

表 5 – 75   海南热带海洋学院活跃学者

作者	记录数（篇）	占比（%）	篇均被引（次）
Liu J J	44	9.67	5.73
Du Y	32	7.033	5.97
Ji X	25	5.495	11.48
Asem A	21	4.615	2.67
Lin C X	21	4.615	9
Shen C	20	4.396	4.85
Hu Y Q	19	4.176	5.74
Li W D	19	4.176	4
Lin L H	19	4.176	8.21
Mao Y X	19	4.176	5

由表 5 – 75 可知，Liu J J 是科研成果产出最多的作者，2002—2021 年累计被 WoS 核心合集收录 44 篇文献，篇均被引 5.73 次。Liu J J 的活跃度有余，却缺乏具有影响力的科研成果，科研成果的平均质量不高。在 Liu J J 所产出的 44 篇中，最具代表性的是 2020 年发表的 "*Pyropia Yezoensis Genome Reveals Diverse Mechanisms of Carbon Acquisition in the Intertidal Environment*" 一文，累计被引仅 26 次，主要涉及科学与技术相关主题，是 Liu J J 的代表作之一。天文学、天体物理学、核物理、粒子场物理等学科是他的主要研究领域，这与海南热带海洋学院的办学历史有着一定关系，海南热带海洋学院的前身是师范院校，而物理相关学科是师范专业的重要组成部分，也是 Liu J J 在相关学科较为活跃的重要原因。

Du Y 2002—2021 年累计被 WoS 核心合集收录 32 篇文献，篇均被引 5.97 次，是海南热带海洋学院活跃度第二的学者。对 Du Y 所产出的 32 篇文献所涉及的领域进行梳理发现，动物学、遗传学、生物进化学等学科领域是其主要研究领域，也是海南热带海洋学院的主要学科建设方向，对海南热带海洋学院主要建设学科的基础科学研究进展起到了积极的作用。

Ji X 2002—2021 年累计被 WoS 核心合集收录 25 篇文献，篇均被引次数 11.48 次，位居第三。值得注意的是篇均被引次数位居首位，从侧面反映出 Ji X 的科研成果的平均质量相较于其他活跃作者更加突出。对 Ji X 所发表的 25 篇文献梳理发现，动物学、遗传学、生物进化学等学科是其主要研究领域。

　　海南热带海洋学院的高产作者们均无高被引文献成果产出，缺乏高水平的科研成果产出，篇均被引次数相较于其余海洋院校有所不如。可见，海南热带海洋学院的科研制度缺乏顶层管理，进一步加强科研水平建设是建设高水平海洋院校的题中应有之意。

　　为了进一步明晰海南热带海洋学院基础研究文献的合作关系网络，我们通过 WoS 核心合集下载 2002—2021 年所收录的海南热带海洋学院文献的纯文本数据，并导入 VOSviewer 绘制作者合作关系网络图。将合作次数阈值下调设定为 5 次，共计 79 个活跃作者，如图 5-54 所示。

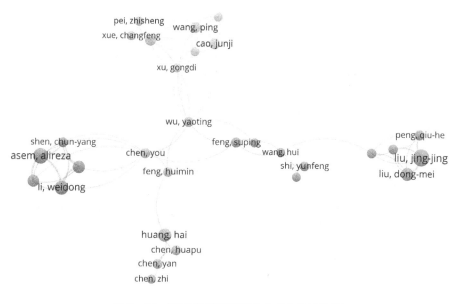

图 5-54　海南热带海洋学院作者合作网络图

　　由图 5-54 可知，海南热带海洋学院基础科学研究文献作者合作关系网络分布十分分散，活跃科研工作者较少。海南热带海洋学院形成了数个群落，其中以 Liu J J、Du Y、Ji X 等为代表合作群落最为突出。相较于其余海洋院校，海南热带海洋学院所构成合作群落较少，可见海南热带海洋学院的科研水平相对其余海洋院校较低。这些群落内部科研工作者联结较为紧密，群落之间的合作同样较为频繁。可见，海南热带海洋学院的科研活动已经形成了相对固定的科研合作团队，团队内部合作十分紧密，各个科研团队之间联结也比较紧密。

通过对海南热带海洋学院专利发明人进行梳理，以明晰海南热带海洋学院在专利发明领域最活跃的科研工作者分布，如表5－76所示。

表5－76　海南热带海洋学院专利主要发明人

发明人	专利数量（项）
裴志胜	25
王沛政	22
徐云升	22
王海山	21
张铁涛	20
杨超杰	20
薛长凤	19
李卫东	19
徐功娣	18
黄海	16

由表5－76可知，裴志胜、王沛政、徐云升等学者是海南热带海洋学院专利领域最为活跃的科研工作者。其中裴志胜累计获批专利25项，是海南热带海洋学院专利获批量最多的学者。王沛政累计获批专利22项，位居第二。徐云升累计获批专利22项，位居第三。海南热带海洋学院的在论文领域和专利领域的高产学者几乎并未出现重叠，在一定程度上反映出海南热带海洋学院的专利科研体系与论文科研体系是相互独立的。

5.11.5　合作机构所属国家分布

我们对海南热带海洋学院2002—2021年累计被WoS核心合集收录455篇文献的所属国家进行识别，对海南热带海洋学院的主要合作机构所属国家进行分析，如表5－77所示，对各合作机构所属国家进行高被引文献数、发表文献篇均被引数等指标进行评比，分析各合作机构所属国家的合作质量。

表 5 – 77　海南热带海洋学院主要合作国家

国家	记录数（篇）	占比（%）	高被引文献数（篇）	篇均被引（次）
美国（USA）	37	8.132	1	22.95
日本（Japan）	12	2.637	0	2.08
德国（Germany）	5	1.099	0	4.8
新加坡（Singapore）	5	1.099	2	81.4
印度（India）	4	0.879	0	29.25
澳大利亚（Australia）	3	0.659	0	2.33
比利时（Belgium）	3	0.659	0	4.33
英国（England）	3	0.659	0	9
法国（France）	3	0.659	0	0.33
巴西（Brazil）	2	0.44	0	1.5

由表 5 – 77 可知，海南热带海洋学院对外展开科研合作最频繁的合作机构所属国家多为发达海洋强国，但海南热带海洋学院与这些国家合作产出的科研成果质量差距较为明显，两极分化较为严重。美国是海南热带海洋学院合作最频繁的合作机构所属国家，2002—2021 年海南热带海洋学院累计与其合作产出文献 37 篇，篇均被引次数为 22.95，位列第一。篇均被引次数这一指标在海南热带海洋学院众多对外合作机构所属国家中位列前茅，这与海南热带海洋学院与美国组织机构合作产出 1 篇高被引文献有着密切的关系，是 Hughes 等 2018 年发表的 "Comprehensive Phylogeny of Ray-finned Fishes (Actinopterygii) Based on Transcriptomic and Genomic Data" 一文，累计被引 233 次，提高了海南热带海洋学院与美国组织机构合作成果的篇均被引次数。

海南热带海洋学院 2002—2021 年累计与日本组织机构合作发表 12 篇文献，篇均被引次数为 2.08，位列第二。篇均被引次数这一指标在众多合作机构所属国家中极为靠后，对这 12 篇文献的发文时间研究，发现其中 11 篇是海南热带海洋学院 2021 年与日本组织机构合作产出。

海南热带海洋学院 2002—2021 年累计与德国组织机构合作发表 5 篇文献，篇均被引次数为 4.8，位列第三。相较于美国和日本，海南热带海洋学院与德国组织机构合作产出的科研成果数量较少，篇均被引次数在合作国家中较为靠后，对这 5 篇文献的发文时间研究，发现在 2018 年、2020 年、

2021 年分别产出文献 1 篇、3 篇、1 篇，这归咎于文献引用时间的滞后性，导致了海南热带海洋学院与德国组织机构合作产出科研成果的篇均被引次数较少。

值得注意的是，海南热带海洋学院与新加坡组织机构 2002—2021 年合作产出的被 WoS 核心合集收录 5 篇文献，其中高被引文献 2 篇，篇均被引次数为 81.4。这是双方合作产出的高被引文献分别被引 233 次和 66 次，极大地拉高了海南热带海洋学院与新加坡组织机构合作文献的篇均被引次数。

为了进一步明晰海南热带海洋学院基础研究文献的合作机构所属国家关系网络，我们通过 WoS 核心合集下载 2002—2021 年所收录的海南热带海洋学院文献的纯文本数据，并导入 VOSviewer 绘制合作机构所属国家关系网络图，为了将合作机构所属国家网络展示得更加具体，我们将合作次数阈值调至 1 次，发现主要合作机构所属国家主体为 31 个，如图 5-55 所示。

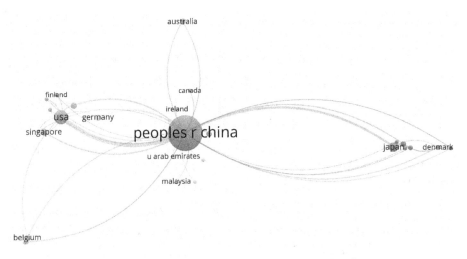

图 5-55　海南热带海洋学院合作机构所属国家网络图

由海南热带海洋学院基础科学研究主要合作机构所属国家的网络图可知，美国是海南热带海洋学院对外合作机构所属国家中的最主要的合作对象，具有最高的中介中心性。目前看来，海南热带海洋学院的对外合作机构所属国家较少，合作网络初步形成了以美国、日本、德国、新加坡、印度等国家为核心的群落关系。进一步分析发现它们在合作领域和研究方向上存在一定的交错重合，同时也存在着各自的独特研究领域。如中国与美国、德国、新加坡、印度为核心形成的合作群落在遗传学、数学、应用数学等领域合作较多。而中国与日本和丹麦等形成的合作网络则更关注食品科学技术、生物化学与分子生物学等学科。海南热带海洋学院正在积极进行基础科学研究建设，不对外扩大科研合作，加速自身学科建设。由于相关海洋定位时间尚短，涉海学科研究积累依然比较薄弱，对外合作也较少涉及相关涉海学科。

5.11.6　研究小结

以 2016 年为时间节点可将海南热带海洋学院基础科学研究发展时期划分为平缓发展期和爆发期，其中 2016—2021 年是海南热带海洋学院基础科学研究的主要发展时期。在海南热带海洋学院的办学历史中"师范院校"一直以来是海南热带海洋学院的主要建设方向，因此直到现在相关理工类师范专业相关领域研究成果较多，遗传学、环境科学、生物化学与分子生物学等学科是研究成果比较集中的学科。但海洋与淡水生物学等相关涉海学科已经开始崭露头角。海南热带海洋学院的主要合作机构分布区域较广，海南大学、中国科学院、南京师范大学等机构是海南热带海洋学院的主要合作对象。由于历史原因，主要形成了琼州学院和海南热带海洋学院两个合作网络，合作机构间普遍存在着交叉合作关系，初步形成以海南大学、中国科学院、南京师范大学为核心的合作集群分布特征。相较于其余海洋院校，海南热带海洋学院活跃的科研工作者较少，以 Liu J J、Du Y、Ji X 等为代表的合作群落最为突出，海南热带海洋学院构成合作群落之间联结更加稀疏，相互连接并不紧密，但群落内部合作较为频繁。美国、日本、德国、新加坡等国家是海南热带海洋学院最主要的合作机构所属国家。值得注意的是海南热带海洋学院与新加坡组织机构合作产出文献的质量水平在众多合作机构所属国家中较为突出。同时海南热带海洋学院开展国际合作的合作机构所属国家普遍是发达国家和海洋强国，理工类学科是他们的主要合作领域。

5.12　广州航海学院

我们通过 WoS 核心合集对广州航海学院进行检索，发现 2002—2021 年广州航海学院累计被 WoS 核心合集收录 142 篇文献，在我国众多海洋院校中位列十二。对广州航海学院申报的专利进行梳理，广州航海学院累计申请 345 项专利。我们以这些文献数据和专利数据为基础对广州航海学院基础科学研究发展态势展开研究。

广州航海学院创办于 1964 年，是广州市人民政府管理的公办普通本科院校，是华南地区唯一一所独立建制的海事本科院校。2018 年，广东省委、广州市委明确以广州航海学院为基础筹建广州交通大学。广州航海学院目前以本科教育为主，积极发展研究生教育；学科专业以工学为主，以服务海事为特色，拓展"海陆空轨"专业链，形成工、管、经、文、法、艺等多学科协调发展的格局。学校目前设有海运学院、轮机工程学院、船舶与海洋工程学院、港口与航运管理学院、土木与工程管理学院、信息与通信工程学院、航运经贸学院、国际邮轮游艇学院、艺术学院、外语学院、国际交流学院、创新创业学院、马克思主义学院、继续教育学院、公共体育教学部、基础人文社科部、船员培训中心17个教学单位。

广州航海学院始终坚持开放办学，协同育人，不断对外开展教学合作与科研合作。学院与英国普利茅斯大学共建"中英联合海事研究中心"，与外交学院共建"中国—东盟思想库网络海上合作基地"，与上海国际航运研究中心共建"泛珠国际航运创新研究院"。与广东工业大学、广州大学、辽宁科技大学合作培养研究生。与芬兰中央应用科技大学、英国普利茅斯大学、悉尼科技大学、意大利帕多瓦大学、美国费尔菲尔德大学、瑞典世界海事大学、德国德累斯顿国际大学等23所国外知名院校建立了交流与合作关系。

5.12.1　时间分布

我们对广州航海学院2002—2021年累计被WoS核心合集收录142篇文献按照时间进行划分，如图5-56所示，对广州航海学院的发展历程进行分析。

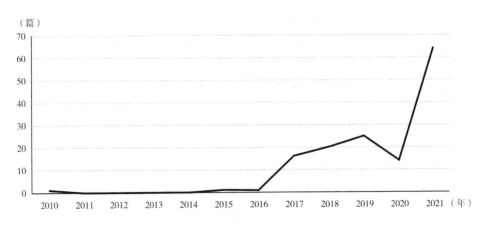

（篇）

图5-56　广州航海学院发文时间分布

由图5-56可知，广州航海学院2010年才有科研论文被WoS核心合集收录，相较于其余海洋院校时间较晚。从侧面反映出广州航海学院科研水平不高，基础研究薄弱。广州航海学院历年文献发表量普遍偏低，发展速度一度较为缓慢。直至 2016 年才有所改善，整体发展速度不断提升，以 2016 年为时间节点可将广州航海学院的发展时期划分为培育期和发展期。

2010—2016 年为广州航海学院基础科学研究的培育期。2010 年广州航海学院被 WoS 核心合集收录文献 1 篇，随后几年一直没有论文被收录，直至 2015 年再次被收录 1 篇，2016 年同样被收录 1 篇文献。这一时期广州航海学院的基础科学研究发展十分缓慢，发展一度陷入瓶颈，7 年间共被收录 3 篇文献。计算机科学信息系统、土木工程、机械工程、海洋工程学科是广州航海学院这一时期的主要建设学科和研究方向。广州航海学院科研水平不高、基础研究能力弱与自身办学水平不高有着较大的关系，直至 2013 年，才经教育部批准，将广州航海高等专科学校升格为普通本科院校并改名为广州航海学院，此前较长的办学时间内均为专科院校。

2017—2021 年为广东航海学院基础科学研究的发展期，这一时期广州航海学院基础科学研究有了明显改善。观察图 5 – 56 可知，该时期被 WoS 核心合集收录文献数虽然波动较为明显，但整体的发展趋势向好，相较于上一发展时期发展速度更快。其中，2017 年被 WoS 核心合集收录 16 篇文献，2019 年被收录 25 篇文献，虽然在 2020 年被收录文献有所下降，仅有 14 篇，但 2021 年取得了长足的进步，被收录 64 篇文献。广州航海学院这一阶段基础科学研究发展实现了跨越式的发展。对这一时期发表的文献进行分类发现，多学科材料科学、电气与电子工程、物理化学、物理应用等是广州航海学院这一时期的主要建设学科。显然，理工类学科是广州航海学院这一时期的主要建设学科，具体为相关海事专业，以此打造拓展"海陆空轨"专业链。

通过对广州航海学院所申报的专利进行统计，明晰广州航海学院历年的专利申报发展态势，如图 5 – 57 所示。

由图 5 – 57 可知，广州航海学院的专利获批记录较晚，在 2013 年才进军专利领域的研究。其中 2013—2019 年是广州航海学院专利技术研究领域的快速发展时期。2013 年，广州航海学院的专利申请量仅 1 项，发展至 2017 年专利申请量已攀升至 61 项，2018 年增长至 67 项。然而 2019—2021 年是广州航海学院专利科研领域的衰退期且衰退趋势较为明显。

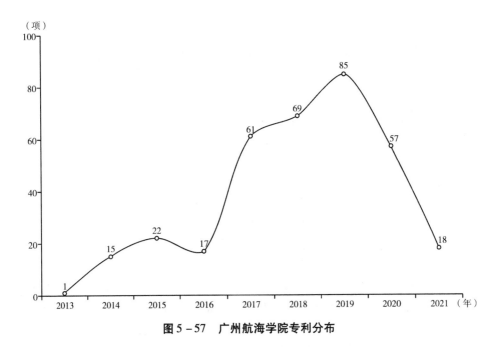

图 5 - 57　广州航海学院专利分布

5.12.2　学科分布

对广州航海学院 2002—2021 年累计被 WoS 核心合集收录 142 篇文献按照所属学科进行识别，如表 5 - 78 所示，以明晰广州航海学院的主要建设学科。

表 5 - 78　广州航海学院主要学科

学科	记录数（篇）	占比（%）	篇均被引（次）
多学科材料科学（Materials Science Multidisciplinary）	26	18.31	10.46
电气与电子工程（Engineering Electrical Electronic）	18	12.676	2.94
物理化学（Chemistry Physical）	16	11.268	11.06
计算机科学信息系统（Computer Science Information Systems）	12	8.451	7.75
土木工程（Engineering Civil）	12	8.451	11.08
应用物理（Physics Applied）	12	8.451	7.5

续上表

学科	记录数 （篇）	占比 （%）	篇均被引 （次）
凝聚态物理（Physics Condensed Matter）	12	8.451	7.83
能源燃料（Energy Fuels）	11	7.746	12.55
电信（Telecommunications）	10	7.042	0.8
数学（Mathematics）	9	6.338	1.89

　　由表 5-79 可知，多学科材料科学、电气与电子工程、物理化学、计算机科学信息系统等是广州航海学院涉足较多学科。这是由于广州航海学院海事特色鲜明，不断发展理工类学科为海事相关专业服务，因此相较于其他学科，理工类学科更加突出。广州航海学院的活跃建设学科的篇均被引次数相较于其余海洋院校较低，在一定程度反映出广州航海学院在相关学科的建设水平不高，科研水平相较于其余海洋院校有所逊色。多学科材料科学是广州航海学院的优势学科，2002—2021 年累计被 WoS 核心合集收录文献 26 篇，篇均被引 10.46 次。其中 Li Z Z 等 2019 年发表的 "*Energy Transfer and Tunable Luminescence Properties in* $Y_3Al_2Ga_3O_{12}$：Tb^{3+}，Eu^{3+} *Phosphors*" 累计被引仅有 39 次。

　　排在第二位的是电气与电子工程，2002—2021 年累计被 WoS 核心合集收录 18 篇文献，篇均被引次数为 2.94。篇均被引次数在活跃建设学科中极为靠后，位居第八。从侧面反映出在广州航海学院的工程电气与电子学科建设过程中，活跃度足够，但该学科的科研成果质量有待进一步加强。

　　物理化学学科是广州航海学院学科建设活跃度第三的学科，2002—2021 年累计被 WoS 核心合集收录 16 篇文献，篇均被引次数为 11.06。相较于多学科材料科学和电气与电子工程，广州航海学院物理化学学科建设活跃度有所降低，但篇均被引次数在众多活跃建设学科中较好，在一定程度上反映出该学科的建设情况良好。

　　通过对广州航海学所申报专利的技术分类大类进行梳理，以明晰广州航海学院专利技术的主要涉及领域，如表 5-79 所示。

表5-79 广州航海学院主要专利类别

大类	IPC 释义	专利数量（项）
B63	B：作业；运输 B63：船舶或其他水上船只；与船有关的设备	64
G01	G：物理 G01：测量；测试	55
H02	H：电学 H02：发电、变电或配电	53
F03	F：机械工程；照明；加热；武器；爆破 F03：液力机械或液力发动机；风力、弹力或重力发动机；其他类目中不包括的产生机械动力或反推力的发动机	21
G05	G：物理 G05：控制；调节	16
H04	H：电学 H04：电通信技术	12
E02	E：固定建筑物 E02：水利工程；基础；疏浚	12
F24	F：机械工程；照明；加热；武器；爆破 F24：供热；炉灶；通风	11
B23	B：作业；运输 B23：机床；其他类目中不包括的金属加工	10
F28	F：机械工程；照明；加热；武器；爆破 F28：一般热交换	10

由表5-80可以看出，B63、G01、H02等是广州航海学院数量最多的专利大类。其中B63是数量最多的专利类别，累计获批专利63项专利，主要包括船舶或其他水上船只、与船有关的设备等领域，与广州航海学院是海事类院校的定位相匹配。G01是专利产出第二多的类别，累计获批专利55项，主要包括一般的物理或化学的方法或装置。H02是第三多的类别，累计申报专利12项，主要包括发电、变电或配电。整体来看海事领域的专利类别是广州航海学院的主要建设方向，且广州航海学院的重要学科建设集中在

船舶和运输等方面，这表明广州航海学院的主要学科建设与主要专业领域非常契合，这有助于推动各个学科领域的科研成果的转化利用。

5.12.3　合作机构分布

对广州航海学院 2002—2021 年累计被 WoS 核心合集收录 142 篇文献按照所属机构进行识别，如表 5 - 80 所示，对广州航海学院的主要合作研究机构的特质和属性进行分析，以明晰广州航海学院主要合作研究机构的特点。

表 5 - 80　广州航海学院主要合作机构

所属机构	记录数 （篇）	占比 （%）	篇均被引 （次）
广东工业大学（Guangdong University of Technology）	39	27. 465	13. 72
华南理工大学（South China University of Technology）	18	12. 676	4. 39
上海海事大学（Shanghai Maritime University）	8	5. 634	5. 75
广东外语外贸大学（Guangdong University of Foreign Studies）	5	3. 521	3. 6
广州大学（Guangzhou University）	5	3. 521	2. 4
江苏科技大学（Jiangsu University of Science Technology）	5	3. 521	1. 8
大连海事大学（Dalian Maritime University）	4	2. 817	17. 55
澳门科技大学（Macau University of Science Technology）	4	2. 817	2. 75
深圳大学（Shenzhen University）	4	2. 817	10
卡迪夫大学（Cardiff University）	3	2. 113	33

由表 5 - 81 可知，广东工业大学、华南理工大学、上海海事大学等是广州航海学院的主要合作机构。整体来看，广东地区的高校是广州航海学院进行科研合作的重要对象，可见广州航海学院在进行科研合作时，存在一定的地理局限性。其中广东工业大学是广州航海学院合作最多的机构，广州航海学院与广东工业大学 2002—2021 年累计合作发表 39 篇文献，篇均被引 13. 72 次，合作成果数量较多，在广州航海学院合作机构中位列第一，篇均被引次数在合作机构中位居第二。广州航海学院与广东工业大学合作的科研成果不仅在数量上有优势，科研成果的平均质量相较于其余合作机构也更高。这是由于广州航海学院理工科特色鲜明，而广东工业大学是一所以工为

主，工、理、经、管、文、法、艺结合、多科性协调发展的省属重点大学，2021 年跻身软科世界大学学术排名世界高校 400 强，泰晤士高等教育 2022 年世界大学排名位列中国大陆高校 35 ~ 49 名，U. S. News2021 世界大学工程学排行榜内地排名第 38 位、世界排名第 144 位。广州航海学院与广东工业大学合作频繁，能带动自身理工类学科发展。广州航海学院累计产出高被引文献两篇，其中 1 篇就是与广东行业大学合作产出，合作成果突出。

广州航海学院与华南理工大学 2002—2021 年累计合作发文 18 篇，篇均被引 4.39 次，位列第二。华南理工大学是以工见长，理、工、医、结合，管、经、文、法等多学科协调发展的综合性研究型大学。它的轻工技术与工程、建筑学、食品科学与工程、化学工程与技术、环境科学与工程、材料科学与工程、机械工程、管理科学与工程等学科整体水平进入全国前 10%；12 个学科领域进入 ESI 全球排名前 1%，其中，工程学、材料科学、化学、农业科学、计算机科学 5 个学科领域跻身全球排名前 1%。理工类学科建设水平极高，广州航海学院与华南理工大学合作频繁，但从合作成果的篇均被引次数可以看出广州航海学院和华南理工大学合作的科研成果平均水平不高，有待进一步加强。

广州航海学院与上海海事大学 2002—2021 年累计合作发表 8 篇文献，篇均被引 5.75 次，排在第三。上海海事大学是我国一所海事特色鲜明、办学层次较高的海事大学，广州航海学院与上海海事大学合作频繁一方面是向上海海事大学吸取相关海事院校的办学经验，另一方面能借助上海海事大学的科研平台，推动自身相关海事学科建设。

为了进一步明晰广州航海学院的合作关系网络，我们通过 WoS 核心合集下载 2002—2021 年所收录的广州航海学院文献的纯文本数据，并导入 VOSviewer 绘制合作关系网络图，由于广州航海学院的合作机构较少，因此将合作次数阈值下调至 1 次，共计 104 个合作主体，如图 5 - 58 所示。

从图 5 - 58 获知，在广州航海学院的基础科学研究组织合作复合网络图中，各合作主体分布较为分散。除广州航海学院外，广东工业大学处于合作组织群落核心地位，具有最高的中介中心性。广州航海学院与这些机构合作的学科领域具有较大的重合性，多学科材料科学、电气与电子工程、物理化学等学科领域是这些机构的主要合作领域。广州航海学院与广东工业大学、华南理工大学构成的合作群落对多学科材料科学、土木工程、电气与电子工程等学科较为关注；而广州航海学院与上海海事大学、广州大学所构成的合作网络对能源燃料、多学科材料科学、电化学等学科较为关注。整体来看，广州航海学院的科研合作以理工类学科为主，且各合作机构间普遍存在交叉领域。

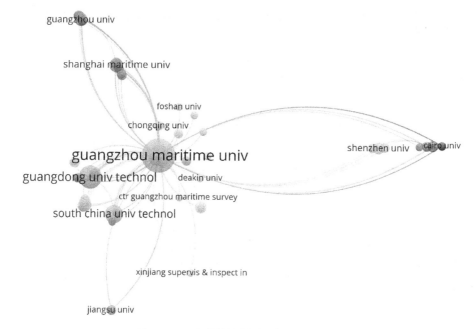

图 5 - 58　广州航海学院机构合作网络图

对广州航海学院的专利研发主要申请人进行分析，可以知晓在专利研发方面广州航海学院主要的合作对象，如表 5 - 81 所示。

表 5 - 81　广州航海学院主要专利申请人

申请人	专利数量（项）
广州航海学院	345
仲恺农业工程学院	11
广州达来佳信息科技有限公司	10
华南理工大学	8
广州美术学院	2
广州中超合能科技有限公司	2
长沙天穹电子科技有限公司	1
广州思泰信息技术有限公司	1

由表 5 - 81 可知，广州航海学院的专利大部分是以本校作为申请人，累

计申请专利 345 项，这说明广州航海学院在专利技术研究领域以本校为主，极少与校外的机构进行专利方面的合作研发，在一定程度上可以看出广州航海学院非常重视专利所有权。相比于该校作为申请人的专利数量，以其他高校和机构作为申请人的专利数量较少。

5.12.4 作者分布

我们对广州航海学院 2002—2021 年累计被 WoS 核心合集收录 142 篇文献进行作者识别，如表 5-82 所示，对广州航海学院各高产作者发表文献数、篇均被引数等指标进行识别，以分析广州航海学院的科研工作者的具体现状。

表 5-82 广州航海学院活跃学者

作者	记录数（篇）	占比（%）	高被引文献数（篇）	篇均被引（次）
Mu Z F	20	14.085	0	18.15
Zhang S A	20	14.085	0	17.7
Wu F G	15	10.563	0	18.6
Zhu D Y	11	7.746	0	19.64
Guo Y C	10	7.042	1	14.9
Xie Z H	9	6.338	0	13.44
Huang Z	8	5.634	0	5.5
Wang Q	8	5.634	0	17.5
Zhang T	8	5.634	0	20.38
Feng J Q	7	4.93	0	18.71

观察表 5-82 得知，广州航海学院的活跃作者们的篇均被引次数相较于其余海洋院校普遍较高，在一定程度上反映出广州航海学院的活跃作者们不仅活跃在科研前沿，同时也十分重视科研成果的质量。其中 Mu Z F 是广州航海学院基础科学研究科研成果产出最多的作者，2002—2021 年累计被 WoS 核心合集收录 20 篇文献，篇均被引 18.15 次，其中最具代表性的是 2019 年发表的 "A Red Phosphor $Mg_3Y_2Ge_3O_{12}$: Bi^{3+}, Eu^{3+} with High Brightness and Excellent Thermal Stability of Luminescence for White Light-emitting Diodes" 一文，累计被引 51 次。多学科材料科学、光学、应用物理等学科是其主要研究领域，这与广州航海学院的办学历史有着一定关系，广州航海学

院始终坚持海事特色，致力于建设相关理工类学科，这是 Mu Z F 在相关学科较为活跃的重要原因。

Zhang S A 2002—2021 年累计被 WoS 核心合集收录 20 篇文献，篇均被引 17.7 次，与 Mu Z F 并列为广州航海学院最活跃的学者。对 Zhang S A 产出的 20 篇文献所涉的领域进行梳理发现，Zhang S A 与 Mu Z F 的主要涉及学科高度重合，主要涉及多学科材料科学、光学、应用物理等相关领域。这些领域多数也是广州航海学院的主要学科建设方向，对广州航海学院主要建设学科的基础科学研究进展起到了积极作用。

Wu F G 2002—2021 年累计被 WoS 核心合集收录 15 篇文献，篇均被引次数 18.6 次，位居第三。Wu F G 产出的科研成果的篇均被引次数在广州航海学院众多活跃作者中较为突出，从侧面反映出 Wu F G 的科研成果质量较高，发展态势较好。对 Wu F G 发表的 15 篇文献梳理发现，光学、多学科材料科学、应用物理等学科同样是他的主要研究领域。

为了进一步明晰广州航海学院基础研究文献的作者合作关系网络，我们通过 WoS 核心合集下载 2002—2021 年收录的广州航海学院文献的纯文本数据，并导入 VOSviewer 绘制作者合作关系网络图。由于广州航海学院活跃作者较少，故将出现次数阈值下调设定为 3 次，共计 54 个活跃作者，如图 5-59 所示。

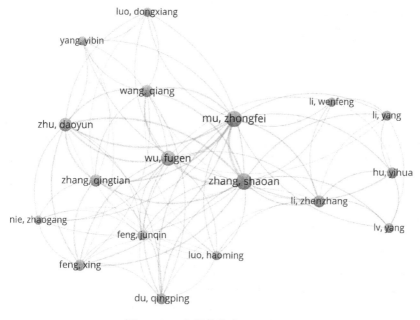

图 5-59 广州航海学院作者合作网络图

由图 5-59 可知,广州航海学院基础科学研究文献作者合作关系网络分布较为分散,但相互之间联结十分紧密,合作频繁。这是由于广州航海学院办学层次在我国海洋院校中较低。活跃科研工作者较少,选择不多,同时也反映出广州航海学院的活跃科研工作者们的研究方向和学科较为集中和统一。广州航海学院的合作群落较少,以 Mu Z F、Zhang S A、Wu F G 等较为突出,是广州航海学院科研工作和基础科学研究中的重要有生力量。

通过对广州航海学院专利发明人进行梳理,以明晰广州航海学院在专利发明领域最活跃的科研工作者分布,如表 5-83 所示。

表 5-83　广州航海学院主要专利发明人

发明人	专利数量（项）
童军杰	51
徐虎	46
黄赟	44
刘志军	44
陈爱国	40
杨期江	35
唐伟炜	34
刘洋	33
毕齐林	32
滕宪斌	32

由表 5-83 可知,童军杰、徐虎、黄赟等学者是广州航海学院专利领域最为活跃的科研工作者。其中童军杰累计申请专利 51 项,是广州航海学院专利申请量最多的学者。徐虎累计申请专利 46 项,位居第二。黄赟累计申请专利 44 项,位居第三。广州航海学院在论文和专利领域的高产学者并不相同,这不利于研究成果的转化利用。

5.12.5　合作机构所属国家分布

我们对广州航海学院 2002—2021 年累计被 WoS 核心合集收录 142 篇文献的所属国家进行识别,对广州航海学院的主要合作机构所属国家进行分析,如表 5-84 所示,对各合作机构所属国家的高被引文献数、发表文献篇均被引数等指标进行评比,分析各合作国家的合作质量问题。

表 5 - 84　广州航海学院主要合作机构所属国家

国家	记录数（篇）	占比（%）	高被引文献数（篇）	篇均被引（次）
威尔士（Wales）	3	2.113	1	33
加拿大（Canada）	2	1.408	0	9
荷兰（Netherlands）	2	1.408	1	49
瑞典（Sweden）	2	1.408	0	2
美国（USA）	2	1.408	1	36.5
澳大利亚（Australia）	1	0.704	0	0
文莱（Brunei）	1	0.704	1	73
丹麦（Denmark）	1	0.704	1	73
埃及（Egypt）	1	0.704	1	73
法国（France）	1	0.704	1	182

　　由表 5 - 84 可知，广州航海学院对外展开科研合作最频繁的合作机构所属国家多为发达国家和海洋强国。广州航海学院开展国际科研合作较少，合作产出最多的合作机构所属国家威尔士也仅有 3 篇文献，合作机构所属国家普遍只有 2 篇或 1 篇文献。值得注意的是，其中威尔士是广州航海学院合作最频繁的国家，2002—2021 年广州航海学院累计与其合作产出文献 3 篇，篇均被引次数为 33，位居第一。篇均被引次数较高的原因是广州航海学院与威尔士合作产出科研成果基数较小，其中又包含 1 篇高被引文献，提高了篇均被引次数。

　　广州航海学院 2002—2021 年累计与加拿大组织机构合作发表 2 篇文献，篇均被引次数 9，位列第二。作为广州航海学院合作频繁度第二的合作机构所属国家，篇均被引次数在合作活跃国家中较为靠后。这是由于广州航海学院与加拿大组织机构并无高被引文献产出，而篇均被引次数较高的合作机构所属国家均与广州航海学院合作有高被引文献，导致篇均被引次数较高的"假象"。

　　广州航海学院 2002—2021 年累计与荷兰组织机构合作发表 2 篇文献，篇均被引次数 49，位列第三。其中有一篇是高被引文献，带动了篇均被引次数这一指标。

　　为了进一步明晰广州航海学院基础研究文献的合作机构所属国家关系网

络，我们通过 WoS 核心合集下载 2002—2021 年收录的广州航海学院文献的纯文本数据，并导入 VOSviewer 绘制国家合作关系网络图，为了将合作机构所属国家网络展示得更加具体，我们将合作次数阈值调至 1 次，发现主要合作机构所属国家主体为 20 个，如图 5-60 所示。

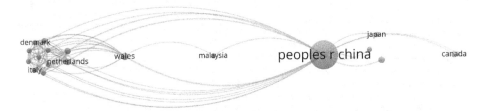

图 5-60　广州航海学院合作机构所属国家网络图

由广州航海学院基础科学研究主要的网络图可知，威尔士是广州航海学院对外合作机构所属国家中的最主要合作对象，除中国外具有最高的中介中心性。目前看来，广州航海学院的对外合作机构所属国家极少，合作网络初步形成了以威尔士、加拿大、荷兰等国家为核心的群落关系。进一步分析发现它们在合作领域和研究方向上存在一定的重合交错，同时也存在各自的独特研究领域。其中，与威尔士、丹麦、意大利、美国、法国等合作机构所属国家构成的合作网络是广州航海学院开展国际科研合作最主要的合作网络，能源燃料、化学工程、热力学等学科是与这些国家的主要关注领域。广州航海学院正在积极进行基础科学研究建设，不对外扩大科研合作，加速自身学科建设。但由于长期以来办学层次不高，科研水平较低，对外开展国际科研合作成果并不突出。

5.12.6　研究小结

广州航海学院基础科学研究建设水平在我国海洋院校中较低，以 2016 年为时间节点可将广州航海学院基础科学研究发展时期划分为平缓期和发展期，其中 2016—2021 年是广州航海学院基础科学研究的主要发展时期。广州航海学院始终秉持着以"海事"为主的办学理念，因此理工类研究成果在广州航海学院占比较高，多学科材料科学、电气与电子工程、物理化学、计算机科学信息系统等是广州航海学院优势学科。广州航海学院的主要合作机构遍布全国各地，广东工业大学、华南理工大学、上海海事大学等机构是广州航海学院的主要合作对象。通过机构合作网络分析可知，广州航海学院的各合作主体分布较为分散，形成了较多合作群落，普遍存在着交叉合作关系，初步形成以广东工业大学、华南理工大学、上海海事大学为核心的合作集群分布特征。相较于其余海洋院校，广州航海学院活跃科研工作者极少，以 Mu Z F、Zhang S A、Wu F G 等最为活跃，各活跃科研工作者之间联结度较高，合作频繁。广州航海学院对外科研合作极少，即使是威尔士、加拿大、荷兰等广州航海学院的主要国家科研合作机构所属国家，合作成果也仅为 3 篇或 2 篇。由于高被引文献的影响，在合作文献基数较少的背景下，导致广州航海学院与部分合作机构所属国家科研成果的篇均被引次数极高。

第6章 研究结论与启示

在党的二十大强调建设海洋强国重大战略引领性下，我国将海洋开发、海洋事业提到一个前所未有的高度，把海洋与国家民族的前途命运紧密结合在一起。要实现从海洋大国向海洋强国的跨越，必须发挥科技创新的支撑引领作用。我国海洋院校作为涉海科技研究的重要主体，聚集海洋科技人才重要"高地"，在推动涉海科技发展及海洋产业创新转型过程中扮演着日益重要的角色。因此，建设一批在涉海科技领域具有高水平、高竞争力的海洋院校成为推动我国海洋强国战略的重要"抓手"。在此背景下，有必要对我国海洋院校的学科核心竞争力展开系统深入的分析。遗憾的是，相比现有研究较多关注其他类型院校，学术界对海洋院校的关注程度依然存在极大不足，这与当前我国大力发展海洋科技创新，推动海洋强国战略现实背景极不相称。鉴于此，本书以部署在我国大陆海岸线的海洋院校为研究对象，对它们学科核心竞争力的整体发展态势展开全方位系统性的研究。

6.1 研究结论

本书以我国海洋院校为对象，对它们在科技研究领域所发表的文献和专利数量、主要合作机构所属国家、合作机构、学科研究方向、主要期刊和高被引论文等方面展开系统分析，得出以下结论：我国海洋院校不断开展对外科研合作，整体学科竞争力得到改善，JCR 一区期刊是我国海洋院校的研究成果发表的重要载体，涉海学科是各海洋院校的"拳头"学科，农林牧渔是我国海洋院校专利申请的主要领域，但高水平科研成果较少。通过对我国海洋院校高被引文献数据分析发现，中国海洋大学、大连海事大学、上海海洋大学、上海海事大学等高校是高水平科研成果的主要产出者。主要以中国海洋大学为核心，通过其他海洋院校、研究机构和国际一流院校为衔接，其他国家的组织机构。主要合作机构所属国家是美国、日本、澳大利亚等传统海洋强国。通过对我国海洋院校主要建设学科分析发现，涉海学科是它们的主要建设学科，以"海洋"命名的高校是涉海学科的主要建设中心，而以"海事"命名的高校理工类学科较为突出。各学科在活跃性、影响性和效率性上均具备较好的表现。通过对我国海洋院校进行单独分析，发现中国海洋大学、大连海事大学、上海海事大学、上海海洋大学等传统海洋强校学科建设比较突出，无论在基础研究领域还是技术应用开发领域都领先于其他海洋院校。值得注意的是，浙江海洋大学在技术应用开发领域成果较为突出，累计专利申请量远远超过传统海洋强校。此外，各海洋院校的主要建设学科领域与主要技术领域、主要活跃学者与主要专利发明人出现了较大程度上的重合，合作机构所属国家主要为全球传统海洋强国。

总体上，我国海洋院校基础科学研究水平参差不齐。其中，中国海洋大学在众多海洋院校之中依旧处于"排头兵"的角色，它在科技论文数量、国际合作、学科分布、合作机构、科技影响等方面均表现较为突出。随着海洋强国战略的提出，各海洋院校开始制定一系列发展战略和措施，部分院校如广东海洋大学、浙江海洋大学等"新秀"海洋院校也不断寻求提升学术研究影响力，走向海洋学科发展研究前沿，使得我国海洋院校在基础科学研究领域的发展局面从最初"一强"逐渐向"一超多强"格局转变。

6.2　研究启示

为了更好地推动我国海洋强国发展建设，海洋院校开展基础科学研究应该找准自身的发展定位。本书在分析各海洋院校科研态势过程中发现，现阶段我国海洋院校在优势学科建设上缺乏特色和创新，倾向于围绕某些学科热点做宽度布局，但是对于涉海学科发展的深度挖掘明显不足。即便是作为海洋标杆院校的中国海洋大学和上海海洋大学，在学科建设的"质"与"量"上仍有待提高。虽然这两所院校学科发展分布更广，但它们在我国第二轮双一流学科评估中不但没有新增涉海学科，在学科评估中，获得 A 类评价的中国海洋大学只有海洋科学与水产学科，上海海洋大学仅有水产学科，高水平涉海学科建设有待进一步拓展。

相较于中国海洋大学和上海海洋大学，其余四所大学在海洋学科存在的各种痛点问题投入和建设力度依然存在不足，它们在海洋学科的发展水平与国家战略需要和社会发展需要方面依然存在一定距离，并没充分发挥特色学科的地域优势、行业优势和产业优势等。例如，广东海洋大学已公布的"4＋2＋N"大海洋学科体系虽对各学科海洋特色提出一定要求，但从资金项目数量和研究中心看，该校在海洋管理、海洋经济等学科建设上成果依然较少，短板显著。浙江海洋大学目前科研项目主要集中在海洋渔业装备和技术研发、水产品养殖与加工等领域，在科技成果转化、经济社会发展贡献、学科建设宽度等方面依然存在较大不足。大连海洋大学虽设立多所养殖、海产品加工技术研究院和实验室,但是国家级研究平台较少。虽然江苏海洋大学目前正在积极推动院校转型,努力建设发展海洋特色学科,成立海洋技术、海洋工程设备、海洋经济文化等科研平台或利用区域优势积极开展产学合作等,但还有待沉淀,合作规模有待扩大。

总之,我国海洋院校是开展海洋基础科学研究活动的重要主体。一方面,各校在加强海洋特色时首先应推动学科的创新与突破,避免只围绕热点问题展开研究,敢于解决冷门问题和克服学科领域的核心技术难题,提高原始创新程度。同时对涉海学科发展进行深度挖掘,避免科研项目和成果流于表面,积极实现成果转化,以服务国家战略和满足经济社会需要。另一方面,各高校在强化海洋特色战略规划时也应注重大海洋学科建设系统性,寻求融合其他学科来加强发展海洋管理、海洋战略、海洋安全等涉海交叉学科,推进高水平海洋大学的建设步伐。

6.3 研究局限性

本研究主要存在以下局限性:第一,数据主体选择有限性。本书选择以12所涉海院校作为研究样本,事实上我国涉海院校较多,尤其近年来不少综合性大学所纷纷设立涉海二级学院来应对国家海洋强国战略需求,因此研究样本存在一定局限性,未来有待将研究样本做进一步丰富。第二,研究方法局限性。本书没有采取较为复杂的研究方法,而是采用较为简单描述性的统计方法,可能导致对各海洋院校的情况分析不够透彻,有待采取更全面量化分析工具来对本研究议题做进一步分析。第三,数据来源的局限性。本书仅以 SCI-E 数据库和专利数据库收集的文献和专利为数据来源,并没有考虑其他形式的研究成果,同时在进行数据筛选时可能出现遗漏,而该局限性有待在未来研究中进一步克服。第四,挖掘研究发现的局限性。本书挖掘所分析数据背后潜在原因或"故事"时,存在一定主观推测局限性,若要获得更为准确原因或背后"故事",未来仍需通过广泛调研和大数据挖掘来获取更为充分的证据支撑。

参 考 文 献

[1] 蔡文伯，刘爽. 西部地区"双一流"建设高校科研竞争力分析：基于 InCites 和 ESI 数据库 [J]. 重庆高教研究，2020，8（1）：114 - 128.

[2] 陈劲，王鹏飞. 论高校的核心竞争力 [J]. 高等工程教育研究，2009（5）：76 - 80.

[3] 陈凯华，张艺，穆荣平. 科技领域基础研究能力的国际比较研究：以储能领域为例 [J]. 科学学研究，2017，35（1）：34 - 44.

[4] 陈廉芳. 面向科研人员的研究影响力提升挑战计划建设探索：基于北美 10 所高校图书馆的调查分析 [J]. 情报理论与实践，2021，44（8）：50，119 - 124.

[5] 丁敬达，刘宇，邱均平. 基于知识的大学核心竞争力评价框架研究 [J]. 重庆大学学报（社会科学版），2013，19（2）：98 - 102.

[6] 丰国政. 基于 ESI 数据库的广东重点建设高校科研竞争力计量分析 [J]. 高教探索，2016（3）：41 - 45.

[7] 何秀美，沈超. 基于 ESI 的高校科研竞争力研究：以江苏省 5 所理工类高校 4 个维度的探讨为例 [J]. 中国高校科技，2021（6）：49 - 53.

[8] 胡德鑫. 中国大学距离世界一流有多远：基于大学排名与学术竞争力的视角 [J]. 现代教育管理，2017（3）：16 - 23.

[9] 花芳，管楠祥，李风侠，等. 文献计量方法在大学小团体层面的基础研究绩效评价的应用 [J]. 图书情报工作，2017，61（4）：108 - 114.

[10] 孔繁秀，赵艳萍. 基于 Web of Science 核心合集的西藏民族大学自然科学论文产出统计及分析 [J]. 西藏民族大学学报（哲学社会科学版），2018，39（5）：174 - 182.

[11] 李晓娟，高鹏，吴志功. 我国研究型大学核心竞争力的评价指标体系研究 [J]. 管理评论，2010，22（3）：44 - 53.

[12] 李玉. 新建本科院校专利计量分析：以山东省 7 所新建学院为例 [J]. 中国高校科技，2015（11）：38 - 41.

[13] 廖鹏，乔冠华，金鑫，等. "双一流"高校医学学科科研竞争力分析 [J]. 科技管理研究，2020，40（10）：145 - 150.

[14] 刘兵红. 基于 ESI 数据的数学学科竞争力对比分析研究：以入选 ESI 前 1% 的 5 所高校为例 [J]. 现代情报，2020，40（2）：141 - 152.

[15] 刘向兵. "双一流" 建设背景下行业特色高校的核心竞争力培育 [J]. 中国高教研究，2019（8）：19 - 24.

[16] 刘兴凯，张靓媛. 卓越科研（ERA）：澳大利亚高校科研评估制度及价值启示 [J]. 甘肃社会科学，2017（1）：136 - 141.

[17] 刘永林，张敏，刘泽政. "双一流" 建设背景下高校原始创新能力的提升路径 [J]. 科学管理研究，2020，38（5）：45 - 49.

[18] 苗建军，王擎，张彤. 关于我国学术评价体系的反思及建议 [J]. 经济学报，2020，7（4）：214 - 226.

[19] 欧阳光华，黄姜燕，刘红姣. 教学学术视角下加拿大英属哥伦比亚大学教师教学同行评议探析 [J]. 黑龙江高教研究，2022，40（5）：83 - 88.

[20] 沈满洪，余璇. 习近平建设海洋强国重要论述研究 [J]. 浙江大学学报（人文社会科学版），2018，48（6）：5 - 17.

[21] 石雪怡. 英国大学科研成果评价探究及其对破除 "五唯" 的启示 [J]. 中国高校科技，2021（6）：70 - 74.

[22] 汪静，杨友文，方焱松，等. "211 工程" 高校科技竞争力比较研究：以中部六省为例 [J]. 中国高校科技，2015（Z1）：39 - 41.

[23] 王菲菲，刘家好，贾晨冉. 基于替代计量学的高校科研人员学术影响力综合评价研究 [J]. 科研管理，2019，40（4）：264 - 276.

[24] 王贵海，朱学芳. 我国替代计量学研究：现状、演进、热点与趋势 [J]. 图书馆论坛，2020，40（8）：43 - 53.

[25] 王楠，马千淳. 基于文献计量和主题探测方法的学科评价比较研究：以中、美、英、澳四国教育学学科为例 [J]. 情报学报，2020，39（9）：1001 - 1010.

[26] 王鑫，周立华. 从社会需求看基础科学研究关键领域 [J]. 中国科学院院刊，2019，34（5）：542 - 551.

[27] 张维冲，孟浩，王芳. 世界一流大学竞争力与科研产出计量学特征的相关性研究 [J]. 情报学报，2018，37（11）：1123 - 1131.

[28] 张艺，龙明莲. 海洋战略性新兴产业的产学研合作：创新机制及启示 [J]. 科技管理研究，2019，39（20）：91 - 98.

[29] 张艺，孟飞荣，朱桂龙. 海洋战略性新兴产业的产学研合作网络：特

征、演化和影响［J］．技术经济，2019，38（2）：40－51．

［30］张艺，孟飞荣．海洋战略性新兴产业基础研究竞争力发展态势研究：
以海洋生物医药产业为例［J］．科技进步与对策，2019，36（16）：
67－76．

［31］张艺，朱桂龙，陈凯华．产学研合作国际研究：研究现状与知识基础
［J］．科学学与科学技术管理，2015，36（9）：62－70．

［32］张艺．海洋战略性新兴产业的产学研合作创新：特征、机制及影响
［M］．北京：中国经济出版社，2020．

［33］赵新月，赵筱媛．基于高层次创新人才科研动向监测的前沿技术识别
体系［J］．情报学报，2021，40（12）：1279－1287．

［34］郑美玉．基于 Innography 的农林类高校专利竞争力研究［J］．图书情
报工作，2018，62（1）：117－124．

［35］BELLUCCI A，PENNACCHIO L．University knowledge and firm innova-
tion：evidence from European countries［J］．The journal of technology
transfer，2016，41（4）：730－752．

［36］CAO W，CAI J，CHANG C．Scale development for competencies among
medical teachers on undergraduate education：a Delphi study from a top
Chinese university［J］．Innovations in education and teaching internation-
al，2019：1－11．（In press）

［37］CHANG J，LIU J H．Methods and practices for institutional benchmarking
based on research impact and competitiveness：a case study of ShanghaiT-
ech University［J］．Journal of data and information science，2019，
4（3）：55－72．

［38］CHEN K，ZHANG Y，FU X．International research collaboration：an e-
merging domain of innovation studies？［J］．Research policy，2019，48
（1）：149－168．

［39］DONTHU N，KUMAR S，MUKHERJEE D，et al．How to conduct a bib-
liometric analysis：an overview and guidelines［J］．Journal of business
research，2021，133：285－296．

［40］FAKHAR M，KEIGHOBADI M，HEZARJARIBI H Z，et al．Two dec-
ades of echinococcosis/hydatidosis research：bibliometric analysis based on
the web of science core collection databases（2000—2019）［J］．Food
waterborne parasitol，2021，25：e00137．

［41］GE Y．Analysis and research on the influence of university discipline based on incites and ESI〔C〕//2018 8th International Conference on Manage-ment, Education and Information（MEICI 2018）. Paris: Atlantis Press, 2018.

〔42〕 HEATON S, SIEGEL D S, TEECE D J. Universities and innovation eco-systems: a dynamic capabilities perspective〔J〕. Industrial and corporate change, 2019, 28（4）: 921 - 939.

〔43〕 HUMPHREYS L, CRINO R, WILSON I. The competencies movement: origins, limitations, and future directions〔J〕. Clinical psychologist, 2018, 22（3）: 290 - 299.

〔44〕 JOHNES J. University rankings: what do they really show?〔J〕. Sciento-metrics, 2018, 115（1）: 585 - 606.

〔45〕 KERAMATFAR A, AMIRKHANI H. Bibliometrics of sentiment analysis literature〔J〕. Journal of information science, 2019, 45（1）: 3 - 15.

〔46〕 LAENGLE S, MERIGÓ J M, MODAK N M, et al. Bibliometrics in oper-ations research and management science: a university analysis〔J〕. An-nals of operations research, 2018, 294（1 - 2）: 769 - 813.

〔47〕 PETERS M A, BESLEY T. China's double first-class university strategy〔J〕. Taylor & Francis, 2018.

〔48〕 PRASOJO L D, FATMASARI R, NURHAYATI E, et al. Indonesian state educational universities' bibliometric dataset〔J〕. Data Brief, 2019, 22: 30 - 40.

〔49〕 WANG T, PAN SC, ZHU XY, et al. Research on the influence of inno-vation ability on the level of university scientific research: a case study of the nine-university alliance in China〔J〕. Emerging markets finance and trade, 2019, 58（1）: 134 - 144.

〔50〕 ZANJIRCHI S M, ABRISHAMI M R, JALILIAN N. Four decades of fuzz-y sets theory in operations management: application of life-cycle, biblio-metrics and content analysis〔J〕, Scientometrics, 2019: 1 - 21.

〔51〕 ZHANG Y, CHEN K, FU X. Scientific effects of Triple Helix interactions among research institutes, industries and universities〔J〕. Technovation, 2019（86 - 87）: 33 - 47.

〔52〕 ZHANG Y, KOU M, CHEN K, et al. Modelling the basic research com-petitiveness index（BR-CI）with an application to the biomass energy field〔J〕. Scientometrics, 2016, 108（3）: 1221 - 1241.

［53］ ZURITA G, MERIGÓ J M, LOBOS-OSSANDÓN V, et al. Bibliometrics in computer science: an institution ranking ［J］. Journal of intelligent & fuzzy systems, 2020, 38 (5): 5441 – 5453.